石油钻采技术标准化培训教程

油气集输

《油气集输》编写组　编

石油工业出版社

内 容 提 要

本书以油气集输生产流程为主线,理论知识与实践技能相结合,介绍了油气集输工艺流程、油气集输设备的操作与维护、巡回检查及资料录取,重点讲述了各项标准在相应岗位操作的技术要求及操作规范。

本书可作为油田技术人员及岗位人员的培训用书和参考用书。

图书在版编目(CIP)数据

油气集输/《油气集输》编写组编. —北京:石油工业出版社,2019.1

石油钻采技术标准化培训教程

ISBN 978-7-5183-3096-6

Ⅰ. ①油… Ⅱ. ①油… Ⅲ. ①油气集输-技术培训-教材 Ⅳ. ①TE86

中国版本图书馆 CIP 数据核字(2019)第 006234 号

出版发行:石油工业出版社

(北京安定门外安华里2区1号 100011)

网　址:www.petropub.com

编辑部:(010)64523553　图书营销中心:(010)64523633

经　销:全国新华书店

印　刷:北京晨旭印刷厂

2019年1月第1版　2019年1月第1次印刷

787×1092 毫米　开本:1/16　印张:15

字数:370 千字

定价:60.00 元

(如出现印装质量问题,我社图书营销中心负责调换)

版权所有,翻印必究

《石油钻采技术标准化培训教程》
编 委 会

主　　任：徐兆明

副 主 任：郑　贵　张　荣

委　　员：（按姓氏笔画排序）

于永庆　于海欣　王　明　王　鑫　刘　博

许国庆　孙巍巍　李　娜　肖　枫　张兆欣

张振波　赵　丹　赵勇辉　姚　笛　袁海滨

贾　兴　曹　晗　崔智敏　梁喜明　臧庆伟

潘振宏　魏苏义

《石油钻采技术标准化培训教程》
编 审 组

主　　任：王志恒

副 主 任：张汉沛　季海军

成　　员：（按姓氏笔画排序）

马庆万　王钦胜　王艳华　文　华　平　莉

吕　昕　刘中华　齐志民　孙长跃　苏延昌

李志华　李利民　李金亮　李姗梅　单红宇

赵忠山　魏珂玢

《油气集输》编写组

主　　编：薛　峥

副 主 编：潘晓梅

成　　员：高颜儒　邢志敏　彭　朋　王　娜　商立巍

　　　　　孙庆斌　刘　悦　张艳华

主　　审：李国才

序

伴随着经济全球化深入发展，标准化在便利经贸往来、支撑产业发展、促进科技进步、规范社会治理中的作用日益凸显，支撑和引领着经济社会各领域的发展。新时代推动标准化新发展，新修订的《中华人民共和国标准化法》，在我国标准化发展进程中具有里程碑式的重要意义，标准化工作成为国家治理体系和治理能力现代化的重要基础。

标准化工作的主要任务是制定标准、组织实施标准，以及对标准的制定、实施进行监督。标准的宣传、贯彻和实施，是标准化活动的重要环节，有计划、有组织地开展标准宣贯工作，是保障标准贯彻实施的有效途径。

中国石油天然气集团有限公司始终坚持标准与产业发展相结合、标准与质量提升相结合，坚定不移地贯彻落实标准化战略，非常重视标准的宣贯，每年根据需要制订宣贯计划，组织各专标委进行重点标准宣贯。为了加强标准的系统宣贯，让更多一线人员能够学习掌握标准的技术内容和使用要求，还在大庆建立了"中国石油标准化培训基地"。

本丛书编委会借鉴以往标准宣贯和培训经验，组织一线专家和培训教师，经分析研究，制订了比较系统、科学、实用的标准宣贯和操作培训教材的编写方案和计划，于2015年全面启动了本丛书的编写工作，聘请了具有丰富教学和实践经验的老师和专家进行本丛书的编写与审核。目前，已形成了五个分册，包括《勘探开发流程》《钻井施工》《采油作业》《油气集输》《油田水处理及注水》。

本丛书对相关标准条文进行解读，对标准使用的技术关键和经验进行梳理，从标准的条款要求到现场工程实例进行全面翔实的讲解，具有系统性、实用性、权威性、专业性等特点，对标准实施起到了有力的指导和推动作用。本丛书非常适合从事石油钻采工作的相关人员学习使用，同时也是钻采标准化操作的培训用书。

本丛书提倡标准化意识的形成，便于标准使用者更好地理解标准，推广行之有效的工程技术和工艺，为标准化操作的培训和标准宣贯工作奠定了基础。

《石油钻采技术标准化培训教程》编委会
2019年1月

前　言

　　为了加强油气集输一线岗位员工的标准化技术知识和技能水平，增强员工标准化培训的针对性和适应性，强化并落实培训效果，大庆油田组织编写了本书。本书在编写过程中，以深入企业调研为前提，聘请行业、企业专家进行座谈，分析油气集输生产工作过程，选取典型工作任务并有机地融入重点标准进行宣贯。本书理论知识与实践技能相结合，岗位用标明确，难易适度，适合油气集输岗位人员使用。

　　本书以油气集输生产流程为主线，依照集输岗位需要，包括三个部分内容：油气集输工艺流程、油气集输设备的操作与维护、巡回检查及资料录取，讲述了各项标准在相应岗位操作的技术要求及操作规范。

　　本书由大庆职业学院薛峥担任主编。其中绪论、第一章由大庆职业学院高颜儒编写，第二章第一节和第二节由大庆职业学院邢志敏编写，第二章第三节至第十节由大庆职业学院薛峥编写，第二章第十一节和第十二节由大庆职业学院彭朋编写，第二章第十三节和第十四节由大庆职业学院王娜编写，第三章由大庆职业学院潘晓梅编写；大庆油田采油八厂商立巍、大庆油田采油六厂孙庆斌、大庆油田采油三厂刘悦、大庆油田采油三厂张艳华编写了本书的典型工作案例。全书由薛峥统稿。

　　在本书编写过程中得到大庆油田多位专家的大力支持，大庆职业学院标准化基地协助完成，在此一并感谢。

　　由于标准会不断更新修订，加之编写组水平有限，书中如有疏漏和不足之处，敬请广大读者不吝指正，我们将在今后逐步修改和完善。

《油气集输》编写组
2019 年 1 月

目 录

绪论 ··· (1)

第一章 油气集输工艺流程 ·· (7)
 第一节 油井集油工艺流程 ·· (8)
 第二节 计量间工艺流程 ·· (11)
 第三节 转油(放水)站工艺流程 ·· (18)
 第四节 原油脱水站工艺流程 ·· (26)

第二章 油气集输设备的操作与维护 ·· (33)
 第一节 油气计量分离器的操作与维护 ··· (33)
 第二节 离心泵的操作与维护 ·· (44)
 第三节 加热炉的操作与维护 ·· (73)
 第四节 三相分离器的操作与维护 ··· (112)
 第五节 四合一装置的操作与维护 ··· (125)
 第六节 五合一装置的操作与维护 ··· (133)
 第七节 天然气除油器的操作与维护 ·· (141)
 第八节 游离水脱除器、压力沉降罐的操作与维护 ··· (146)
 第九节 电脱水器的操作与维护 ·· (151)
 第十节 原油缓冲罐的操作与维护 ··· (158)
 第十一节 污水沉降罐的操作与维护 ·· (161)
 第十二节 计量仪表的操作与维护 ··· (167)
 第十三节 阀门的使用与维护 ··· (189)
 第十四节 加药装置的操作与维护 ··· (206)

第三章 巡回检查及资料录取 ··· (211)
 第一节 计量间巡回检查及资料录取 ·· (211)
 第二节 转油(放水)站巡回检查及资料录取 ··· (216)
 第三节 原油脱水站巡回检查及资料录取 ·· (222)

参考文献 ·· (228)

附录 油气集输生产过程中执行标准清单 ··· (229)

绪　　论

油气集输是将油田开采出来的原油和天然气进行收集、储存、输送和初步加工、处理的生产工艺过程。油气集输生产既有点多、线长、面广的生产特性,又具有高温高压、易燃易爆、工艺复杂、压力容器集中、生产连续性强、火灾危险性大的生产特点。因此油气集输工艺流程要求做到:(1)合理利用油井压力,尽量减少接转增压次数,减少能耗;(2)综合考虑各工艺环节的热力条件,减少重复加热次数,进行热平衡,降低燃料消耗;(3)流程密闭,减少油气损耗;(4)充分收集和利用油气资源,生产合格产品,净化原油、净化油田气、液化气、天然汽油和净化污水(符合回注油层或排放要求);(5)技术先进,经济合理,安全适用。

油气集输作为油田生产过程中极其重要的一个环节,主要负责的任务有四个方面:(1)将开采出来的气、液混合物传输到处理站,将油气进行分离及脱水,使原油达到国家要求标准;(2)将合格的原油通过管道输送到原油储存库进行储存;(3)将分离出来的天然气输送到再加工车间,进行进一步的处理;(4)分别把经过处理,可以使用的原油和天然气输送给客户。随着油田开发的逐渐深入,油气集输工艺技术水平的高低在很大程度上影响着其开发建设的整体技术水平。

一、油气集输流程的分类

油气集输流程是完成油气集输任务的工艺过程。根据油田的开采方式和油气的性质不同,采用的流程也不同。

1. 按布站方式分类

1)一级布站集输流程

油井产物经单井管线直接混输至集中处理站进行分离、计量等处理,如图0-1所示。

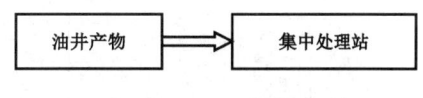

图0-1　一级布站集输流程

2)二级布站集输流程

油井与原油库之间有计量间和集中处理站。油井产物先经单井管线混输至计量间,在计量间分井计量后,在分站(队)混输至集中处理站进行分离、计量等处理,如图0-2所示。

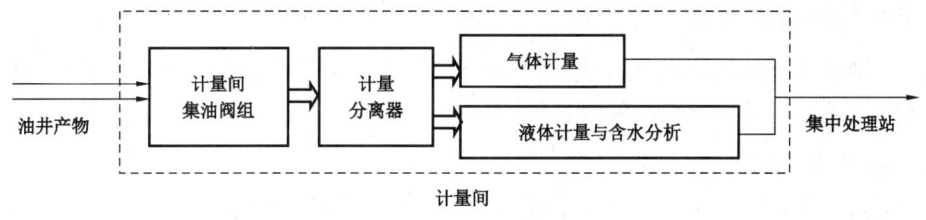

图0-2　二级布站集输流程

3) 三级布站集输流程

油井与原油库之间有计量间、转油站和集中处理站。油井产物在计量间分井计量后,先分站(队)混输至转油站,在转油站进行气液分离,其中液相经加压后输至集中处理站进行后续处理,气相由油井压力输至集中处理站或天然气处理厂进行处理,如图0-3所示。

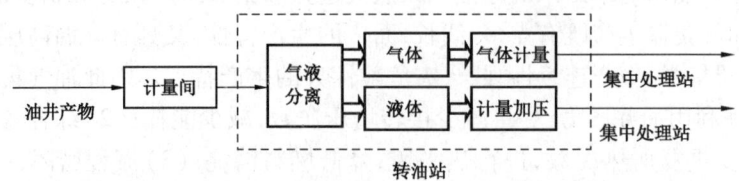

图0-3 三级布站集输流程

2. 按加热方式分类

1) 井口不加热集输流程

井口不加热集输是随着油田开发进入中、后期,油井产液中含水量的不断增加而采用的一种集输方法。由于油井产液中含水量的增高,一方面使采出液的温度有所提高,另一方面使采出液有可能形成水包油型乳状液,使得输送阻力大为减小。井口不加热集输流程如图0-4所示。

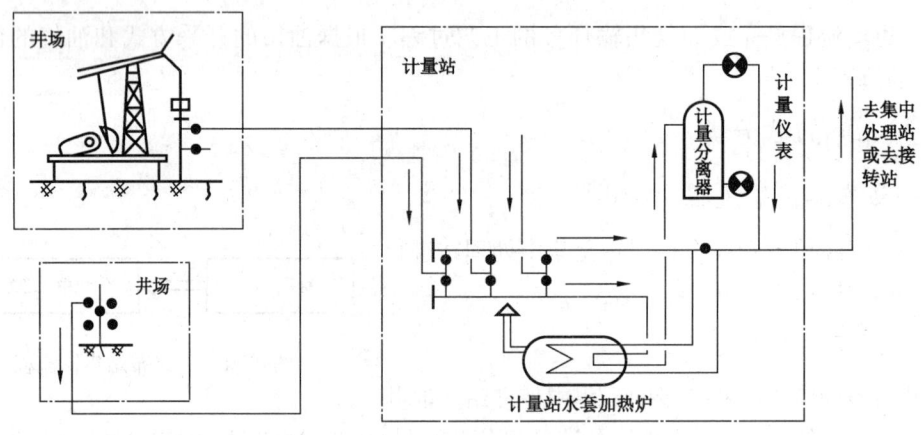

图0-4 井口不加热集输流程

2) 井口加热集输流程

油井产物经井口加热炉加热后,进计量站分离计量,再经计量站加热炉加热后,混输至转油站或集中处理站。井口加热集输流程如图0-5所示。

3) 伴热集输流程

伴热集输流程是一种用热介质对集输管线进行伴热的集输流程。

图0-6所示的是蒸汽伴热集输流程。采用蒸汽作为热介质,对集输管线进行伴热。

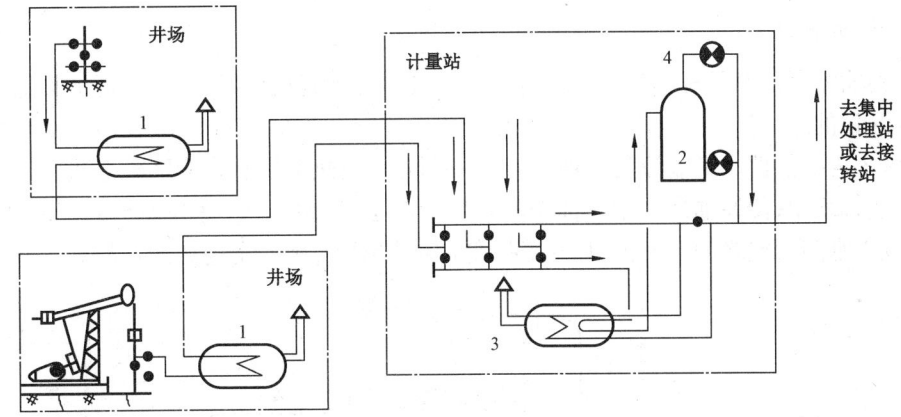

图 0-5 井口加热集输流程
1—井口水套式加热炉；2—计量分离器；3—计量站水套式加热炉；4—计量仪表

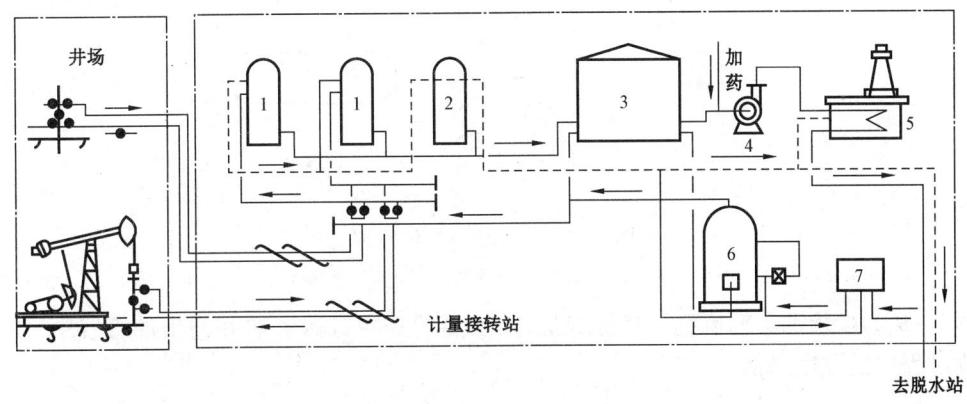

图 0-6 蒸汽伴热集输流程
1—生产、计量分离器；2—除油分离器；3—缓冲油罐；4—外输油泵；5—外输加热炉；6—锅炉；7—水池

图 0-7 为热水伴热集输流程。通过设在转油站内的加热炉对循环水进行加热。去油井的热水管线单独保温，对井口装置进行伴热，回水管线与油井的出油管线共同保温在一起，对油井管线进行伴热。

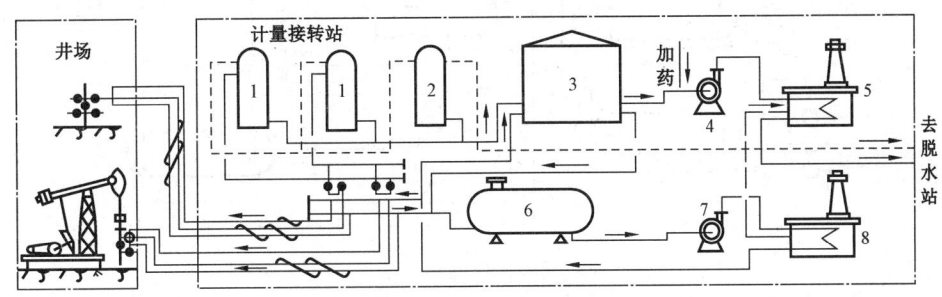

图 0-7 热水伴热集输流程
1—生产、计量分离器；2—除油分离器；3—缓冲油罐；4—外输油泵；5—外输加热炉；
6—缓冲水罐；7—循环水泵；8—循环水加热炉

4)掺和集输流程

掺和集输流程是将具有降黏作用的介质掺入井口出油管线中,以达到降低油品黏度,实现安全输送的目的。

图0-8为掺活性水集输流程。通过一条专用管线将热活性水作为降黏介质,从井口掺入油井的出油管线中,使原油形成水包油型的乳状液。这样,原来油与油、油与管壁之间的摩擦变为水与水、水与管壁之间的摩擦,以达到降低原油黏度、实现安全输送的目的。

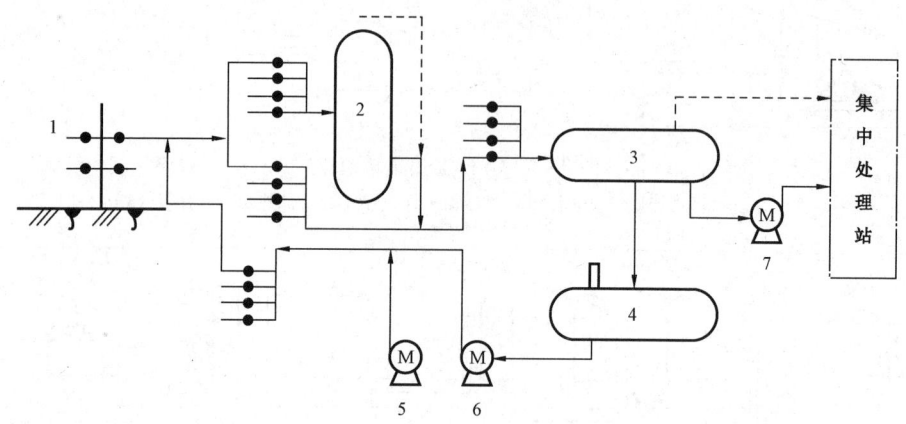

图0-8 掺活性水集输流程

1—油井;2—计量分离器;3—沉降、分离、缓冲三合一罐;4—加热、缓冲二合一罐;5—加药泵;6—热水泵;7—输油泵

图0-9为掺稀油集输流程。稀油经加压、加热后从井口掺入油井的出油管线中,使原油在集输过程中的黏度降低。

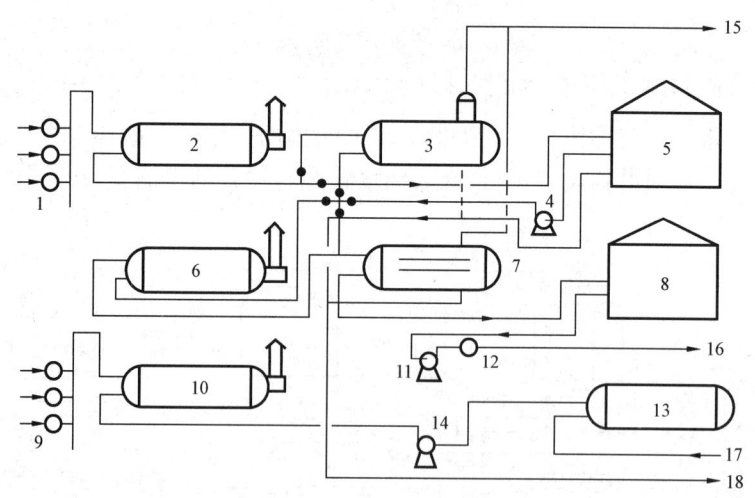

图0-9 掺稀油集输流程

1—来油计量阀组;2—加热炉;3—三相分离器;4—脱水泵;5—沉降罐;6—脱水加热炉;7—电脱水器;8—净化油罐;9—稀油分配计量阀组;10—稀油加热炉;11—外输泵;12—流量计;13—稀油缓冲罐;14—掺油泵;15—天然气去净化站;16—净化原油外输;17—稀油进站;18—含油污水去污水站

3. 按布管形式分类

1）单管集输流程

井口与计量站之间只有一条油井产物混输管线。图0-5所示为井口加热集输流程。

2）双管集输流程

井口与计量站之间有两条管线，一条将油井产物送往计量站，另一条是中转站把加热水通过泵输送到计量站，分别送到单井井口加入到回油管线内进站处理。图0-8所示为掺活性水集输流程。

这种流程在大庆用得最多。大庆油田单井产量较高，原油凝点高，又处在高寒地区，集油系统采用双管集输流程。在稠油中加入热水或乳化剂水溶液。使原油降黏或成水包油型乳状液，降低流动阻力，改善流动条件。

3）三管集输流程

井口与计量站之间有三条管线，一条输送油井产物，另外两条实现热介质在计量站与井口之间的循环。图0-7所示为热水伴热集输流程。热水管线伴随油井管线到井口再返回到计量站进水罐，循环使用，不与油井产物接触。这种流程适用于自喷井、抽油井、低产井。

4）环形管网集输流程

油田集油系统采用环形集油流程，二级或一级布站的简化流程。该流程取消了计量站，来油直接进入中转站进行分离加热。采用便携式液面计或功图仪定期在井口计量，简化了集油流程，如图0-10所示。

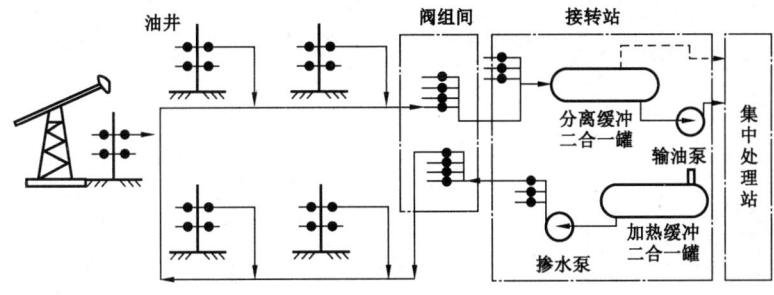

图0-10　环形管网集输流程

4. 按集输系统的密闭程度分类

1）开式集输流程

油井产物从井口到外输之间的所有工艺环节当中，至少有一处与大气相通。

2）密闭集输流程

油井产物从井口到外输之间的所有工艺环节都是密闭的，减少了油气蒸发损耗，降低了能耗。

二、油气集输流程的评价标准

评价油气集输流程时,应以油田总体开发方案为依据,综合考虑采油工艺、油气性质、油区所处的地理环境及现有的级数水平等。

油气集输流程的评价标准包括:

(1)可靠性:工艺技术和设备可靠,操作、维修、管理安全方便等。

(2)适应性:适应产量、气油比、含水率、压力、温度、原油物性的变化及分阶段开发时的扩建改建要求。

(3)先进性:采用复合标准和实用的各种先进技术,组装化程度高、能量利用充分,以及油气损耗少等。

(4)经济性:投资少、工程量小、运行费用低等。

第一章 油气集输工艺流程

本章主要介绍油田内部油井集油、计量间、转油(放水站)、原油脱水站的集输生产工艺流程。油气集输工艺流程及设备如图1-1所示。

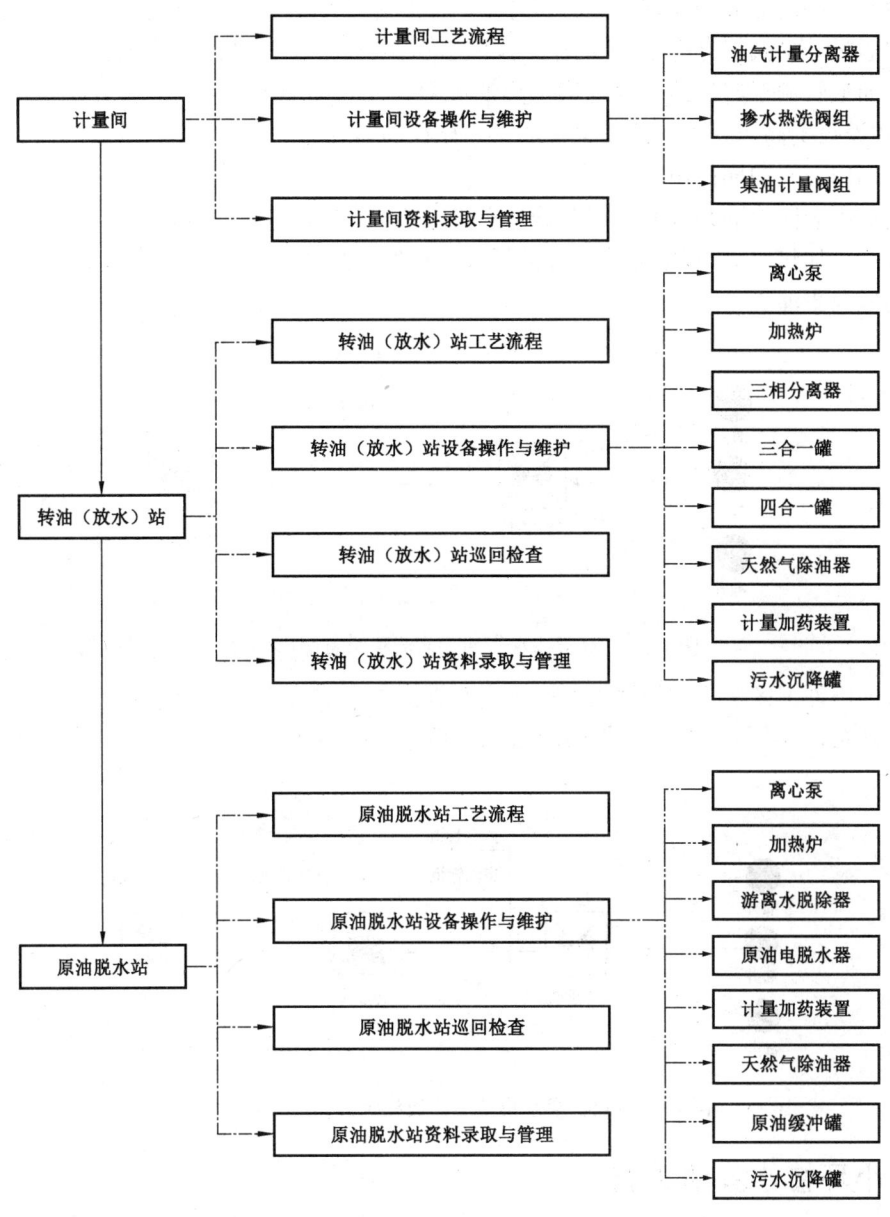

图1-1 油气集输工艺流程及设备

第一节　油井集油工艺流程

一、双管掺水集油工艺流程

双管掺水集油工艺流程是油田开发初期,原油黏度较大,考虑到节省钢材,且给油井产出物加热效率较高而形成的流程。单井至计量间需要建设集油、掺水两条管道,转油站提供掺水至计量间通过计量阀组分配至单井,单井产液自压至计量间,经计量分离器计量后,通过计量间内的集油汇管输至转油站。双管掺水集油流程主要表现为"三高",即单井掺水量高、运行费用高、建设投资高。鉴于双管掺水集油工艺存在的能耗高、建设投资高等缺点,这种集油工艺仅仅在油田开发初期使用。

大庆油田老区块油井普遍采用双管掺水集油工艺,如图1-2所示。其中,有些油井实行季节性自然不加热集油,有些油井实行常年自然不加热集油,有些油井实行加低温原油分散减阻剂辅助低温集油。

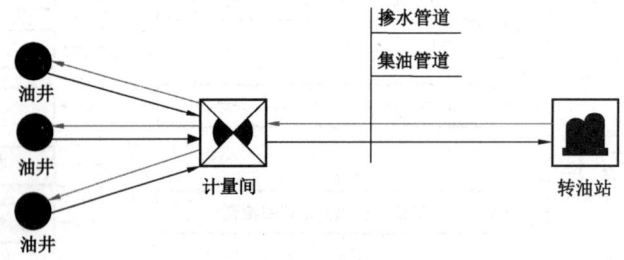

图1-2　双管掺水集油工艺流程示意图(老区块)

大庆油田外围区块开发初期也普遍采用双管掺水集油工艺,如图1-3所示。与老区块油井不同之处是,外围区块的油井掺水温度高,一般为70~80℃,油井掺水的水源来自联合站。

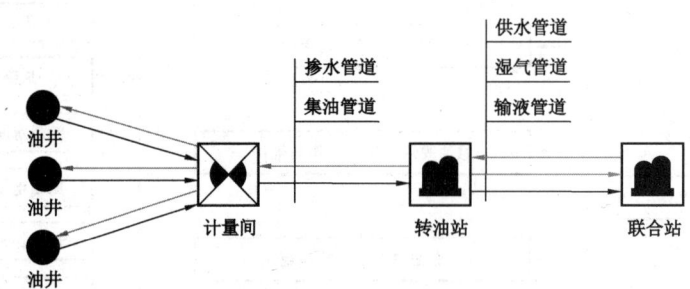

图1-3　双管掺水集油工艺流程示意图(外围区块)

二、小环掺水集油工艺

小环掺水集油工艺也可称为多井双管掺水并联集油工艺,是介于双管掺水集油工艺与环状掺水集油工艺之间的一种新型集油工艺。小环掺水集油工艺中,每个集油环管辖2~3口油井,单井集油管道与计量间来集油掺水管道采用并联连接方式,通过阀组调节实现每个集油环内2~3口井均能单独热洗,如图1-4所示。

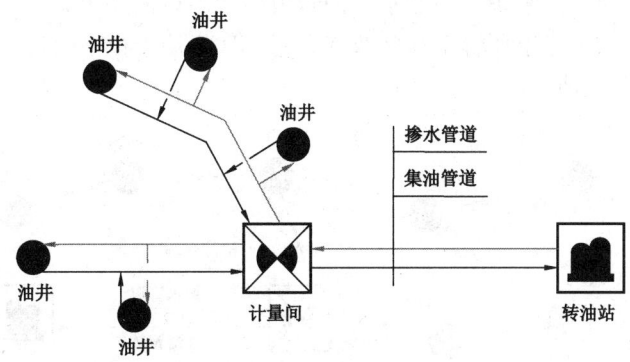

图1-4 小环掺水集油工艺示意图

三、就近挂接集油工艺

就近挂接集油工艺,即新油井采用就近与老油井挂接的集油工艺,减少地面工程量,降低投资,如图1-5所示。

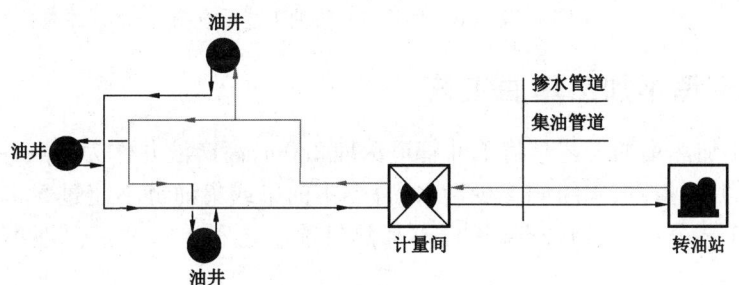

图1-5 就近挂接集油工艺示意图

四、井井串接单管通球集油工艺

井井串接单管通球集油工艺多用于单井产液量大,井口出油温度较高的区块,每2~3口油井串接进入阀组间(计量间),如图1-6所示。

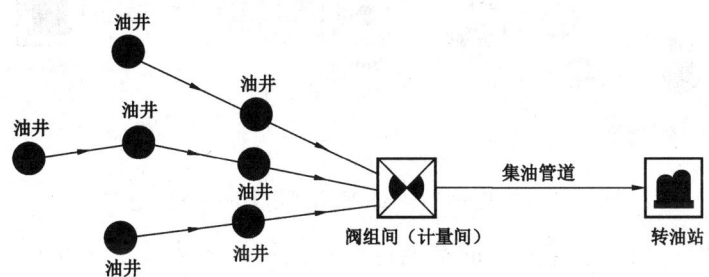

图1-6 井井串接单管通球集油工艺示意图

五、单管环状掺水集油工艺

单管环状掺水集油工艺采用一条掺水集油管道串接多口油井至集油阀组间,如图1-7所示。单管环状掺水集油工艺单环管辖油井数在3~5口,集油半径不超过5~6km,每个集油阀组间通常管辖3~6个集油环。

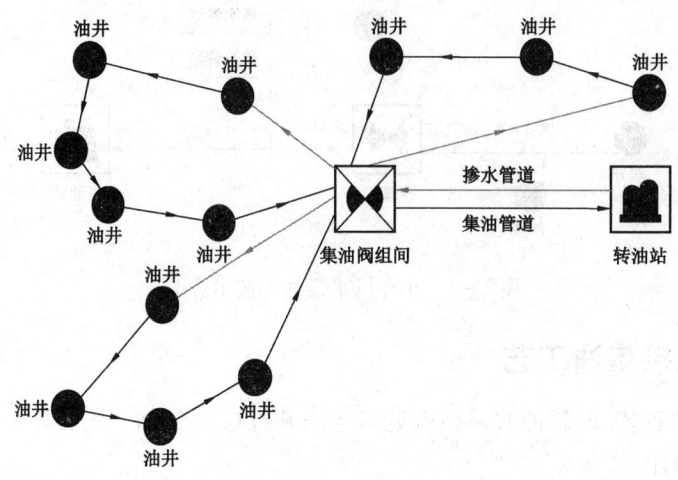

图1-7 单管环状掺水集油工艺示意图

六、单管深埋不加热集油工艺

单管深埋不加热集油工艺是将单井管道深埋2.0m,高产液井作为端点井挂接低产液量或低含水井,单井不掺水,阀组间掺少量水,每个集油串或集油链不超过5口油井。单管深埋不加热集油工艺分单管树状挂接深埋不加热集油工艺和单管串接深埋不加热集油工艺两种。

单管树状挂接深埋不加热集油工艺的端点井的产液量大于或等于18t/d,含水大于或等于80%,如图1-8所示。

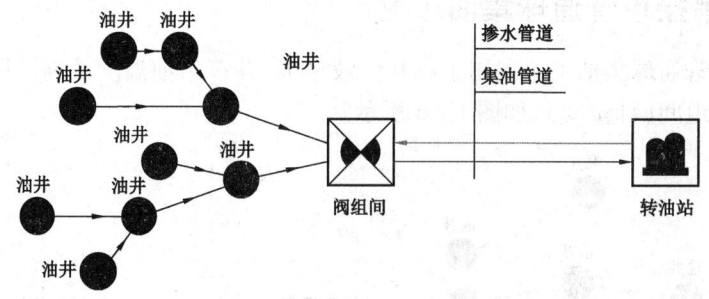

图1-8 单管树状挂接深埋不加热集油工艺示意图

单管串接深埋不加热集油工艺的端点井的产液量大于或等于12t/d,含水大于或等于80%,如图1-9所示。

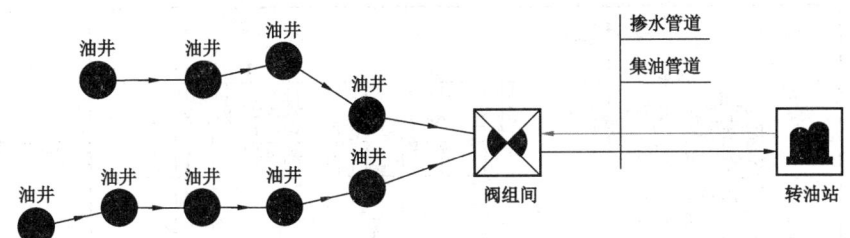

图1-9 单管串接深埋不加热集油工艺示意图

七、电加热集油工艺

电加热集油工艺采用"点升温,线维温"方式,即在井口安装高频电磁加热器,对油井采出液进行集中升温至高于凝点3℃,将多口油井串联由电加热管道维持该温度进入转油站,如图1-10所示。

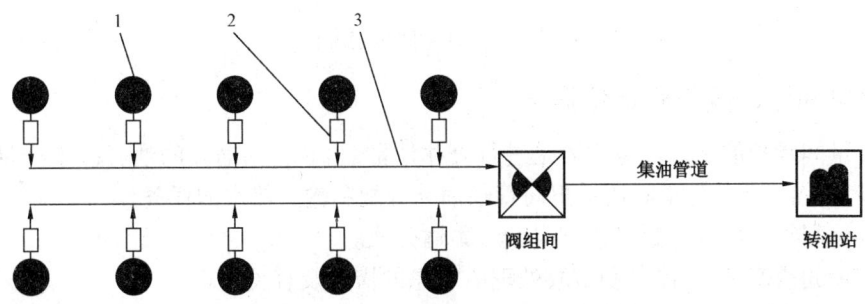

图1-10 多井串联电加热集油工艺示意图
1—油井;2—井口高频电磁加热器;3—电热保温管道

第二节 计量间工艺流程

计量间是油气矿场集输流程的重要组成部分。通过计量间将油(液)、气收集起来,输送到集中处理站(联合站)进行处理。

一、工作过程知识

1. 计量间的作用

一座计量间可管辖其周围的几口至十几口油井,通过管线与这些井相连,可在计量间内对这些井所采出的油(液)气进行统一管理、单井计量和向大站外输,同时由掺水系统把大站送来的热水通过掺水阀组分配到各单井井口,以进行掺水集输。所以说,计量间是采油井集汇、油气计量、掺水、热洗的处理中心,其主要设备是由采油汇管阀组(油阀组)、掺水阀组(水阀组)和油气计量装置(计量分离器和测气波纹管压差计)三大部分组成,计量间工艺流程如图1-11所示。

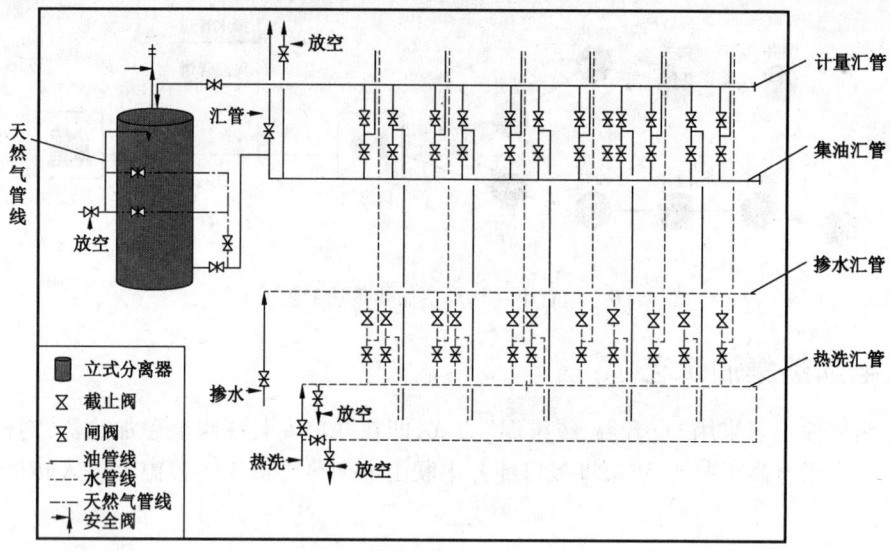

图 1-11 计量间工艺流程

2. 计量间工艺流程确定依据

(1)计量间承担的工艺任务主要是进行分井计量,测取管辖油井的油、气、水产量;采用掺水集油工艺流程的单井计量间还承担向管辖油井分配和输送热水的任务。

(2)计量间管辖油井的数量、生产状态、集输方式。

(3)计量间投产试运、停产和事故处理应考虑的措施及有关要求。

(4)计量间工艺流程确定原则。

(5)在满足分井计量间完成所承担的工艺任务的前提下,尽可能使流程简单、安全可靠、流向合理、方便操作管理。

(6)尽可能采用经生产实践证明成熟的先进技术及科研成果,确保流程的先进性。

(7)流程要有通用性,以便于实现计量间生产装置的橇装化,有利于提高施工质量,有利于整体调试,满足计量要求。

3. 计量间工艺流程

(1)集油系统:单井来油→集油阀组→外输。

(2)掺水系统:大站来掺水→掺水阀组→单井井口。

(3)计量系统:

① 单井来油→计量间计量阀组→计量分离器→外输液汇管。

② 计量分离器出气→气体流量计→自力式差压调节器→外输液汇管。

③ 大站来掺水→掺水计量表→掺水计量阀组→井口。

4. 计量间掺输、热洗阀组

1)单一掺输阀组

这一流程属两管掺输流程。两条管线,一条是将泵站来热水从计量间输送到油井井口的管线,另一条是油井产出物和输送的热水在井口掺合在一起从井口回到计量间。单一掺输阀组装置如图1-12所示,单一掺输阀组流程如图1-13所示。

图1-12　单一掺输阀组装置图

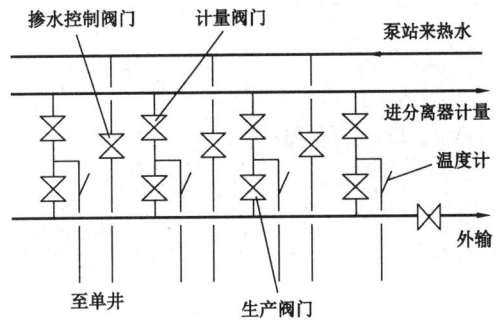

图1-13　单一掺输阀组流程示意图

(1)适用条件:油田开发初期,原油黏度较大,考虑到节省钢材,给油井产出物加热效率较高而形成的流程。

(2)优缺点:

① 优点:首先是热水直接与油井产出的液体接触,混合给其加热,因此热能的利用率较高,可节省热能;其次是回油管线的温度容易控制在凝点以上的范围内。

② 缺点:在计量间量油时,要关闭来热水管线的阀门,然后才能计量,计量完后应及时打开阀门,因此计量管理较烦琐;另外,油水分离量较大。

2)掺输、热洗合一阀组

这一流程是在单一掺输流程的基础上增加了对油井的热洗功能,它利用掺输水管线可以把洗井热水直接从泵站输送到油井。掺输、热洗合一阀组装置如图1-14所示,掺输、热洗合一阀组流程如图1-15所示。

图1-14　掺输、热洗合一阀组装置图

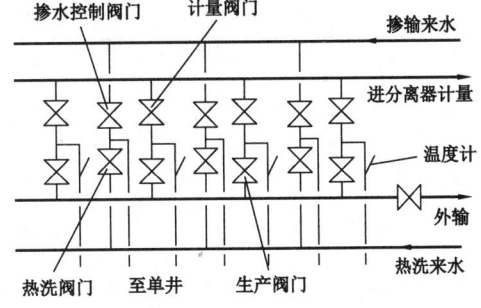

图1-15　掺输、热洗合一阀组流程示意图

3)掺水计量阀组

掺水计量阀组是对输往各单井的掺水进行计量、调整和控制的装置,目前多采用在计量管

线上安装计量水表和压力表的方式,可用它对各单井掺水量分别进行计量和控制。掺水计量阀组装置如图 1-16 所示,掺水计量阀组流程如图 1-17 所示。

图 1-16 掺水计量阀组装置图

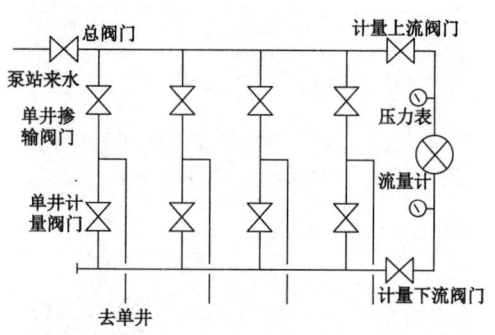

图 1-17 掺水计量阀组流程示意图

5. 工艺流程图的绘制方法

工艺流程是指流体在站内的流动过程,就是由站内管线、管件、阀所组成的,并与其他输油设备相连的管路系统。

所谓工艺流程图,就是说明油在输油管路这个工艺系统中的来龙去脉的图样。工艺流程图分原理工艺流程图和施工工艺流程图两种。

井站工艺流程图是表示一个计量站内的设备、组件、各类管线等的组合及流体流动路线的一种示意图,用一定粗细和一定颜色的线条表示输送不同流体的管线,用一定的图例表示阀门、流量计、压力表等组件。一般情况下,它只代表系统内设备和管线之间的连接方式及流体的流动路线,不表示设备的实际位置和管线的实际长度。通过它,可以简洁明了地了解一个计量站的基本概况。所以,井站工艺流程图的绘制和识读应当是井站工作人员的一项基本功。具体绘制方法如下:

(1)选择合适的图纸幅面:在实际工作中根据工艺流程的多少和复杂程度选择相应的图纸幅面和标题栏。基本的图纸幅面及对应的尺寸见表 1-1 和图 1-18。

表 1-1 基本图纸幅面及尺寸

幅面代号		A0	A1	A2	A3	A4	A5
幅面尺寸 mm×mm		841×1189	594×841	420×594	297×420	210×297	148×210
周边尺寸 mm	a	25					
	b	10				5	
	c	20			10		

(2)在图纸上布局各种设备的位置:工艺流程图常用图例见表 1-2,按计量站内设备的平面位置确定出它们在图纸上的大体位置,设备应尽量在图幅上均匀分布,使得画出的流程图清晰、美观,应考虑尽量减少管线的交叉,在保证图纸清晰、美观的前提下应尽量反映出计量站的实际状况。

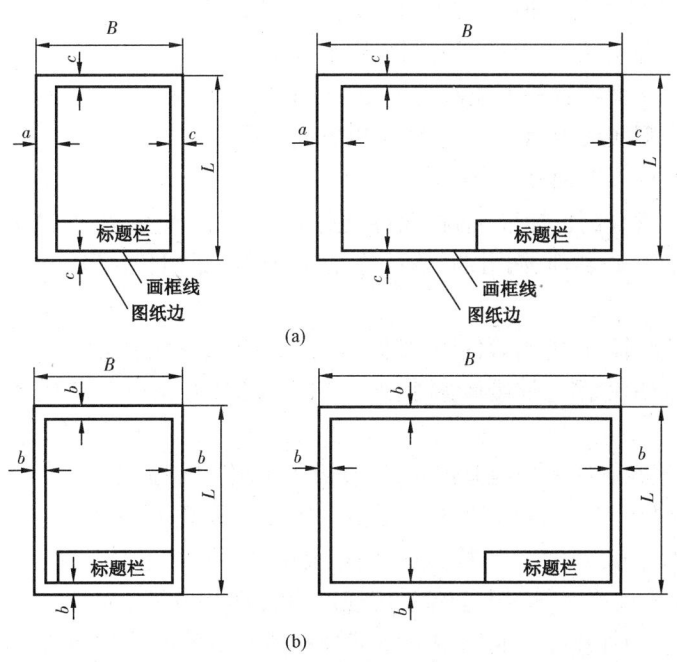

图 1-18 图纸幅面、图框、标题栏示意图

表 1-2 工艺流程图常用图例

序号	名称	图例	序号	名称	图例
1	交叉管线		8	安全阀	
2	相交管线		9	旋塞阀	
3	闸阀		10	调节阀	
4	截止阀		11	过滤阀	
5	止回阀		12	流量计	
6	球阀		13	离心泵	
7	蝶阀		14	油罐	

(3) 用实线画出图中的各种管线,按图例画出各种设备。

① 主要管线用粗实线,次要或辅助管线用细实线。

② 管线发生交叉而实际并不连通时,一般采用横断竖不断、主线不断的原则。

③ 地上管线用粗实线表示,地下管线用粗虚线表示。

④ 每条管线都要标明编号、管径及流向。

⑤ 工艺流程中管线图色标准:油管线:灰色,天然气:橘黄色,清水管线:绿色,污水管线:褐色,注水管线:蓝色,破乳剂、润滑油:橘黄色,热水管线:银白色,消防管线、排污管线:红色,污油管线:黑色。

(4) 在管线的适当位置画出管件图,如阀门、过滤缸、计量仪表等。

(5) 检查无误后用绘图笔抽吸碳素水进行描图。选择好绘图笔的粗细,要与设备管线的主次相符合。

(6) 用细绘图笔在管线上规范画出走向,在设备上填写名称、编号。

(7) 填写标题栏内容。目前标题栏没有统一格式。标题栏内容一般包括工艺流程的名称、绘制时间、绘制比例、绘制人、图样数量、图幅大小等。通常还附有设备一览表,列出设备的编号、名称、规格及数量等。若图中全部采用规定画法的图可不再有图例。

(8) 清理图样。用橡皮擦去底图中铅笔部分和图面上不清洁的地方,用毛刷刷净图面上的杂物。

二、技能训练

1. 计量间工艺流程图的绘制

1) 准备工作

(1) 工具、用具、材料准备:300mm 三角尺 1 套,300mm 直尺 1 把,绘图仪 1 套,A4 绘图纸 1 张,600mm×900mm 绘图板 1 块,2B 铅笔 1 支,绘图笔 1 套,橡皮 1 块,小刀 1 把,50mm 毛刷 1 把。

(2) 劳保用品准备齐全,穿戴整齐。

2) 操作步骤

(1) 根据计量间工艺流程的大小和绘图比例选择图幅(本操作选择 A4 图纸)。

(2) 把切好的图纸固定在绘图板上。

(3) 用铅笔画出工艺流程图的边框,以边框到图纸各边留 15mm 为准。

(4) 在图纸上边留出 25～100mm 的流程图名称位置。

(5) 在图纸的下边根据需要留出 100mm 左右的标题栏和管线及图件的标注栏。

(6) 绘制计量间工艺流程图草图。

① 先用铅笔大致按比例布局立卧式计量分离器、油井等各种设备在图中的位置,再按图例画出设备图样。

② 用实线画出管线走向,并与各设备连接成工艺流程图。

③ 在管线的适当位置上按图例画出管件图,如阀门、过滤缸、计量仪表等。

④ 检查草图布局是否合理,是否符合工艺实际管线,交叉是否有错。

(7) 检查无误后用碳素绘图笔描图。注意选择绘图线条的粗细和设备管线的主次相符合。

(8) 用细绘图笔在管线上规范画出走向,在设备上填写名称,采用切割法对管线和管件进行排序编号。

(9) 依据管线编号在标注栏内填写管线编号、名称及规格、单位数量等,必要时填管径和标高。

(10) 在标题栏内填写相关内容。

(11) 清理图样。用橡皮擦去底图中铅笔部分和图面上不清洁的地方,用毛刷刷净图面上的杂物。

(12) 清洁、收回工具、用具。

3) 技术要求

(1) 绘制工艺流程图时,应注意各设备的轮廓大小、相对位置,尽量做到与现场相对应。

(2) 设备和主要管线用粗实线,次要或辅助管线用细实线。

(3) 每条管线都要标明编号、管径及流向。

(4) 绘图时避免管线与管线、管线与设备之间发生重叠。

(5) 在图样上管线发生交叉而实际并不相碰时,一般采用竖断横不断、主线不断的原则。

(6) 工艺流程图上主要管件要用细实线画出。相同管件在图上应一致,排列整齐。

(7) 在图上有多台相同设备时要进行编号。

2. 计量间工艺流程图的识读

识读工艺流程图时,应按以下步骤进行:

(1) 阅读设计说明书,清点图样。看图时要根据设计图样目录,清点图样是否齐全,认真阅读设计说明书,逐条领会设计意图、技术规范和施工技术要求、生产过程中的工艺参数和操作要求。

(2) 看懂绘制工艺流程常用图例表。在图例表中认真阅读工艺流程的名称、绘制时间、绘制比例、绘制人、图样数量、图幅大小等。

(3) 看工艺流程中布置设备的数量、主要管线的走向。从设备说明中了解设备的型号及主要技术参数。从管线标注中看明白管线的规格作用和标高。

(4) 结合设计说明书看工艺流程图和管网系统图,了解设计依据,清楚生产过程中各项工艺参数、经济指标的调节和控制要求,掌握工艺管路走向、设备管路性能和技术规范,以及安装标准和技术要求。

(5) 看图时要细心,先看总流程图,再看局部说明的工艺流程图。各种图样要相应参照,配合使用。

(6) 看管线时要从头到尾按顺序看完,弄清来龙去脉后再看另一条管线。要分清主管路与支管路的关系,发现疑点要记录清楚,便于提出问题和整改。最后看次要、辅助管线,了解其作用和性能。

(7) 图样看完后要重新装好,妥善分类保管。

3. 计量间倒流程操作

1）倒掺输流程

（1）井口：除正常开启生产阀和回压阀外，开启掺水阀门，关闭套管热洗阀。

（2）计量间：在开启来水总阀门的基础上开启单井掺输控制阀门，缓慢调整阀门开启程度的大小，使掺输水量为一合适的量，关闭单井热洗阀门。

在一些特定的时间需关闭掺输水，如井口取样、单井计量等，只要在计量间关闭单井掺输控制阀门既可。

2）倒掺输计量流程

（1）井口：流程不变。

（2）计量间：在正常掺输流程的基础上，开启流量计上流阀门、下流阀门，关闭单井掺输阀门，开启单井掺输计量阀门，记录流量计的读数，如需调整掺输水量，可通过阀门开启的大小来使水量为一合适的数值。计量完毕，关闭单井掺输计量阀门和流量计上下流阀门，开启单井掺输阀门转为正常掺输流程。

3）倒热洗流程

（1）井口：在正常掺输流程的基础上，关闭掺水阀门，打开套管热洗阀。

（2）计量间：在正常掺输流程的基础上，打开热洗阀门，泵站来热洗水即通过掺输管线来到井口，关闭掺水控制阀门，通过套管阀门进入油套环空开始洗井。

（3）热洗结束后，先关计量间热洗阀门，开井口掺水阀门，再关井口套管热洗阀，最后开计量间掺水控制阀门转为正常掺输流程。

第三节 转油（放水）站工艺流程

油田转油站是油田油气集输流程的重要组成部分，主要作用就是将油气水混合物进行初步分离，伴生气用于自耗，油升温提压外输，水升温洗井及掺水伴输。它所承担的任务、规模和在油田的位置是根据油田总体规划，以及整个采油区块生产能力、生产集输水平、集输经济指标和其他各系统情况综合确定的。

一、工作过程知识

1. 转油（放水）站的功能

转油站是油气集输三级布站工艺的中间环节，是根据油井可利用的剩余能量和集油的距离来确定的。如果油井剩余的能量不能将产出的油（液）、气混合物通过分井计量间输送到较远的联合站，在分井计量间和联合站间将设转油站。转油站在油田生产中担负着油井采出液转输、计量，油井掺水、热洗、天然气分离、计量等任务。其主要功能是：

（1）接收计量间来油。

（2）进行油、气、水分离。

（3）含水油经外输泵输送至脱水站。

(4)含油污水经掺水(热洗)炉加热后,再经掺水(热洗)泵输送至井口。

(5)分离出的大量的含油污水直接外输到污水处理站,减轻原油脱水站的工作负荷。

(6)天然气经除油器净化后自压外输至联合站增压岗。

2. 转油(放水)站的工艺流程

1)转油站工艺流程

转油站进行工艺设计时,根据要完成的工艺任务,确定需要的工艺流程,并按生产管理及有关标准和规范的要求,根据地形地貌,按工艺流程选用合适的工艺设备,并把容器、机泵、房屋、道路等布置好,用合适的管道连接起来,形成满足油田生产的生产设施。所有转油站原理流程都相同,但是每座转油站工艺流程都不相同。

来自井排、计量间的油进入油气水三相分离器,对油、气、水进行分离。分离后的油进行升压、计量后外输到联合站。分离出的天然气进入天然气除油器脱除天然气携带的油,然后一部分计量后外输到天然气处理厂,另一部分计量后用于本站的加热装置。分离出的水进入加热炉进行加热,然后分别通过掺水泵和热洗泵升压并计量后用于油井的掺水和热洗。转油站工艺流程如图1-19所示。

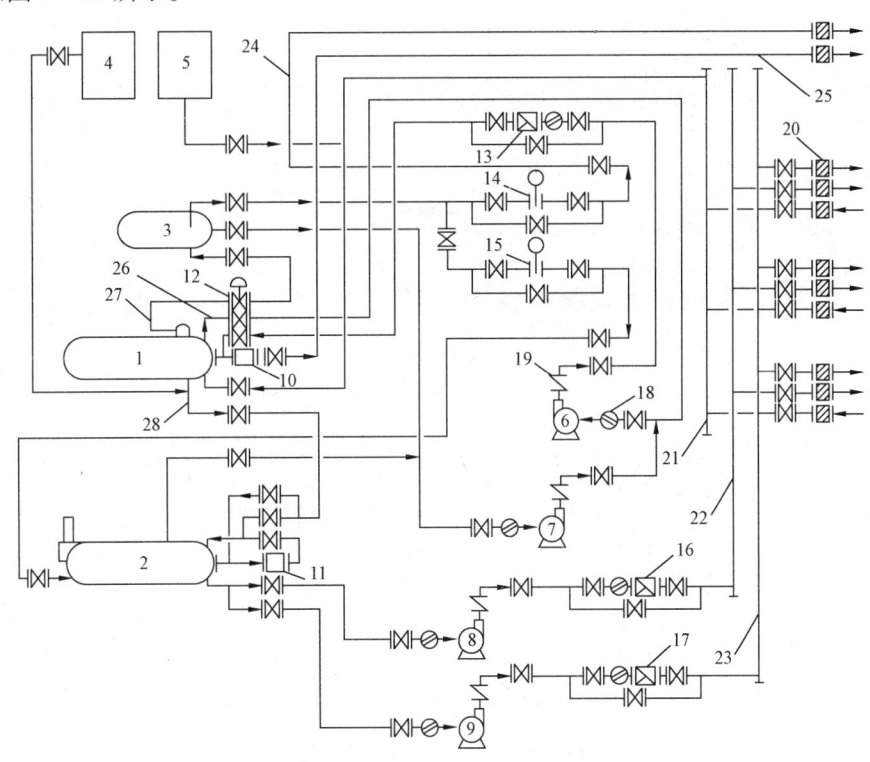

图1-19 转油站工艺流程图

1—缓冲、分离油气水三相分离器;2—加热缓冲二合一加热炉;3—天然气除油器;4—防垢剂加药装置;5—破乳剂加药装置;6—外输油泵;7—收油泵;8—掺水泵;9—热洗泵;10,11—浮子液面调节器;12—自力式压力调节器;13—外输油腰轮流量计;14—外输气计量表;15—自用气计量表;16—掺水计量表;17—热洗计量表;18—过滤器;19—止回阀;20—绝缘法兰;21—计量间来油汇管;22—掺水汇管;23—热洗汇管;24—外输气管;25—外输油管;26—油管;27—气管;28—水管

油气集输

转油站的主要工艺设备和设施有：油气水三相分离设备、加热缓冲设备、外输油泵机组、掺水泵机组、热洗泵机组、油气水计量装置、加药装置等。

掺水和热洗温度一般为75℃左右，掺水和热洗压力一般为2.0~2.5MPa，含水油外输温度为40℃左右，外输压力一般为0.4~0.8MPa。

2）转油放水站工艺流程

油田转油放水站除了具备转油站的功能之外，还通过立式污水沉降罐、外输污水泵等设备把油气水三相分离器沉降分离出的大量的含油污水直接外输到污水处理站，减轻原油脱水站的工作负荷。

来自井排、计量间的油进入油气水三相分离器，对油、气、水进行分离。分离后的油进行升压、计量后外输到联合站的原油脱水站。分离出的天然气进入天然气除油器脱除天然气携带的油，然后一部分计量后外输到联合站的天然气增压站，另一部分计量后用于本站的加热装置。分离出的含油污水先进入立式污水沉降罐，对油水进一步进行沉降分离。沉降到罐底的污水，一部分用外输污水泵外输到联合站的污水处理站，另一部分用掺水泵和热洗泵升压并计量后进入加热炉进行加热，然后用于油井的掺水和热洗。转油放水站工艺流程如图1-20所示。

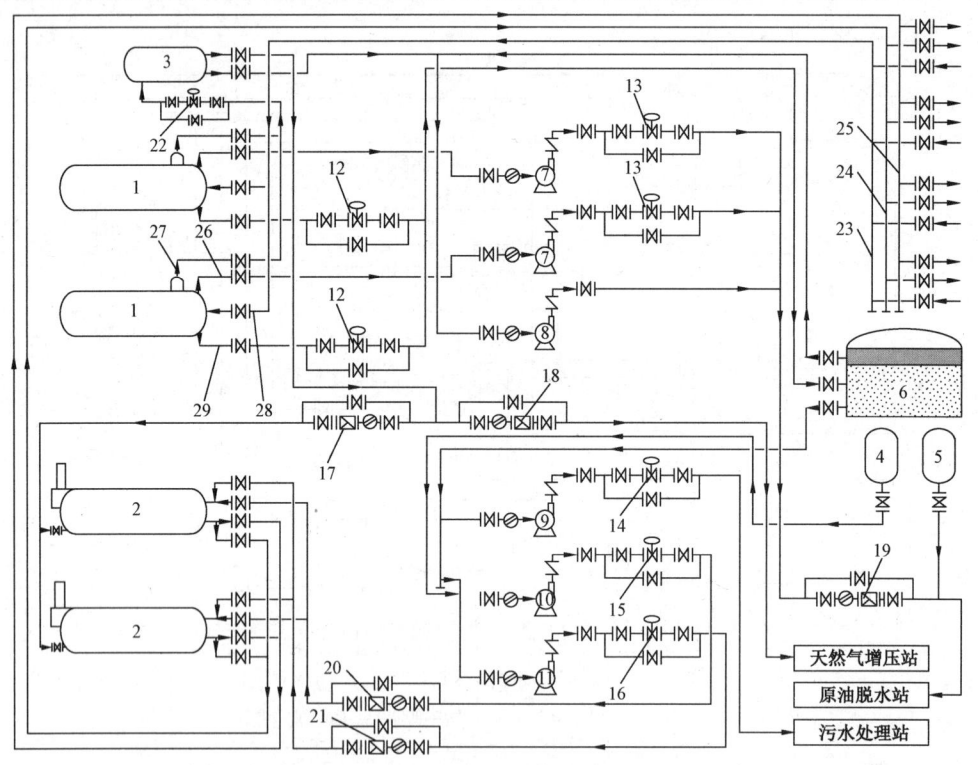

图1-20 转油放水站工艺流程图

1—分离、沉降、缓冲油气水三相分离器；2—加热炉；3—天然气除油器；4—防垢剂加药装置；5—破乳剂加药装置；
6—立式污水沉降罐；7—外输泵；8—收油泵；9—外输污水泵；10—掺水泵；11—热洗泵；12—三相分离器底水调节阀；
13—外输油泵出口调节阀；14—外输污水泵出口调节阀；15—掺水泵出口调节阀；16—热洗泵出口调节阀；
17—自用气流量计；18—外输气流量计；19—外输油流量计；20—掺水流量计；21—热洗流量计；22—自力式压力调节器；
23—计量间来油汇管；24—热洗汇管；25—掺水汇管；26—出油管；27—出气管；28—进油管；29—出水管

二、技能训练

1. 转油站工艺流程图的绘制

绘制转油站工艺流程图时,可按站平面布置的大体位置将各种工艺设备布置好,然后按正常生产工艺流程、辅助工艺流程的要求用管道、管件和阀件将各种工艺设备连接起来,即为转油站油气集输工艺流程图。容器设备的名称可以直接在容器旁标注,也可以在图的右下角用图例的形式表示。流体在管线内的流向用箭头表示,流体流向根据不同的管理方式有不同流向的管线,在管线上或管线旁用不同方向的箭头表示流向。

1)准备工作

(1)工具、用具、材料准备:300mm 三角尺 1 套,300mm 直尺 1 把,绘图仪 1 套,A4 绘图纸 1 张,600mm×900mm 绘图板 1 块,2B 铅笔 1 支,绘图笔 1 套,橡皮 1 块,小刀 1 把,50mm 毛刷 1 把。

(2)劳保用品准备齐全,穿戴整齐。

2)操作步骤

(1)根据转油站工艺流程和绘图比例选择图幅(本操作选择 A4 图纸)。

(2)把切好的图纸固定在绘图板上。

(3)用铅笔画出工艺流程图的边框,以边框到图纸各边留 15mm 为准。

(4)在图纸上边留出 25～100mm 的流程图名称位置。

(5)在图纸的下边根据需要留出 150mm 左右的工艺流程图的标题栏和管线及管件的标注栏。

(6)绘制转油站工艺流程图草图。

① 先用铅笔大致按比例布局油气水三相分离器、二合一加热炉、天然气除油器、泵等各种设备在图中的位置,再按图例画出设备图样。

② 用实线画出管线走向,并与各设备连接成工艺流程图。

③ 在管线的适当位置上按图例画出管件图,如阀门、过滤缸、计量仪表等。

④ 检查草图布局是否合理,是否符合工艺实际管线,交叉是否有错。

(7)检查无误后用碳素绘图笔描图。注意选择好绘图线条的粗细和设备管线的主次相符合。

(8)用细绘图笔在管线上规范画出走向,在设备上填写名称,采用切割法对管线和管件进行排序编号。

(9)依据管线编号在标注栏内填写管线编号、名称及规格、单位数量等,必要时填写出管径和标高。

(10)在标题栏内填写相关内容。

(11)清理图样。用橡皮擦去底图中铅笔部分和图面上不清洁的地方,用毛刷刷净图面上的杂物。

(12)清洁、收回工具、用具。

3)技术要求

(1)绘制工艺流程图时,应注意各设备的轮廓大小、相对位置,尽量做到与现场相对应。

(2)设备和主要管线用粗实线,次要或辅助管线用细实线。

(3)每条管线都要标明编号、管径及流向。

(4)绘图时避免管线与管线、管线与设备之间发生重叠。

(5)在图样上管线发生交叉而实际并不相碰时,一般采用竖断横不断、主线不断的原则。

(6)工艺流程图上主要管件要用细实线画出。相同管件在图上应一致,排列整齐。

(7)在图上有多台相同设备时要进行编号。

2. 转油站工艺流程图的识读

识读工艺流程图时,应按以下步骤进行:

(1)阅读设计说明书,清点图样。看图时要根据设计图样目录,清点图样是否齐全,认真阅读设计说明书,逐条领会设计意图、技术规范和施工技术要求、生产过程中的工艺参数和操作要求。

(2)看懂绘制工艺流程常用图例表。在图例表中认真阅读工艺流程的名称、绘制时间、绘制比例、绘制人、图样数量、图幅大小等。

(3)看工艺流程中布置设备的数量、主要管线的走向。从设备说明中了解设备的型号及主要技术参数。从管线标注中看明白管线的规格作用和标高。

(4)结合设计说明书看工艺流程图和管网系统图,了解设计依据,清楚生产过程中各项工艺参数、经济指标的调节和控制要求,掌握工艺管路走向、设备管路性能和技术规范,以及安装标准和技术要求。

(5)看图时要细心,先看总流程图,再看局部说明的工艺流程图。各种图样要相应参照,配合使用。

(6)看管线时要从头到尾按顺序看完,弄清来龙去脉后再看另一条管线。要分清主管路与支管路的关系,发现疑点要记录清楚,便于提出问题和整改。最后看次要、辅助管线,了解其作用和性能。

(7)图样看完后要重新装好,妥善分类保管。

3. 转油站常规操作及需配备工具

转油站常规操作及需配备工具见表1-3。

表1-3 转油站常规操作及需配备工具

序号	项目	工具(材料)	规格	数量
1	更换压力表	活动扳手	200mm,300mm	各1把
		螺丝刀	150mm	1把
		压力表垫		适量
		密封带		1卷
		擦布		适量
		压力表	符合要求	1个

续表

序号	项目	工具(材料)	规格	数量
2	清理过滤器	活动扳手	300mm	1把
		梅花扳手	8~32mm	1套
		固定扳手	8~32mm	1套
		直尺	1m	1把
		划规		1个
		刮刀		1个
		螺丝刀		1把
		弯剪子		1把
		撬杠	1~1.5m	适量
		擦布		适量
		石棉垫子	3~5mm	适量
3	离心泵（电动机）一保	黄油		适量
		活动扳手	200mm,300mm	各1把
		梅花扳手	8~32mm	1套
		手锤	2磅、8磅	各1个
		一字形螺丝刀		1把
		十字形螺丝刀		1把
		固定扳手	8~32mm	1套
		内六角扳手		1把
		手钳		1把
		弹簧钳		1把
		撬杠		1把
		铜棒	200~300mm	1个
		拉力器	300~500mm	1个
		管钳	450mm	适量
		二硫化钼		适量
		黄油		适量
		擦布		适量
		柴油		适量
		石棉垫子		适量
4	更换法兰垫子	固定扳手	8~32mm	1套
		梅花扳手	8~32mm	1套
		螺丝刀		1把
		撬杠	500mm	1个
		直尺		1个

续表

序号	项目	工具(材料)	规格	数量
4	更换法兰垫子	刮刀		1个
		划规		1个
		弯剪子		适量
		石棉垫子		适量
		黄油		适量
		螺栓		适量
5	更换阀门填料	梅花扳手	8~32mm	1套
		固定扳手	8~32mm	1套
		活动扳手	200mm	1把
		平锉刀	200mm	1把
		一字形螺丝刀		1把
		填料钩		适量
		黄油		适量
		密封填料		适量
6	离心泵启停操作	活动扳手	200mm,250mm	各1把
		梅花扳手	8~32mm	1套
		管钳	450mm	1把
		游标卡尺	250mm	1把
		塞尺		1把
		"F"型扳手		1把
		一字形螺丝刀	250mm	1把
		试电笔	500V	1支
		温度计	0~100℃	1支
		润滑脂	45#	适量
		棉纱布		适量
7	加热炉启停操作	活动扳手	250mm	1把
		"F"型扳手		1把
		管钳	450mm	1把
		点火钩	1m	1个
		棉纱布		适量
		原油		适量
8	投/停运分离器	活动扳手	300mm	1把
		活动扳手	200mm	2把
		"F"型扳手		1把
		管钳	450mm	1把

续表

序号	项目	工具(材料)	规格	数量
8	投/停运分离器	温度计	0~100℃	2支
		棉纱布		适量
9	更换离心泵对轮胶垫	梅花扳手	8~32mm	1套
		固定扳手	8~32mm	1套
		加力杠	2~3m	1个
		钢板尺	200mm	1个
		撬杠	1~1.5m	2个
		手锤	0.88kg	1个
		铁皮垫片	0.3mm、0.5mm、1.0mm	各20个
		铜皮垫片	0.3mm、0.5mm、1.0mm	各20个
		梅花胶垫		3个
		润滑脂		适量

4. 转油站应配备工具

转油站应配备工具见表1-4。

表1-4 转油站应配备工具

序号	名称	规格	数量
1	管钳	200mm、300mm、450mm、600mm、900mm	各1把共5把
2	活动扳手	200mm、250mm、300mm、375mm	各1把共4把
3	梅花扳手	8~32mm	1套
4	固定扳手	8~32mm	1套
5	"F"型扳手		2把
6	撬杠	1~1.5m	2个
7	一字形螺丝刀	100mm、200mm	2把
8	十字形螺丝刀	100mm、200mm	2把
9	剪刀	200mm	1把
10	钢丝钳子		1个
11	手锤	2磅、8磅	2个
12	刮刀	150mm	1个
13	直尺	200mm、300mm	各1个
14	划规		1个
15	拉力器	200mm、300mm、500mm	3个
16	铜棒		1个
17	填料钩		2个

5. 值班室配备工具及数量

值班室配备工具及数量见表1-5。

表1-5 值班室配备工具及数量

序号	名称	规格	数量
1	试电笔	500V	1支
2	活动扳手	200mm	1把
3	固定扳手	17~19mm	1把
4	剪子		1把
5	钳子		1把
6	十字形螺丝刀	100mm	1把
7	一字形螺丝刀	125mm,200mm	1把
8	梅花扳手	17~19mm	1把
9	手锤	2磅	1个
10	钢锯		1个
11	管钳	350mm	1把

第四节 原油脱水站工艺流程

原油脱水站是油田地面工程中最核心的部分。它担负着原油脱水的重要任务,是油气集输与矿场加工的最后一步,在此原油含水达到标准要求,成为合格的商品原油。

一、工作过程知识

1. 原油脱水的基本原理

原油和水在油藏内运动时,常携带并溶解大量盐类,如氯化物(氯化钾、氯化钠、氯化镁、氯化钙)、硫酸盐、碳酸盐等。在油田开采初期,原油中含水很少或基本上不含水,这些盐类主要以固体结晶形态悬浮于原油中,进入中、高含水开采期时则主要溶解于水中。对原油进行脱水、脱盐、脱除泥砂等机械杂质,使之成为合格商品原油的工艺过程称原油处理,国内常称原油脱水,相应的容器称脱水器。

2. 原油处理的目的

原油处理的目的主要有以下几个方面:

(1)满足对商品原油水含量、盐含量的行业或国家标准。我国要求商品原油水含量小于0.5%~2.0%,国际上要求在0.1%~3.0%范围内,多数为0.2%。原油允许水含量和原油密度有关,密度大、脱水难度高的原油,允许水含量略高。

(2)商品原油交易时要扣除原油水含量,原油密度则按含水原油密度计。原油密度是原油质量和售价的重要依据,因而原油含水增大了原油密度使原油售价降低,不利于卖方。

(3)从井口到矿场油库,原油在收集、矿场加工、储存过程中,不时需要加热升温,原油含水增大了燃料消耗、占用了部分集油、加热、加工资源,增加了原油生产成本,因而应尽早与原油分离。

(4)原油含水增加了原油黏度和管输费用。经验表明:相对密度为0.876的原油,含水增加1%,黏度常增大2%;对于相对密度为0.966的原油,黏度则增大4%左右。

(5)原油内的含盐水常引起金属管路和运输设备的结垢与腐蚀,泥砂等固体杂质使泵、管路和其他设备产生激烈的机械磨损,降低了管路和设备的使用寿命。

(6)影响炼制工作的正常进行。炼厂处理原油的第一个过程是常压蒸馏,原油要加热到350℃左右。因为水的相对分子质量仅为18,而原油常压蒸馏时汽化部分的平均分子质量为200~250,单位质量的水汽化后的体积比同质量原油汽化后的体积大10倍多。因而,原油含水不仅加大了塔内气体线速度,影响了原油处理量,严重时还会出现冲塔现象,直接影响蒸馏产品的质量。若原油含水不均匀,还将引起塔内压力的突然升高,甚至造成超压爆炸事故。

由于上述原因,必须在油田上对原油进行处理。由于原油中所含的盐类和机械杂质大部分溶解或悬浮于水中,原油的脱水过程实际上也是降低原油盐含量和悬浮机械杂质的过程。

3. 原油脱水的基本方法

原油脱水包括脱除原油中的游离水和乳化水。各种常见脱水方法的共同点是,创造良好条件使油水依靠密度差和所受重力不同而分层。原油脱水前,应尽可能脱除原油内析出的溶解气,否则气体的析出和在原油内上浮,以及气泡吸附水滴将严重干扰水滴的沉降,降低脱水质量。

原油脱水的常用方法有:重力沉降、加热、机械、化学破乳剂、电脱水等,在生产实践中,经常综合应用上述脱水方法以求得最好脱水效果和最低脱水成本。

4. 原油脱水站工艺流程

来自转油站的含水原油进入游离水脱除器,脱出大部分游离水和少量粒径较大的乳化水,使原油含水降到30%以下。沉降分离后的低含水原油通过加热炉升温到55~65℃,然后进入电脱水器。在电脱水器中,电场和破乳剂的双重作用使原油中的乳化水发生破乳—油水分离。脱水后含水低于0.5%的净化油进入净化油缓冲罐,计量后用泵输送到原油稳定站。游离水脱除器和电脱水器分离出的含油污水进入立式污水沉降罐,经污水泵外输至污水处理站。原油脱水站工艺流程如图1-21所示。

5. 油田常用原油脱水流程

在实际应用中,因为绝大部分的油井产物都有乳化水的存在,所以很少单独利用重力沉降脱水的情况,通常是根据需要,将化学破乳、电场力破乳、重力沉降等多种形式进行不同的组合,构成复合脱水的工艺流程。

1)化学沉降脱水流程

(1)一次破乳—两级沉降脱水流程。

一次破乳—两级沉降脱水流程如图1-22所示。

油气集输

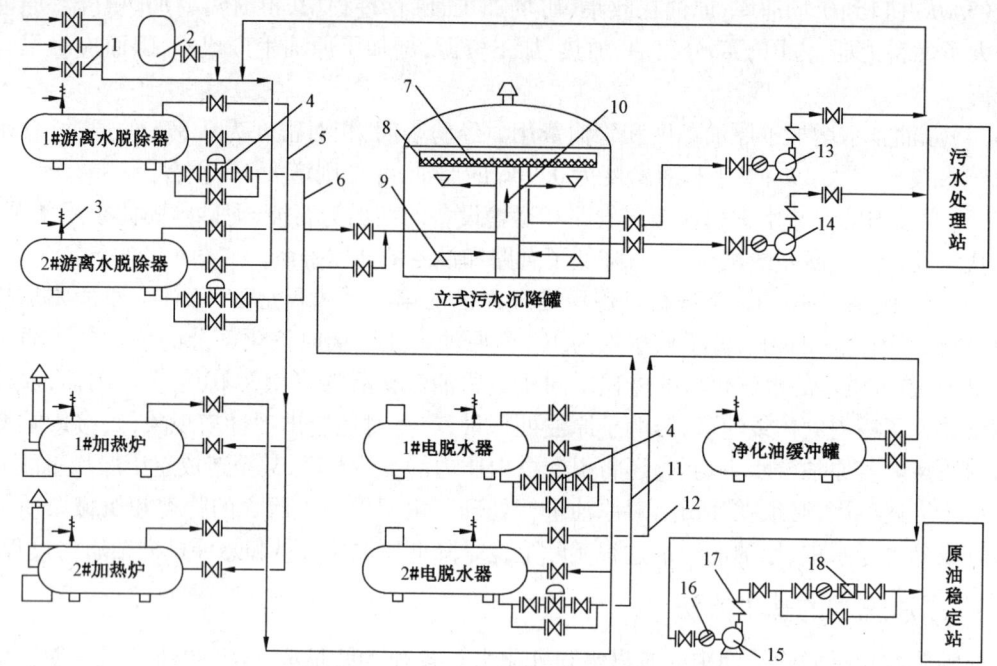

图1-21 原油脱水站工艺流程图

1—来油阀组;2—破乳剂罐;3—安全阀;4—调节阀;5—油汇管;6—沉降污水汇管;7—收油槽;8—喷水头;9—集水头;
10—中心反应筒;11—电脱出污水汇管;12—净化油汇管;13—收油泵;14—外输污水泵;
15—外输油泵;16—过滤器;17—止回阀;18—腰轮流量计

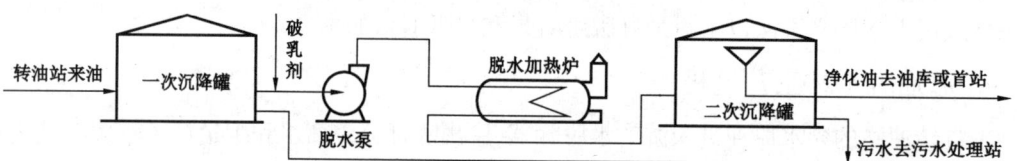

图1-22 一次破乳—两级沉降脱水流程示意图

经气液分离后的油水混合物,先进一次沉降罐,在重力沉降的作用下脱去游离水;再在脱水泵的抽吸、搅拌作用下加入破乳剂,并经加热炉升温后进二次沉降罐,乳状液得以破乳沉降。该流程适用于油水混合物乳化较轻、破乳容易、沉降设备较多或要求的原油含水率较高的情况。

(2)二次破乳—两级沉降脱水流程。

二次破乳—两级沉降脱水流程如图1-23所示。

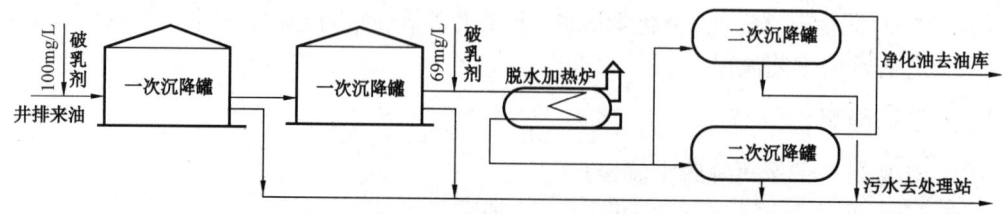

图1-23 二次破乳—两级沉降脱水流程示意图

经气液分离后的油水混合物,先加入一次破乳剂后,进一次沉降罐,破乳沉降,脱去原油中大约80%~90%的含水;再加入二次破乳剂,并经加热炉升温后进二次沉降罐,破乳沉降。该流程在一次破乳沉降中脱除了大部分的含水,使二次破乳剂的加入量、加热炉的热负荷、二次沉降罐的容积等都大为减小,提高了脱水的运行效率和脱水效果,适用于油水混合物的含水率较高、乳化较重的情况。

值得注意的是,在化学破乳沉降脱水工艺流程中,破乳剂的加入时间对脱水效果和效率有较大的影响。加入过晚,由于我国目前使用的破乳剂大部分是水溶性的,随着沉降罐中油水的分离,分离出的水会溶解没作用的破乳剂,使破乳剂的利用率降低;加入过早,破乳后游离出来的水不能及时分出,随着在管道中流动、搅拌等作用,会重新乳化。这种二次乳化状态,往往比一次乳化状态更稳定,造成脱水的更大困难。因此,要根据乳状液的性质、流程特点等,确定合适的破乳剂加入点。

2)电化学沉降脱水工艺流程

电化学沉降脱水是利用化学破乳、电场力破乳、重力沉降等多种方法的综合脱水工艺。根据乳状液的含水、黏度等性质的不同,其工艺过程也有差异。

(1)一段电化学沉降脱水工艺流程。

一段电化学沉降脱水工艺流程如图1-24所示。

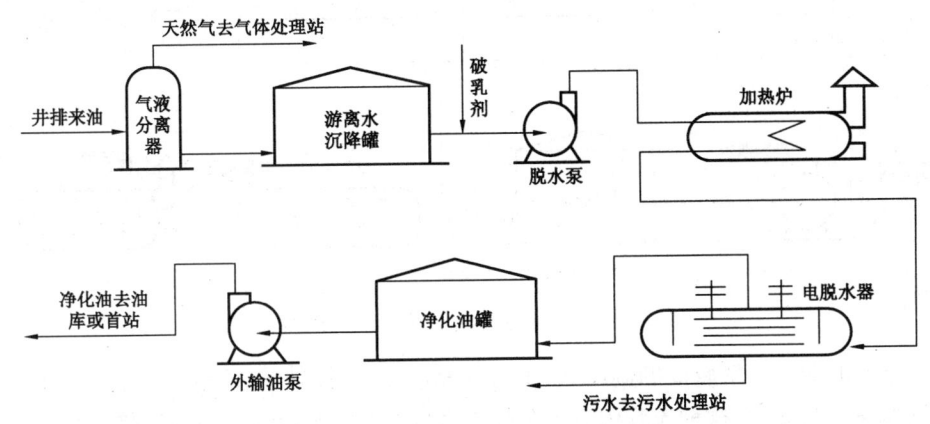

图1-24 一段电化学沉降脱水工艺流程示意图

在该流程中,以电场力脱水为主,化学破乳为辅。这种流程适用于含水率小于20%的乳状液破乳脱水,其脱水效果较好,成本较低。

(2)二段电化学沉降脱水工艺流程。

二段电化学沉降脱水工艺流程如图1-25所示。

这种流程用于含水率较高的乳状液脱水处理,在一段热化学破乳沉降过程中,脱除大部分含水,将乳状液的含水率降低到适应电脱水器工作要求的30%以下;再进行电脱水,使原油含水率达到外输要求。

(3)高黏原油脱水工艺流程。

高黏原油的脱水工艺流程如图1-26所示。

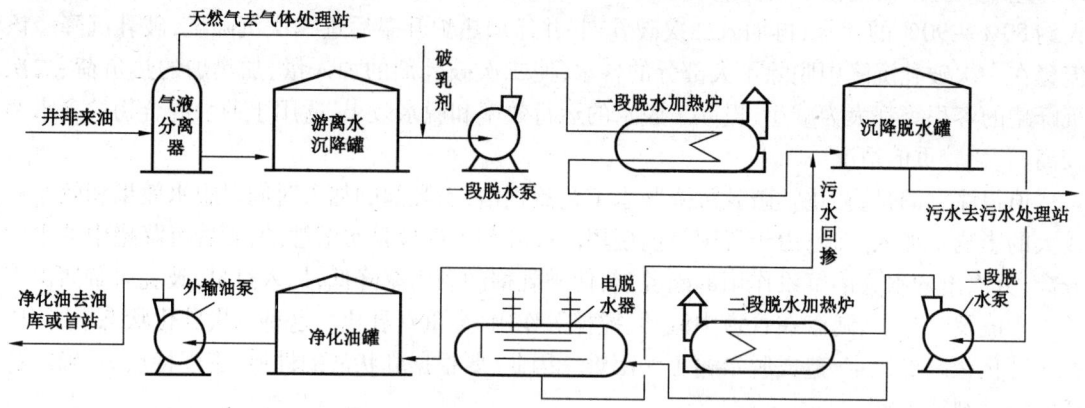

图 1-25　二段电化学沉降脱水工艺流程示意图

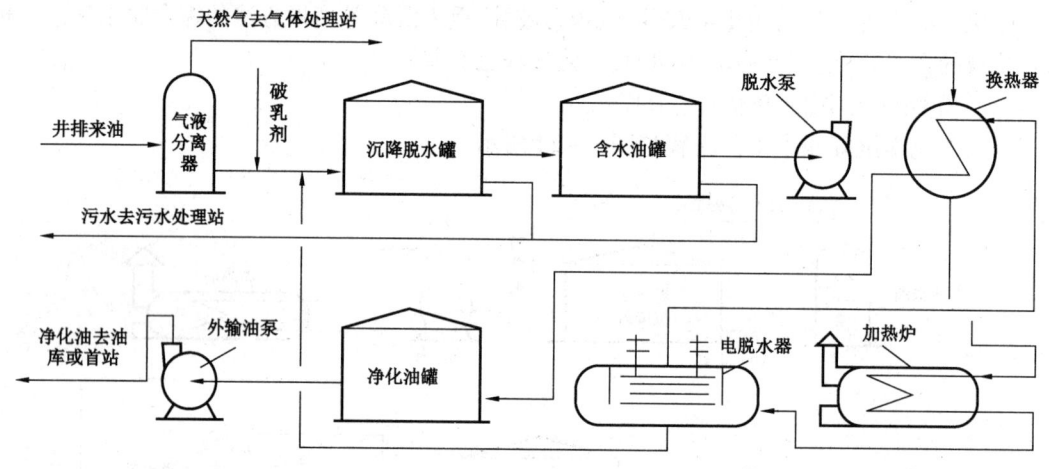

图 1-26　高黏原油脱水工艺流程示意图

高黏原油的脱水需要较高的温度,脱水后的原油,若直接外输,不仅浪费能量,而且增加油品的蒸发损耗。为此,在这种流程中设置了换热器,将电脱水后的原油引回换热器,与加热前的原油乳状液换热后再外输,提高了热能的利用率,降低了脱水成本。

3) 密闭脱水工艺流程

在以上介绍的几种脱水工艺流程中,都设有常压的沉降、净化油储罐。这种工艺流程统称为开式流程。开式流程的特点是运行比较可靠,自动化水平要求不高,但油品蒸发损耗多,特别是在温度较高时,这一点更为突出。另外,压能不能叠加利用,系统运行效率较低。

图 1-27 所示为密闭脱水工艺流程,以三相分离器代替了开式流程中的气液分离器和一次沉降罐,以可承受一定压力的卧式缓冲罐、压力沉降罐等代替了开式流程中的立式常压储罐,实现了全过程的密闭性,具有流程简单、建设投资少、油气蒸发损耗少、避免乳状液老化、有利于实现自动控制等优点,但运行参数的相互影响较大,对自动化水平的要求较高。

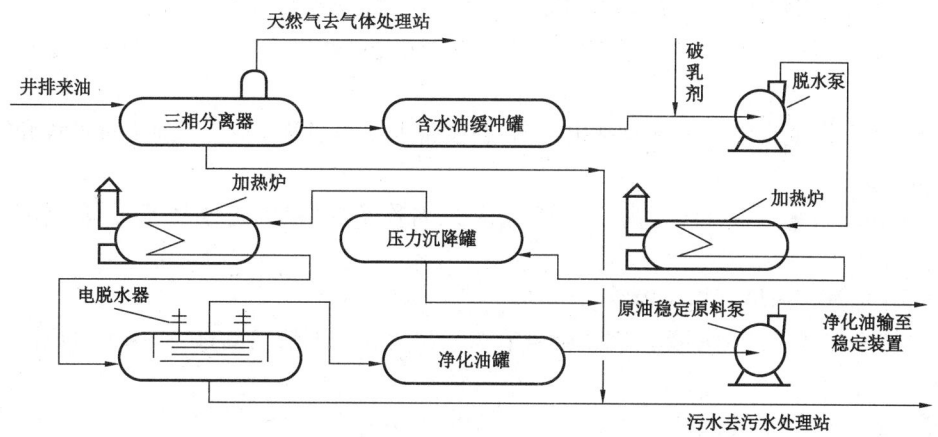

图 1-27 密闭脱水工艺流程示意图

二、技能训练

1. 原油脱水站工艺流程图的绘制

绘制原油脱水站工艺流程图时,可按站平面布置的大体位置将各种工艺设备布置好,然后按正常生产工艺流程、辅助工艺流程的要求用管道、管件和阀件将各种工艺设备连接起来,即为原油脱水站油气集输工艺流程图。容器设备的名称可以直接在容器旁标注,也可以在图的右下角用图例的形式表示。流体在管线内的流向用箭头表示,流体流向根据不同管理方式有不同流向的管线,在管线上或管线旁用不同方向的箭头表示流向。

1)准备工作

(1)工具、用具、材料准备:300mm 三角尺 1 套,300mm 直尺 1 把,绘图仪 1 套,A4 绘图纸 1 张,600mm×900mm 绘图板 1 块,2B 铅笔 1 支,绘图笔 1 套,橡皮 1 块,小刀 1 把,50mm 毛刷 1 把。

(2)劳保用品准备齐全,穿戴整齐。

2)操作步骤

(1)根据原油脱水站工艺流程和绘图比例选择图幅(本操作选择 A4 图纸)。

(2)把切好的图纸固定在绘图板上。

(3)用铅笔画出工艺流程图的边框,以边框到图纸各边留 15mm 为准。

(4)在图纸上边留出 25~100mm 的流程图名称位置。

(5)在图纸的下边根据需要留出 150mm 左右的工艺流程图的标题栏和管线及管件的标注栏。

(6)绘制原油脱水站工艺流程图草图。

① 先用铅笔大致按比例布局游离水脱除器、电脱水器、加热炉、泵等各种设备在图中的位置,再按图例画出设备图样。

② 用实线画出管线走向,并与各设备连接成工艺流程图。

③ 在管线的适当位置上按图例画出管件图,如阀门、过滤缸、计量仪表等。

④检查草图布局是否合理,是否符合工艺实际管线,交叉是否有错。

(7)检查无误后用碳素绘图笔描图。注意选择好绘图线条的粗细和设备管线的主次相符合。

(8)用细绘图笔在管线上规范画出走向,在设备上填写名称,采用切割法对管线和管件进行排序编号。

(9)依据管线编号在标注栏内填写管线编号、名称及规格、单位数量等,必要时填写出管径和标高。

(10)在标题栏内填写相关内容。

(11)清理图样。用橡皮擦去底图中铅笔部分和图面上不清洁的地方,用毛刷刷净图面上的杂物。

(12)清洁、收回工具、用具。

3)技术要求

(1)绘制工艺流程图时,应注意各设备的轮廓大小、相对位置,尽量做到与现场相对应。

(2)设备和主要管线用粗实线,次要或辅助管线用细实线。

(3)每条管线都要标明编号、管径及流向。

(4)绘图时避免管线与管线、管线与设备之间发生重叠。

(5)在图样上管线发生交叉而实际并不相碰时,一般采用竖断横不断、主线不断的原则。

(6)工艺流程图上主要管件要用细实线画出。相同管件在图上应一致,排列整齐。

(7)在图上有多台相同设备时要进行编号。

2. 原油脱水站工艺流程图的识读

识读工艺流程图时,应按以下步骤进行:

(1)阅读设计说明书,清点图样。看图时要根据设计图样目录,清点图样是否齐全,认真阅读设计说明书,逐条领会设计意图、技术规范和施工技术要求、生产过程中的工艺参数和操作要求。

(2)看懂绘制工艺流程常用图例表。在图例表中认真阅读工艺流程的名称、绘制时间、绘制比例、绘制人、图样数量、图幅大小等。

(3)看工艺流程中布置设备的数量、主要管线的走向。从设备说明中了解设备的型号及主要技术参数。从管线标注中看明白管线的规格作用和标高。

(4)结合设计说明书看工艺流程图和管网系统图,了解设计依据,清楚生产过程中各项工艺参数、经济指标的调节和控制要求,掌握工艺管路走向、设备管路性能和技术规范,以及安装标准和技术要求。

(5)看图时要细心,先看总流程图,再看局部说明的工艺流程图。各种图样要相应参照,配合使用。

(6)看管线时要从头到尾按顺序看完,弄清来龙去脉后再看另一条管线。要分清主管路与支管路的关系,发现疑点要记录清楚,便于提出问题和整改。最后看次要、辅助管线,了解其作用和性能。

(7)图样看完后要重新装好,妥善分类保管。

第二章 油气集输设备的操作与维护

本章主要介绍油气集输生产过程中所应用的泵、加热炉、分离装置、原油脱水装置、阀门及测量仪表等设备的结构、工作原理、使用维护与保养、常见故障的诊断与处理等知识。

第一节 油气计量分离器的操作与维护

油井产物(油、气、水混合物)输送到计量间进行量油测气操作是对各单井的产液和产气量进行计量,所以在进行计量前要对气液进行分离,这一过程是在计量间内与集油管汇连接的油气计量分离器中进行的。

一、工作过程知识

1. 分离器的分类

(1)按其功能不同,可分为气液两相分离器和油气水三相分离器两种。
(2)按其形状不同,可分为卧式分离器、立式分离器、球形分离器等。
(3)按其作用不同,可分为计量分离器和生产分离器等。
(4)按其工作压力不同,可分为真空分离器(小于0.1MPa)、低压分离器(小于1.5MPa)、中压分离器(1.5~6MPa)和高压分离器(大于6MPa)等。

2. 油气计量分离器的结构和原理

油田生产使用的油气计量分离器是一种低压容器设备,常用的主要有两种类型——立式(切向)计量分离器和立卧结合(复合)式计量分离器,如图2-1所示。了解油气计量分离器的结构是进行量油测气操作的前提。各种分离器的结构和原理大同小异,下面以现场常用的立式计量分离器来介绍其结构和原理。

(a)立式(切向)计量分离器

(b)立卧结合(复合)式计量分离器

图2-1 油气计量分离器

油气集输

图 2-2 所示是立式计量分离器结构示意图,它主要由壳体、进出口连接管线、计量玻璃管、散油帽、除雾器、底水包等部分组成。

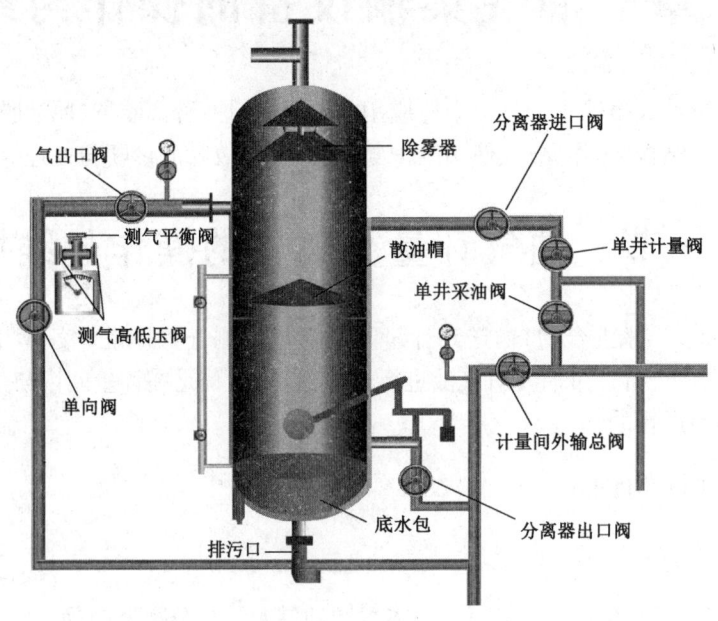

图 2-2 立式(切向)计量分离器结构示意图

当油井产物(油气水混合物)由进液口进入分离器后,下落到散油帽上并在散油帽上流散开,在自身重力的作用下向散油帽边缘流动,散油帽的作用就是增大液体的表面积,使气体更容易分离出来。分离出来的气体向上运动,在经过除雾器时,可把其中的一部分重组分凝析出来并以液体的形式落向分离器的下部。分离后的液体沿散油帽边缘与壳体之间的空隙落到分离器的底部,由于重力分离的作用,会有一部分水分离出来落到底水包中,这部分水定期由排污口排出。计量完成后,分离器中的液体在上部气体压力的作用下,通过外输管线排出,一般情况下分出的气体也进入外输管线与液体混合外输。

从分离器的工作原理中可以看出,油气分离主要是利用了以下三个原理进行的:

(1)重力沉降原理:当混合液进入分离器时,主要靠气液密度不同实现分离,但是只能除去 100μm 以上的液滴,保证不了分离效果,必须与其他分离方法配合。它主要适于沉降段。

(2)离心分离原理:当液体改变流向时,密度较大的液滴具有较大的惯性,就会与器壁相撞,使液滴从气流中分离出来,这就是离心分离。它主要适用于初级分离。

(3)碰撞分离原理:气流遇上障碍改变流向和速度,使气体中的液滴不断在障碍面内聚集,由于液滴表面张力的作用形成油膜,与气流不断地接触,将气流中的细油滴聚集成大油滴,靠重力沉降下来。这主要适用于捕雾段。

3. 量油的基本原理

1)玻璃管量油

玻璃管与分离器构成连通器,如图 2-2 所示。分离器内液柱的压力应与玻璃管内水柱压力相平衡。采用定容积法,当分离器内进油后液面上升一定高度时,玻璃管内水柱也相应上升一定高度。由于油、水密度不同,上升高度不同。在计量时记录水柱上升高度所需时间,即可以计算出产油量。产油量的计算公式为:

$$Q_\mathrm{d} = \frac{86400 h_\mathrm{w} \cdot \rho_\mathrm{w} \cdot \pi D^2}{4t} \qquad (2-1)$$

式中　Q_d——计算出的油井的日产油量,t/d;

h_w——玻璃管内水柱高度,m;

ρ_w——水的密度,t/m^3;

D——分离器直径,m;

t——量油时间,s。

2)玻璃管电极量油

玻璃管电极量油是在玻璃管量油基础上发展出来的,计算时也采用定容积计算法,只是计量过程中的操作和记录全部由自动仪表来进行,这样不仅避免了烦琐的开关操作,而且防止产生人为误差,适应遥控技术的发展,如图2-3所示。

当量油开始时,分离器出油阀门关闭,分离器内液面上升,玻璃管内水面也上升,当升到下部电极对时,电路接通,开始计时。同时,进油灯亮,开始自动计量。当玻璃管内水面上升到上部电极对时,上部电极接通,指示电表停止,进油灯灭,排油灯亮,计数器跳动一次,记下一个量油数字。一次量油完毕。

玻璃管电极量油的计算同玻璃管量油,只是计量时间由仪表自动记录。

3)翻斗自动量油

翻斗自动量油是在带有翻斗装置的油气分离器中进行的,结构如图2-4所示。

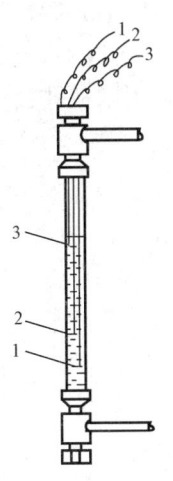

图2-3　玻璃管电极量油示意图
1—公用电极;2—下电极(进油灯);
3—上电极(排油灯)

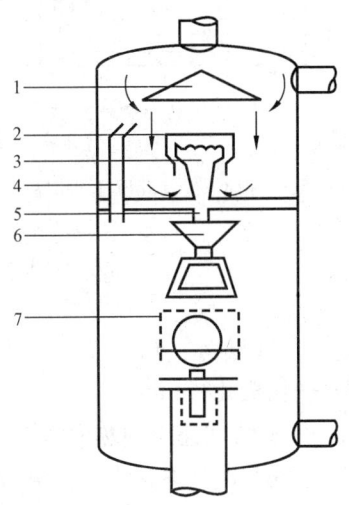

图2-4　翻斗自动量油装置示意图
1—分离伞;2—隔离罩;3—缓冲器;4—连通管;
5—漏斗;6—翻斗;7—液面控制部分

翻斗自动量油是利用杠杆平衡原理。当翻斗未装油时,空斗的重心在两个斗所构成的等腰三角形底边的垂线下部,也就是两斗间隔板的下部。这时靠支架上的挡板支持,处于平衡状态。当一斗进油后,使原来等腰三角形的重心偏移,装满油的斗就翻转,将油排出,同时另一斗处于装油位置,又出现平衡状态,装油后重心偏移,也翻转排油,如此反复进行量油。而由电磁计数器记录的翻转次数,即可算出油产量。其计算公式如下:

$$Q_d = 1440 \times \frac{m \cdot n}{t} \times 10^{-3} \quad (2-2)$$

式中　Q_d——油井日产量,t/d;

　　　t——量油时间,min;

　　　n——量油时间内的累计翻斗次数;

　　　m——每斗装油量,kg。

4. 测气的基本原理

目前大多都采用放空测气和密闭测气两类方法。放空测气是气体经测气管、挡板,然后放入大气;密闭测气是气体经测气管线和挡板后仍进入集输管线。

这些测气方法的基本原理都是使气体通过测气管线上装的挡板,产生节流作用,在挡板前后形成压差,利用挡板孔径和挡板前后的压差值可计算出气量。对气量小、管线压力低的气体可采用放空测气;对气量大、管线压力高的气流,应采用密闭测气。

1)U 形管压差计测气

该方法是低压放空测气法的一种。它的装置由测气短节和 U 形管压差计组成,如图 2-5 所示。当气流通过挡板进入大气时,受挡板的节流作用,气流速度增大,在气流速度低于临界流速时,流量与压差成正比关系,因部分压能转变为动能,故孔板前后形成压差。

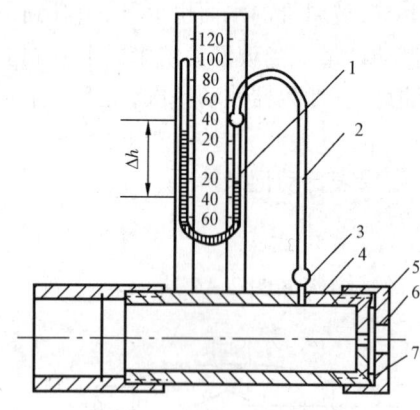

图 2-5　U 形管低压放空测气示意图
1—U 形管压差计;2—导压管;3—测压管;
4—短节;5—压帽;6—节流孔板;7—胶垫

气量计算公式如下:

$$Q_g = 0.6356 d^2 \cdot \sqrt{\frac{T_0}{T}} \cdot \sqrt{\frac{1}{\rho_g}} \cdot \sqrt{\Delta h} \quad (2-3)$$

式中　Q_g——气量,m³/d;

　　　d——孔板孔径,mm;

　　　T_0——标准状态下的热力学温度,$T_0 = 273 + 20 = 293$(K);

　　　T——测气时气体热力学温度,$T = 273 + t$,t 即天然气的温度;

　　　Δh——U 形管压差计内水银柱的高差,mm;

　　　ρ_g——气体密度,t/m³;

　　　0.6356——孔板常数。

各油田一般采用简化公式计算。例如,已知天然气的密度为 0.65t/m³,测气温度为 20℃ 时,简化公式为:

$$Q_g = 0.79 d^2 \sqrt{\Delta h} \qquad (2-4)$$

测气完毕,应将分离器憋压,使压力高于干线压力,然后渐开出油阀门,将油引入干线,以防止倒流、气管线跑油、失火等事故。

2) 波纹管压差计高压密闭测气

如图 2-6 所示,当气体流经主、副孔板时,因节流作用,在挡板前后产生压差。经过信号放大系统、整流系统,就使孔板前后的压差可以在微安表上读出。

气量的简化计算公式为:

$$Q_g = C \sqrt{\Delta h (p + 0.1)} \qquad (2-5)$$

式中 Δh——测气压差,mmHg;
p——分离器压力,MPa;
C——孔板总系数,与孔板直径和孔板数目有关,具体数值见表 2-1。

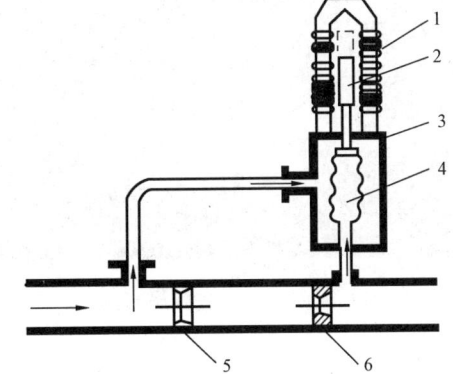

图 2-6 波纹管压差计高压密闭测气示意图
1—差动线圈;2—铁芯;3—波纹管外腔;
4—波纹管内腔;5—主孔板;6—副孔板

表 2-1 孔板总系数表

单孔板		双孔板		
孔板直径,mm	C 值	主孔板直径,mm	副孔板直径,mm	C 值
5	22.089	7.5	12.9	64.98
6	31.48	8.0	13.7	53.45
8	53.84	9.0	15.5	67.65
10	81.296	10.5	18.1	92.085
12	113.704	13.8	23.8	159.155
15	171.85	15.5	26.5	200.90
18	242.686	17.0	29.0	241.84

3) LUX 系列旋进旋涡流量计测气

LUX 系列旋进旋涡流量计属于速度式流量测量仪表,如图 2-7 所示。其特点是结构简单,准确度高,范围大,无机械可动元件,安装方便,不受介质密度和黏度影响;既有就地显示瞬时值和累积值的功能,又有输送功能,传输脉冲信号,便于信号处理和数字化显示。流量计由壳体、旋涡发生器、除旋整流器、压电传感器和流量积算仪组成,如图 2-8 所示。

进入流量计的流体通过旋涡发生器产生旋涡流,旋涡流在文丘里管中旋进,到达收缩段突然节流使旋涡流加速。当旋涡流突然进入扩散段后,由于压力的变化,使旋涡流发生脉动。在流动区域放置压电传感器以检测脉动频率,经前置放大器进行整形放大处理,转换成脉动频率与流量成正比的脉冲信号,最后通过智能流量积算仪中 CPU 的运算,处理转换为流量的累积值和瞬时值进行显示,此脉冲信号还可远传给用户计算机进行运算和显示。

图 2-7 旋进旋涡流量计

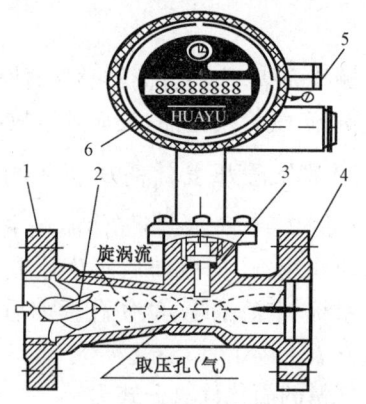

图 2-8 旋进旋涡流量计结构原理图
1—壳体;2—旋涡发生器;3—压电传感器;
4—除旋整流器;5—选择按钮;6—积算仪

LUX 型流量计可用来测量封闭管道中气体的流量和质量,并且具有防爆功能,可在爆炸危险的环境中使用。被测介质温度为 -30 ~ +80℃,相对湿度为 5% ~ 95%,大气压力为 86 ~ 106kPa,环境温度为 -20 ~ +55℃。

4) 排液法测气

应用玻璃管量油法量油后,关死气的平衡阀门,打开分离器出油阀门,分离器的液面开始下降,如果油井产气多,分离器内的气压高,液面下降快。记录液面下降的时间(从玻璃管标高上限到下限),就可以计算油井的产气量。计算公式为:

$$Q_g = \frac{86400 V \cdot A \cdot (p + 0.1)}{t} \tag{2-6}$$

式中 Q_g——产气量,m^3/d;
　　V——分离器中排出的液体体积,m^3;
　　A——温度系数,0.91;
　　p——测气时的分离器压力,MPa;
　　t——排液时间,s。

二、技能训练

1. 油气分离器操作

1) 启动前的准备工作

(1) 液面调节机构的浮球、连杆、平衡锤、出油阀灵活好用。
(2) 油气进出口阀开关灵活好用,关闭排污阀。
(3) 压力表、温度计齐全完好,安全阀按设计规定校验、定压。

(4)启动时提前 30min 投运热水或蒸汽伴热。

(5)容器应有试压记录,严密性试验符合 TSG R0004《固定式压力容器安全监察规程》的规定。

2)启动操作

(1)缓慢打开油气分离器进口阀门,进液声音正常,并注意观察压力和液位变化情况。

(2)当压力上升至 0.10MPa 时,打开气出口阀,控制容器内压力为 0.10~0.25MPa。

(3)当液面计指示液位达到 1/3 时,打开油出口阀门。

(4)当分离器压力、液位控制稳定时,方可逐渐增加处理量。

(5)做好启动记录。

3)运行中的检查

(1)液面调节机构灵活好用,防止浮漂失灵和出油阀卡死,造成跑油或憋压。

(2)按时检查和调整分离器压力,压力控制在 0.10~0.25MPa。

(3)冬季运行的检查内容如下:

① 正常情况下运行温度不得低于设计温度。

② 伴热保温系统循环畅通。

③ 压力表指示灵敏。

④ 天然气放空伴热线热水循环良好,保证放空线畅通。

(4)定时录取各种数据,并认真填好记录。

4)停运操作

(1)关闭进口阀门。

(2)打开液面调节机构进出口连通阀,将分离器液面降到最低后,关闭出口阀门。

(3)打开排污阀,把容器内液体压到收油池内。

(4)关闭气出口阀门。

(5)容器内气放净后,关闭排污阀。

(6)冬季停运时,伴热系统不能停运。

(7)做好停运记录。

5)倒换操作

(1)按照分离器启动前的准备工作检查备用分离器。

(2)按照分离器启动操作规程启动分离器。

(3)对要停运的分离器逐渐减少进油量,并按分离器停运操作规程进行。

(4)倒换完毕后,调整好运行分离器压力和进油量,达到正常生产。

2. 玻璃管量油操作

1)检查确认量油分离器

主要检查下列项目:

(1)分离器规格大小。

(2) 分离器量油玻璃管高度及上下标线是否清楚。
(3) 分离器进出口及气平衡流程等。

2) 倒流程

若是掺水伴热生产井要提前 10~15min 关掺水阀门,玻璃管量油流程如图 2-9 所示。

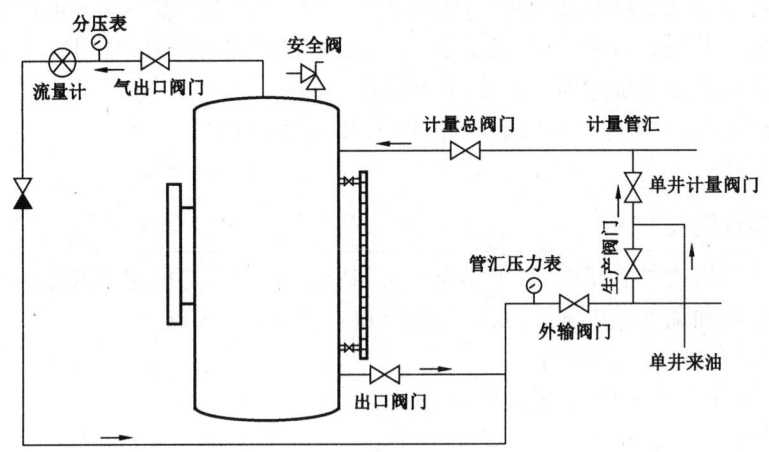

图 2-9 玻璃管量油流程示意图

(1) 打开气出口阀门 3~5 圈。
(2) 打开分离器进口阀门。
(3) 打开被量油井的单井计量阀门,并开至最大;关闭单井生产(进汇管)阀门,并关严。
(4) 打开分离器量油玻璃管上流、下流阀门,查看分离器内原油的液面状况。
(5) 在计量分离器出口处,用分离器出口阀门的开、关来调整玻璃管内液面。

3) 量油、计时

(1) 在液面被压至量油下标线(刚过)以下时,迅速关分离器出口阀门,并关严。
(2) 调整身体姿势,使眼睛与玻璃管内液面水平,看准下标线,在液面与下标线重合时,开始计时;在液面上升过程中要观察一下量油分离器的分压表与来油汇管压力表的压力情况,正常时两块表压力基本一样。
(3) 在液面上升接近上标线时,再调整身姿,在液面与上标线重合时再记下时间,两次的时间差即为一次量油时间。
(4) 记录第一次量油时间 t_1,迅速打开量油出口阀门,使液面降至下标线以下,再次重复第一次量油过程,记下第二次量油时间 t_2,直至要量的次数 i 为止,分别记录好各量油时间 t_1,t_2,…,t_i(一般要求计量三次)。

4) 倒回流程

(1) 在确认量油次数够后,打开分离器出口阀门,把液面降至接近下标线时,关闭分离器量油玻璃管下流阀门,然后关闭量油玻璃管上流阀门。
(2) 打开单井生产(进汇管)阀门并开大,同时关单井计量阀门,关严。

(3)打开掺水阀门,尽量开至与原大小一致,保证原掺水量。
(4)关闭分离器出口阀门、气出口阀门。

5)计算产量

把记录下的各量油时间 $t_1, t_2, \cdots, t_i$ 相加,再除以测量次数 i,就得出量油平均时间 t,将玻璃管中液面上升的高度、量油时间代入玻璃管量油公式计算出产油量。现场一般用分离器量油换算表直接换算。

6)注意事项

(1)开量油玻璃管阀门时一定要先开上流阀门,后开下流阀门;关时先关下流阀门,后关上流阀门。
(2)量油高度误差不能超过 ±2mm,计时误差不能超过 ±1s。
(3)倒流程时,阀门一定要先开后关,且开关阀门要平稳。
(4)量油时,气平衡阀门一定要打开,否则会造成分离器憋压和量油不准确。如果被量油井产量高,还可能导致分离器安全阀门被憋开,造成跑油事故。
(5)如本次和前次量油相差很大,应重新量油进行核对。

3. 测气操作

下面以波纹管压差计高压密闭测气为例来介绍现场测气的基本操作方法和步骤。

1)检查确认量油分离器

主要检查下列项目:
(1)分离器规格大小。
(2)分离器量油玻璃管高度(50cm)及上下标线是否清楚。
(3)分离器进出口及气平衡流程等。

2)倒流程测气

若是掺水伴热生产井,要提前 10~15min 关掺水阀门。
(1)检查分离器流程,将需测气油井倒进分离器流程(倒流程的方法和步骤同玻璃管量油),查看分离器内原油的液面状况。
(2)打开测气装置放空阀门,检查高低压引线,关死放空阀门。
(3)开分离器平衡阀门,开玻璃管上流、下流阀门,控制分离器出油阀门,使液面稳定在量油标高的 1/2~2/3 处。
(4)开测气装置平衡阀门及高压、低压阀门,关测气装置平衡阀门,开始测气,每隔10s 计量一次分压和测气压差值,共取 10 组数据。

3)恢复原流程生产

在确认录取的数据无问题后倒回流程,即恢复正常生产流程。

4)计算产气量

求出 10 组数据的平均值,再从测气换算表中查出气量,填入班报表中。

5) 测气时的注意事项

(1) 测气孔板孔径要合适,压差在卡片的 30~70 格。
(2) 副孔板在前,主孔板在后,喇叭口顺气流方向。
(3) 读出测气压差,产气量高的井,每隔 5s 读一次,产气量低的井,每隔 15s 读一次。

4. 油气分离器冲洗操作

油气分离器在使用一段时间后,由于油井产出液中所含杂质的沉淀,在其底部会有沉淀物沉积下来,所以要定期对分离器进行冲洗以清除沉积物。

1) 冲洗油气分离器的操作步骤

(1) 携带好准备的工具、用具到计量间,检查计量分离器的流程;确定是否具备冲洗条件。
(2) 接排污管线,把橡胶排污管线一头套在分离器底部放空头并用铁丝拧紧,另一头顺放到污油池内,再开一下放空阀门,确认是畅通,然后关好放空阀门。
(3) 把分离器量油玻璃管的上下阀门关严。
(4) 选择一口含水较高的井或接入水源,由计量管线倒入分离器内,在听到液流声后,关气平衡阀门,进行憋压,注意分离器分压表的压力上升(约在 0.5MPa)。
(5) 泄压释放冲洗:迅速打开排污阀门,分离器内液流快速冲出,如果压力下降很大(井出液能力差)再关小排污阀门,压力再憋起后,快速开大排污阀门,一般三次左右即可冲净分离器底部沉淀淤积物。
(6) 关排污放空阀,关严后开气平衡阀,并打开玻璃管上下流阀门,观察量油玻璃管内液面使之在 1/2 左右;关量油出口阀门,把进分离器的单井流程倒回正常,使较高含水液自然沉降补充分离器内的水包(底水)。
(7) 确认操作无误后,关计量阀门,卸掉排污管,收拾工具,清理现场。

2) 冲洗油气分离器的注意事项

(1) 憋压前后过程中安全阀检定压力是多少,要记清。
(2) 憋压冲砂时,玻璃管上下流阀门一定要关严。
(3) 冲砂时,排污阀门一定要开关好用。
(4) 如果分离器内的沉积物冲洗困难(含蜡较高的油井)可倒入间(站)外热洗液来代替单井冲洗,其操作过程是一样的。

5. 量油玻璃管更换操作

分离器量油玻璃管经长期使用会产生污垢、磨损及毁坏,无法继续使用,要及时更换。

1) 更换量油玻璃管的操作步骤

(1) 检查玻璃管装置上下阀门状况,准备更换的玻璃管是否正确,确认无误可以操作,用钢卷尺量出所需玻璃管长度,用三角锉刀割玻璃管取合适的长度。
(2) 先关玻璃管装置的上下量油阀门,打开放空阀,把玻璃管内液体放净。
(3) 用扳手卸下上流阀门堵头,注意密封垫不要碰坏。
(4) 缓慢卸上下流阀门的压帽,扳手卸松后用手直接卸上压帽、下压帽,卸掉后用一字形螺丝刀轻撬起法兰,双手一起缓慢转动玻璃管,确认上下都松后即可从上流阀门内抽出,然后轻轻用一字形螺丝刀取下来,再用一字形螺丝刀把上下流阀门清理干净,拿过新玻璃管比量一下,确认长度适合后,开始安装。

(5)把新玻璃管从上流阀门穿过后再插进下流阀门前,把上压帽、下压帽及法兰按顺序套在玻璃管外侧,把玻璃管位置放正,一手拿住,另一手把密封填料或胶圈在阀门与玻璃管缝隙内填加,在加够后放下法兰,用手上压帽,再用同样方法加好另一侧密封填料等,上好压帽,最后用扳手缓慢、轻轻用力压紧压帽。

(6)在上压帽、下压帽上好后,把上堵头上好,关放空阀门。

(7)试(看)液面:开上量油阀门试压,确认无渗漏后,开下量油阀门试(看)液面。

(8)确认玻璃管内液面正常,用钢卷尺量好标高上下量油位置标线,画好即可;收拾工具,清理现场。

2)更换量油玻璃管的注意事项

(1)玻璃管切口平整,无破口、无裂缝,长度适合,误差不超过±2.5mm。

(2)如加入的是石棉绳密封填料,要四周均匀,用一字形螺丝刀轻轻压入,缓慢用力以防把玻璃管挤碎。

(3)标定量油高度误差不超过±1mm,标线宽度不大于2.5mm。

(4)倒流程时一定要先开、后关,防止分离器憋压使玻璃管爆裂或分离器安全阀被憋开造成跑油事故。

(5)换玻璃管时动作要轻,防止玻璃管挤碎伤人。

(6)不同型号的分离器量油玻璃管的安装可能有微小的差异,安装方法视具体情况决定。

三、典型工作案例

某计量间值班人员从监控电脑上发现计量汇管压力升高至1.2MPa,随即通知岗位员工到现场巡检,发现计量分离器液位高,将气相出口阀门关闭来降低计量分离器液位,但未在现场继续观察,23:33后压力缓慢恢复到0.67MPa。1:03时,值班人员再次发现计量汇管压力高到1.6MPa,向队部运行汇报,三队运行通知将TH12221井倒出来不计量。本次事故中安全阀两次起跳,火炬喷油造成大面积污染,污染面积约80m^2。

【原因分析】

该事故违反了Q/SY DQ0061—2012《油气分离器操作规程》的规定,岗位员工发现计量分离器液位高,随即将气相出口阀门关闭以控制计量分离器液位,未在现场继续观察,因压力持续升高导致安全阀起跳;压力恢复正常后,值班人员未及时将计量分离器的气相出口阀门打开,未及时将计量汇管压力泄掉;计量分离器挂板流量计前过滤器长时间未清洗,可能导致油路不畅(过滤器前控阀门内漏),计量分离器油出口刮板流量计发生堵塞;泄压前未安装油嘴,泄压初期流量较大(每小时约23.7m^3,泄压时井口压力约10MPa)。综上分析:值班员工将计量分离器气相阀门关闭时,未在现场观察,压力异常时,也没及时将气相阀门打开处理,造成憋压是本次事故发生的主要原因。

第二节　离心泵的操作与维护

泵是一种水力机械,通过它把机械能或其他形式的能量转变为液体的位能、压能,从而使液体能沿管路进行输送;或者说,泵是一种转能机械,把其他形式的能量转换为液体能量的装置,在油品的管道输送中,泵可以说是输油管网的心脏。离心泵具有性能范围广泛、流量均匀、结构简单、运转可靠和维修方便等诸多优点,因此在工业生产中被普遍应用。

一、工作过程知识

1. 离心泵的特点

离心泵之所以在集输生产中得到广泛应用,主要是由于与其他类型泵相比有以下特点:
(1)流量均匀,运行平稳,噪声小。
(2)调节方便,流量和压力可在很宽的范围内变化,只要改变出口阀或回流阀开度就可以调节流量和压力。
(3)操作方便可靠,易于实现自动控制,检修维护方便。
(4)在大流量下,泵的尺寸并不大,结构简单、紧凑,重量轻。
(5)转速高,可以与电动机、汽(燃气)轮机、柴油机直接相连。
(6)由于离心泵没有自吸能力,在一般情况下,启泵前要灌泵,或安装真空泵在泵的入口处。
(7)压力取决于叶轮的级数、直径和转数,而且不会超过由这些参数所确定的值。
(8)当输送的液体黏度增加时,对泵的性能影响很大,这时泵的流量、压力、吸入能力和效率都会下降。

2. 离心泵的分类

1)按叶轮级数分

(1)单级离心泵:泵轴上只装有一个叶轮。
(2)多级离心泵:同一泵轴装有两个或两个以上叶轮。

2)按叶轮吸入方式分

(1)单吸式离心泵:叶轮只有一个吸入口。
(2)双吸式离心泵:从叶轮两侧吸入,它的流量较大。

3)按压力大小分

(1)低压离心泵:$p<1.5MPa$。
(2)中压离心泵:$1.5MPa \leqslant p \leqslant 5MPa$。
(3)高压离心泵:$p>5MPa$。

4)按泵输送介质分

(1)水泵(输送水)。

(2)油泵(输送油品)。
(3)钻井泵(输送钻井液)。
(4)化工泵(输送酸碱及其他化工原料)。

5)按比转数 n_s 分

(1)低比转数泵:$50 < n_s \leqslant 80$。
(2)中比转数泵:$80 < n_s \leqslant 150$。
(3)高比转数泵:$150 < n_s < 300$。

6)按泵壳接缝形式分

(1)垂直分段式。
(2)水平中开式。

7)按传动方式分

(1)电动机直接传动的电动泵。
(2)柴油机直接带动的柴油机泵。
(3)蒸汽(燃气)轮机带动的汽(燃气)轮机泵。

3. 离心泵的型号

1)离心泵型号说明

离心泵型号一般由三部分组成,如图 2-10 所示。

离心泵型号中的第一单元通常是以"mm"表示的吸入口直径。但大部分老产品用"in"表示,即以"mm"表示的吸入口直径被 25 除后的整数值。第二单元是以汉语拼音字母的字首表示泵的基本结构、特征、用途及材料代号等,见表 2-2。第三单元一般用数字表示泵的参数,这些数字对于过去的大多数老产品是表示该泵比转速被 10 除后的整数值,而目前表示以米水柱为单位的泵的扬程和级数。有时泵的型号尾部还带有字母 A 或 B,这是泵的变型产品标志,表示在泵中装的是切割过的叶轮。

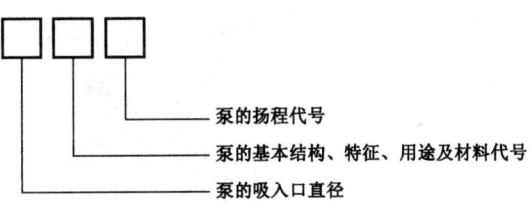

图 2-10 离心泵型号组成示意图

表 2-2 离心泵形式和汉语拼音字母对照

字母名称	离心泵形式	字母名称	离心泵形式
B,BA	单级单吸悬臂水泵	R	热水循环泵
S,SH	单级双吸水泵	L	立式浸没式水泵
D,DA	多级分段水泵	CL	船用离心泵
DK	多级中开式水泵	Y	离心式油泵
DG	锅炉给水泵	F	耐腐蚀泵
N,NL	冷凝水泵	P	杂质泵

2) 离心泵型号表示方法

离心泵型号表示方法如图2-11所示,举例如下:

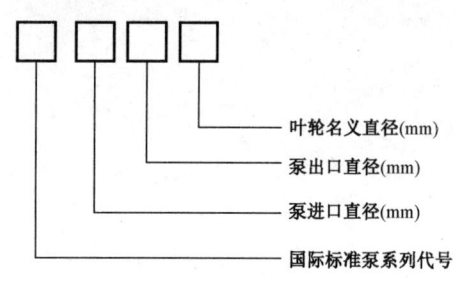

图2-11 离心泵型号表示示意图

(1)"2B31A"表示吸入口直径为50mm(流量为12.5m³/h),扬程为31mH₂O,同型号叶轮外径经第一次切割的单级单吸悬臂式离心清水泵。

(2)"200D-43×9"表示吸入口直径为200mm,单级扬程为43mH₂O,总扬程为43×9=387mH₂O,9级分段式多级离心泵。

(3)近年来,我国泵行业采用国际标准ISO 2858:1975(E)《端吸式离心泵》的有关标记、额定性能参数和系列尺寸,设计制造了新型号泵。其型号示例如下:

① "IS80-65-160"表示单级单吸悬臂式清水离心泵,泵吸入口直径为80mm,排出口直径为65mm,叶轮名义直径为160mm;

② "IH50-32-160"表示单级单吸悬臂式化工离心泵,泵吸入口直径为50mm,排出口直径为32mm,叶轮名义直径为160mm。

4. 离心泵的结构和工作原理

1)单级离心泵结构及工作原理

单级离心泵中最常见的是卧式单级悬臂式B型泵,如图2-12所示。这种泵常用在流量

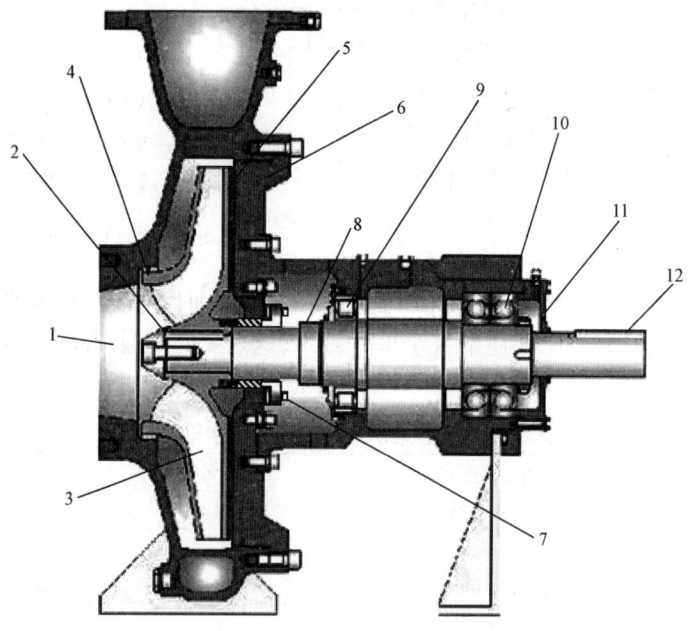

图2-12 单级离心泵结构示意图

1—泵入口;2—叶轮背帽;3—叶轮;4—叶轮口环;5—叶轮背板;6—泵壳;7—密封填料压盖;8—泵轴;
9—支撑轴承;10—止推轴承;11—止推轴承压盖;12—联轴器键

为 5~360m³/h,压头为 8~98m,载荷不太大的场合。叶轮以悬臂方式装在泵轴一端,这样不仅取消了吸入端的支承,简化了泵体结构,而且改善了吸入条件,避免了由于轴通过吸入端时密封不良而吸入空气的现象。这种泵的排出管线,可根据安装条件,装在任何角度。

单级离心泵主要是由叶轮背帽、叶轮、叶轮口环、叶轮背板、泵壳、密封填料压盖、泵轴、支撑轴承、止推轴承、止推轴承压盖、叶轮键等组成,其中叶轮是旋转部件,泵壳是静止部件。

单级离心泵工作时,叶轮由轴带动高速转动,叶片间的液体也必须随着转动。在离心力的作用下,液体从叶轮中心被抛向外缘并获得能量,以高速离开叶轮外缘进入蜗形泵壳。在蜗壳中,液体由于流道的逐渐扩大而减速,又将部分动能转变为静压能,最后以较高的压力排出泵出口。液体由叶轮中心流向外缘时,在叶轮中心形成了一定的真空,由于贮槽液面上方的压力大于泵入口处的压力,致使液体被吸进叶轮中心。依靠叶轮的不断运转,液体便连续地被吸入和排出。液体在离心泵中获得的机械能量最终表现为静压能的提高。

2) 单级双吸离心泵结构及工作原理

当流量和压头增大时,就需采用两面支承的结构,如图 2-13 所示。一般该泵的流量为 90~6500m³/h,压头为 10~10⁴mH₂O。这种泵的泵壳一般做成水平剖分式,叶轮、轴和密封装置等可事先装好,然后整体装入泵壳中去,因而制造和检修都较方便。

图 2-13 单级双吸离心泵结构示意图
1—端盖;2—圆螺母;3—固定螺钉;4—泵体;5—水封管;6—挡套;7—双吸密封环甲(口环甲);8—泵盖;9—叶轮;
10—双吸密封环乙(口环乙);11—水封环;12—机械密封压盖;13—挡水环;14—轴承;15—轴承体

单级双吸离心泵主要是由端盖、圆螺母、固定螺钉、泵体、水封管、挡套、双吸密封环(口环)、泵盖、叶轮、水封环、机械(或填料)密封压盖、挡水环、轴承、轴承体组成。

单级双吸离心泵工作时,泵轴带动叶轮做高速旋转运动,迫使预先充满在叶轮中的液体旋转,在离心力的作用下,液体自叶轮中心向外周做径向运动。液体在流经叶轮的过程中,静压能增高,流速增大。当液体离开叶轮进入蜗形泵壳后,由于流道的逐渐扩大而减速,又将部分动能转变为静压能,最后以较高的压力排出泵出口。液体由叶轮中心流向外缘时,在叶轮中心形成了一定的真空,由于贮槽液面上方的压力大于泵入口处的压力,液体便从叶轮的两侧吸进叶轮中心。依靠叶轮的不断运转,液体便连续地被吸入和排出。液体在离心泵中获得的机械能量最终表现为静压能的提高。

3) 多级离心泵结构及工作原理

多级离心泵是指在同一根泵轴上装有两个或两个以上的叶轮,液体依次通过各级叶轮,它的总压头是各级叶轮压头之和。当需要得到高压头时,往往采用多级离心泵。为了制造和调节方便,这种泵的各级结构相同,整个泵体用长螺栓连接,如图2-14所示。

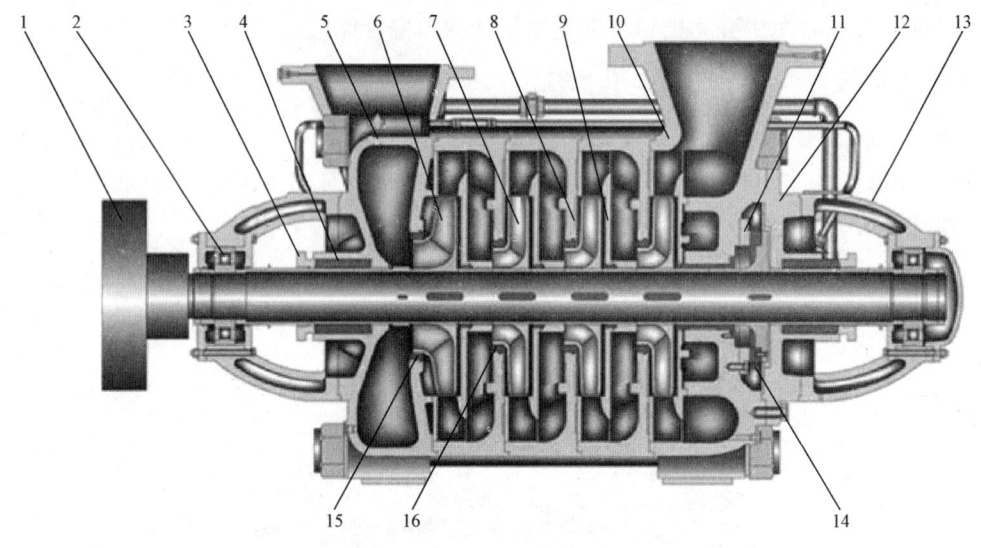

图 2-14 多级离心泵结构示意图

1—联轴器;2—轴承;3—填料压盖;4—填料;5—进水段;6—首级叶轮;7—叶轮;8—中段;9—导叶;10—出水段;
11—平衡环;12—尾盖;13—轴承架;14—平衡盘;15—首级密封环;16—密封环

多级离心泵主要是由转动部分、泵壳部分、密封部分、平衡部分、轴承部分、传动部分六大部分组成。

(1) 转动部分:由叶轮、泵轴、轴套等组成,是产生离心力和能量的旋转主体,密封部分、平衡装置等也都套在轴上,是离心泵的关键部分。

① 叶轮:离心泵的主要零件。

叶轮由叶片、前后盖板、轮毂组成,泵流量、扬程和效率都和叶轮的形状、尺寸的大小及表面粗糙度有关。叶轮在前后盖板间形成流道,在轴的旋转下产生离心力,液体由叶轮中心轴进入,由外缘排出,完成液体的吸入与排出。叶轮的形式按进液方式可分为单吸和双吸两种。叶轮中叶片的弯曲方向和叶轮的旋转方向相反。叶轮按其结构可分为封闭式、敞开式、半封闭式三种类型,如图2-15所示。

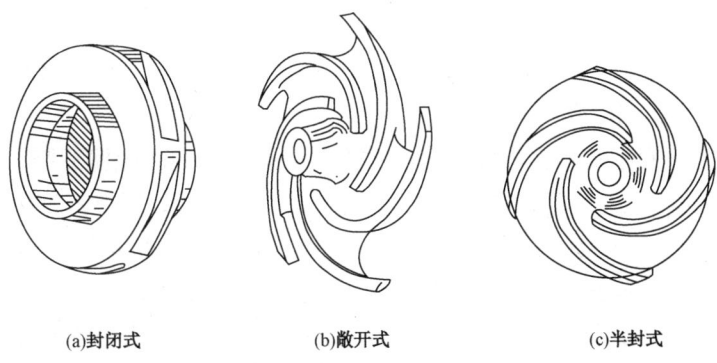

图 2-15 离心泵的叶轮结构示意图

② 泵轴:将动力机械能量传给叶轮的主要零件,并把叶轮和联轴器连在一起,组成泵的转子。

泵轴的材料要求有足够的抗扭强度和刚度,常用碳素钢和不锈钢制成。泵轴挠度不超过允许值,运行转速不能接近产生共振的临界转速。泵轴一端用键、叶轮螺母和外舌止退垫圈固定叶轮,另一端装联轴器或皮带轮。为了防止填料与泵轴直接摩擦,以及轴的锈蚀,多数泵轴在轴与水的接触部分装有钢制或铜制的轴套,轴套锈蚀后可以更换。

③ 轴套:套装在轴上,一般是圆柱形。

轴套有两种:一种是装在叶轮与叶轮之间,主要是保护泵轴和固定叶轮;另一种是装在轴头密封处,防止密封填料磨损轴,起保护轴的作用。

(2)泵壳部分:泵壳的作用是把液体均匀地引入叶轮,并把叶轮甩出的高压液体汇集起来导向排出侧或通入下一段叶轮,并且减慢叶轮甩出的液体速度,把液体动能转变为压力能。通过泵壳可把泵的各固定部分连为一体,组成泵的定子。

泵壳有蜗形泵壳和有导轮分段泵壳两种。蜗形泵壳一般用于单级泵及水平中开式的多级泵,其结构简单,水头损失小,轴向推力利用叶轮对称装置平衡,径向推力的平衡需采用其他措施,如图 2-16(a)所示。有导轮分段泵壳都用于多级泵,其结构复杂,水头损失大,径向推力自己平衡,轴向推力的平衡采用平衡盘、平衡鼓、平衡管等措施,如图 2-16(b)所示。

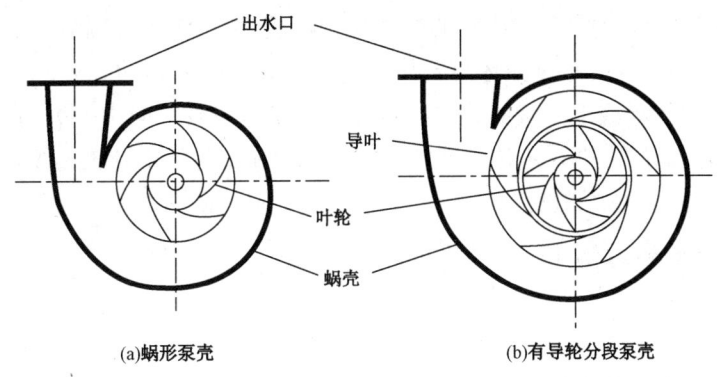

图 2-16 离心泵泵壳结构示意图

（3）密封部分：为保证泵正常运转，效率高，防止泵内液体外流或外界空气进入泵体内，在叶轮与泵壳之间、轴与泵壳之间都装有密封装置。常用的密封装置有密封环（口环）、填料盒（填料箱）和机械密封（端面密封）。

密封环用来防止液体从叶轮排出口通过叶轮和泵壳之间的间隙漏回吸入口，以减少容积损失；同时承受叶轮与泵壳接缝处可能产生的机械摩擦，磨损后只更换密封环而不必更换叶轮和泵壳，密封环有的装在叶轮上，有的装在泵壳上，也有的两边都有。密封环的形式很多，基本上可分为四种：平接式、角接式、单曲迷宫式、双曲迷宫式。

填料盒位于泵壳与轴之间，在填料盒内放入填料，用来防止泵内液体沿轴漏出和防止外界空气进入泵内。

机械密封是依靠固定在轴上的动环和固定在泵壳上的定环，两环平衡端面间紧密接触而达到密封的装置。机械密封根据装置形式分为单端面机械密封和双端面机械密封。双端面机械密封具有两道端面密封，多用于高温高压条件下运转的泵。

（4）平衡部分：泵在运转时，在其转子上产生一个方向与泵的轴心线相平行的轴向力。多级泵的轴向力很大。泵在工作之前，叶轮四周的液体压力都一样，因而不产生轴向力。当泵开始工作后，因压出室内产生了压力，并且由于叶轮两侧在进口、出口存在压差，便产生了轴向力。平衡轴向力的方法很多，一般来说，单级泵不同于多级泵。单级泵平衡轴向力有四种方法：平衡孔、平衡管、采用双吸叶轮、采用平衡叶片。多级泵平衡轴向力也有四种方法：叶轮对称布置、平衡盘法、平衡鼓法、平衡盘或平衡鼓组合法。平衡鼓是装在末级叶轮之后用来平衡转子轴向力，平衡盘主要是平衡轴向力并起到定位转子位置的作用。

（5）轴承部分：用来支撑泵轴并减少泵轴旋转时的摩擦阻力，在离心泵中通常采用滑动轴承和滚动轴承平衡径向和轴向负荷。

（6）传动部分：离心泵与电动机中间的连接机构称为联轴器。它起着传递电动机的能量，缓冲轴向、径向的振动，以及自动调整泵与电动机中心的作用。常用的联轴器有三种：刚性联轴器、弹性联轴器、液力联轴器（耦合器）。

多级离心泵工作时，多级离心泵电动机带动轴上的叶轮高速旋转时，液体由吸入管进入离心泵吸入室，然后流入叶轮。叶轮在泵壳内高速旋转，产生离心力，充满在叶轮内的液体在离心力的作用下，从叶轮中心沿着叶片间的流道甩向叶轮的四周，高速流动的液体汇集在泵壳内，其速度降低，压力增大。根据液体总要从高压区向低压区流动的原理，泵壳内的高压液体进入压力低的出口管线（或下一级叶轮），经过导壳的流道而被引向次一级的叶轮，这样，逐次地流过所有的叶轮和导壳，进一步使液体的压力能量增加。将每个叶轮逐级叠加之后，就获得一定扬程。

5. 离心泵的性能参数

1）流量

流量也叫排量，指泵在单位时间内所输送液体的数量，可用体积流量 Q 或质量流量 G 两种表示。质量流量和体积流量的换算如下：

$$G = Q \cdot \rho \qquad (2-7)$$

式中 G——质量流量,kg/s;
Q——体积流量,m³/s 或 m³/h;
ρ——液体密度,kg/m³。

2) 扬程

扬程又称压头,是指单位重量液体通过泵后获得能量的大小,用符号 H 表示,单位为米(m)。离心泵工作时,往往用压力表来测扬程,单位是帕(Pa),压力与扬程的关系为:

$$p = \gamma \cdot H \qquad (2-8)$$

式中 p——压力,Pa;
γ——液体重度,N/m³;
H——扬程,m。

泵的总扬程包括吸入扬程、出水扬程和泵进口、出口液体流速速度头之差,即:总扬程 = 吸入扬程 + 出水扬程 + 速度头之差。

3) 转数

转数是指泵轴每分钟旋转的次数,用符号 n 表示,单位为转每分钟(r/min)。一般泵产品样本上规定的转数是指泵的最高转数许可值,实际工作中最高不超过许可值的 4%。转数的变化将影响其他一系列参数的变化。

4) 功率

泵在单位时间内对液体所做的功称为功率,用符号 N 表示,单位为瓦(W)或千瓦(kW)。泵的功率有轴功率、有效功率和原动机功率三种。轴功率是指离心泵的输入功率,用符号 $N_{轴}$ 表示,单位为千瓦(kW);有效功率是指泵在单位时间内对液体所做的功,用符号 $N_{有效}$ 表示。三种功率之间的关系为:

$$N_{有} = \rho \cdot g \cdot Q \cdot H \qquad (2-9)$$

$$N_{轴} = N_{有} / \eta_{效} \qquad (2-10)$$

$$N_Y = (1.1 \sim 1.2) \times N_{轴} \qquad (2-11)$$

式中 ρ——液体密度,kg/m³;
g——重力加速度,m/s²;
Q——体积流量,m³/s;
H——扬程,m;
$\eta_{效}$——泵效,用百分数表示;
N_Y——原动机功率。

泵铭牌上标明的功率是原动机功率,也称配用功率。有些铭牌上标明的轴功率是指泵需要的功率。

5) 效率

泵的功率大部分用于输送液体,使一定量的液体增加了压能,即所谓的有效功率;而另一部分功率消耗在泵的轴与轴承及填料和叶轮与液体的摩擦上,以及液流阻力损失、漏失等方面,这部分功率称为损失功率。效率是衡量功率中有效程度的一个参数,用符号 $\eta_{效}$ 表示,即:

$$\eta_{效} = \frac{N_{有效}}{N_{轴}} \times 100\% \quad (2-12)$$

效率也等于泵的容积效率、机械效率和水力效率的乘积,即:

$$\eta = \eta_{容} \cdot \eta_{机} \cdot \eta_{水} \quad (2-13)$$

$$\eta_{容} = \frac{Q-q}{Q}$$

$$\eta_{机} = \frac{N_{轴} - N_{损}}{N_{轴}} \times 100\%$$

$$\eta_{水} = \frac{H}{H_t} = \frac{H_t - h_t}{H_t}$$

式中　Q——泵的流量,m³/h;

　　　q——泵的漏失量,m³/h;

　　　$N_{损}$——损失功率,W;

　　　H——泵实际产生的扬程,m;

　　　H_t——理论扬程,m;

　　　h_t——总扬程损失,m。

(1) 容积损失:由于泵的泄漏,泵的实际排出量总是小于吸入量,这种损失称为容积损失,主要包括密封环泄漏、平衡机构泄漏和级间泄漏损失。

(2) 水力损失:叶轮传给液体的能量,其中有一部分没有变成压能,这部分能量损失称为水力损失。水力损失包括冲击损失、旋涡损失和沿程摩擦损失。

(3) 机械损失:叶轮在旋转时,液体与叶轮表面,泵的其他零件之间所产生的摩擦损失,称为机械损失。

6) 允许吸入高度

泵允许吸入高度也叫允许吸上真空高度,表示离心泵能吸上液体的允许高度。一般用符号 $H_允$ 或 H_s 表示,单位为米(m)。为了保证泵的正常工作,必须规定这一数值,以保证泵入口液体不汽化,不产生汽蚀现象。

7) 比转数

比转数是一个能说明离心泵结构与性能特点的参数,它是利用相似理论求得的,用符号 n_s 表示。任何一台泵,根据相似原理,可以利用比转数 n_s 按泵叶轮的几何相似与动力相似的原理对叶轮进行分类。比转数相同的泵即表示几何形状相似,液体在泵内运动的动力相似。

对于单级泵,n_s 计算公式为:

$$n_s = \frac{3.65n\sqrt{Q}}{H^{3/4}} \quad (2-14)$$

对于单级双吸泵,n_s 计算公式为:

$$n_s = \frac{3.65n\sqrt{Q/2}}{H^{3/4}} \quad (2-15)$$

对于多级单吸泵,n_s 计算公式为:

$$n_s = \frac{3.65n\sqrt{Q}}{(H/i)^{3/4}} \quad (2-16)$$

式中　n_s——泵的比转数;
　　　n——转速,r/min;
　　　Q——泵的额定流量,m³/s;
　　　H——泵的额定扬程,m;
　　　i——离心泵的级数。

6. 离心泵的特性曲线与工作点

1) 离心泵的特性曲线

压头、流量、功率和效率是离心泵的主要性能参数,这些参数之间又是互相影响的,为此,离心泵生产部门通过实验测定,将其产品的基本性能参数用曲线表示出来,这些曲线称为离心泵的特性曲线。一般用流量作为横坐标,其他几个参数作为纵坐标,每一个流量都有一个相应的压头、功率和效率,以供使用部门选泵和操作时参考。

特性曲线是在固定的转速下测出的,只适用于该转速,故特性曲线图上都注明转速 n 的数值,图 2-17 为离心泵在 $n=2900$r/min 时的特性曲线。图上绘有三种曲线,即:

(1) $H-Q$ 曲线:表示泵的流量 Q 和压头 H 的关系。离心泵的压头在较大流量范围内是随流量增大而减小的。不同型号的离心泵,$H-Q$ 曲线的形状有所不同。如有的曲线较平坦,适用于压头变化不大而流量变化较大的场合;有的曲线比较陡峭,适用于压头变化范围大而不允许流量变化太大的场合。

(2) $N-Q$ 曲线:表示泵的流量 Q 和轴功率 N 的关系,N 随 Q 的增大而增大。显然,当 $Q=0$ 时,泵轴消耗的功率最小。因此,启动离心泵时,为了减小启动功率,应将出口阀关闭。

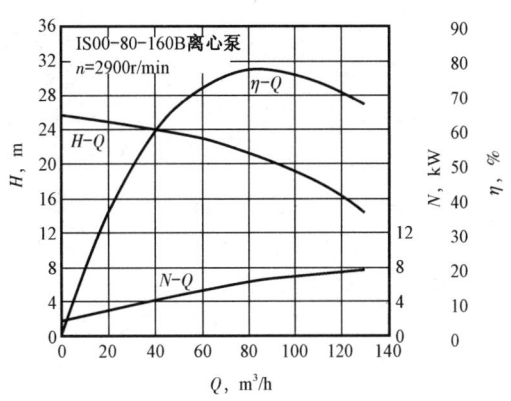

图 2-17　离心泵的特性曲线

(3) $\eta - Q$ 曲线:表示泵的流量 Q 和效率 η 的关系。开始 η 随 Q 的增大而增大,达到最大值后,又随 Q 的增大而下降。该曲线最大值相当于效率最高点。泵在该点所对应的压头和流量下操作,效率最高,所以该点为离心泵的设计点。

离心泵实际特性的应用大致有:

① 从特性曲线可看出在不同的工况下,各种参数间的变化关系。如 Q 和 H 总是相对地变化,当 Q 增加时,H 降低,反之 Q 减少时,H 增加,欲调节离心泵的扬程,就可以用减少或增加流量的方法来达到,可用开大或关小排出阀来实现。

② 从特性曲线可以看出泵的轴功率与流量成正比。当 $Q = 0$ 时,功率最小,因此在离心泵启动时,应该关闭排出阀,这样可以减少启动电流,保护电动机。但当 $Q = 0$ 时,相应的轴功率并不等于零,此时功率主要消耗于泵的机械损失上,其结果会使泵升温,因此,泵在实际运行中流量 $Q = 0$ 的情况下只允许做短时间的运行。

③ 从特性曲线可以看出在什么工况下,泵的效率最高。工程上将泵的效率最高点称为额定点。与该点对应的流量、扬程、功率,分别称为额定流量 Q_0、额定扬程 H_0、额定功率 N_0。为了扩大泵的使用范围,各种泵都规定了一个高效区(高效区一般认为是在泵最高效率点的 7% 左右的一段范围所对应的工作区域)。在有的泵样本上,泵的特性曲线只绘出高效区。

④ 由扬程与流量曲线 $H - Q$ 可看出该泵的特性是"平坦"还是"陡降"的。具有平坦特性曲线的泵的特点是在流量变化较大时,扬程变化不大,反之,具有陡降特性的泵的特点是在流量变化不大时,扬程变化较大,这就可以根据工作点的不同而选择不同特点的泵来满足工艺要求。

⑤ 以上所讲到的特性,以及泵样本上所绘制的特性,均是泵制造厂用 20℃ 清水做试验测定的,因此都是输水特性,至于输油及其他黏度大的液体的特性,还要进行换算。

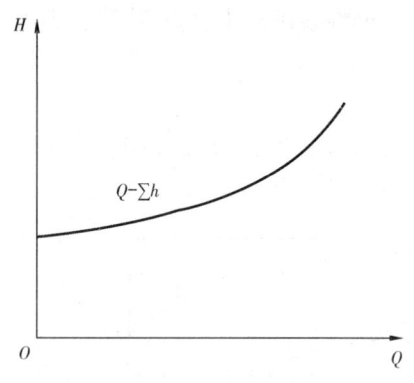

图 2 - 18 管路性能曲线

2) 管路性能曲线

任何一台离心泵都必须和一定的管路系统联合工作。泵向液体提供能量,给液体以动力,而管路则消耗液体的能量,给液体以阻力。

管路性能曲线也称管路的工作特性曲线。由于原油在管道中运行,因摩擦阻力,需要不断消耗能量,当管道输送长度、输送油品等条件特定时,消耗的能量与输送的流量成正比,即随着输量的增加,输送油品的动量也增加。因此,管路性能曲线是流量与所需压头的变化函数,也可用 $H = f(Q)$ 的数学关系或曲线表示,如图 2 - 18 所示。

其数学关系式为:

$$H = h_1 + h_\xi + (Z_2 - Z_1) \tag{2 - 17}$$

式中 H——管路总摩阻;
h_1——沿程摩阻;
h_ξ——局部摩阻;
Z_2, Z_1——起终点标高。

3) 离心泵的工作点

离心泵的工作点是指离心泵在管路上工作时,工作特性曲线与管路性能曲线的交叉点,在该点上反映的流量、扬程称为离心泵的工作流量、工作扬程,在该流量对应下的功率、效率为离心泵的工作功率、工作效率。图2-19中的 M 点是离心泵工作点。

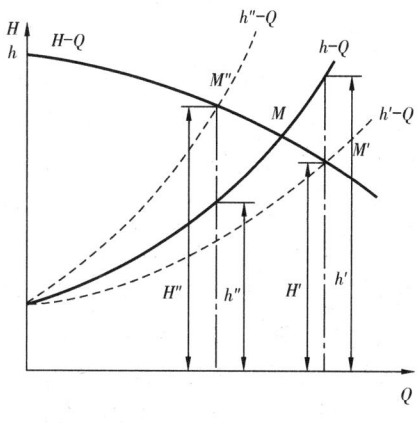

图2-19 离心泵的工作点

在 M 点,泵提供的能量与管路消耗的压头相等,泵的排量与管路的流量相等。若由于某种原因使泵的排量增大,则其提供的扬程必然减小,此时,泵提供的扬程 H' 小于管路流动需要的能量 h',流体的能量不足,必然导致流速减慢,流量减少,使系统恢复到工作点 M。同样,当由于某种原因导致泵的排量减少时,泵的扬程必然增大,此时,泵提供的扬程 H'' 大于管路流动需要的能量 h'',必然导致流速加快,流量增大,使系统恢复到工作点 M。因此,对于一定的管—泵装置,其工作点是一定的。

4) 离心泵特性的影响因素

(1) 流体性质的影响。

① 液体的密度:离心泵的扬程和流量均与液体的密度无关,有效功率和轴功率随密度的增加而增加,这是因为离心力及其所做的功与密度成正比,但效率又与密度无关。

② 液体的黏度:黏度增加,泵的流量、扬程、效率都下降,但轴功率上升。所以,当被输送液体的黏度有较大变化时,泵的特性曲线也要发生变化。

③ 溶质的影响:如果输送的液体是水溶液,浓度的改变必然影响液体的黏度和密度。浓度越高,与清水差别越大。浓度对离心泵特性曲线的影响,同样反映在黏度和密度上。

(2) 转速的影响。

离心泵的转速发生变化时,其流量、扬程和轴功率都要发生变化,称为比例定律,见下式:

$$\frac{Q_2}{Q_1} = \frac{n_2}{n_1}, \frac{H_2}{H_1} = \left(\frac{n_2}{n_1}\right)^2, \frac{N_2}{N_1} = \left(\frac{n_2}{n_1}\right)^3 \qquad (2-18)$$

式中 Q_1, n_1, H_1, N_1——泵原来的流量、转速、扬程、功率;

Q_2, n_2, H_2, N_2——泵改变转速后的流量、转速、扬程、功率。

(3) 叶轮直径的影响。

前已述及,叶轮尺寸对离心泵的性能也有影响。当切割量小于20%时,泵的流量、扬程和功率发生变化,其变化关系称为切割定律,见下式:

$$\frac{Q_2}{Q_1} = \frac{D_2}{D_1}, \frac{H_2}{H_1} = \left(\frac{D_2}{D_1}\right)^2, \frac{N_2}{N_1} = \left(\frac{D_2}{D_1}\right)^3 \qquad (2-19)$$

式中 Q_1, H_1, D_1, N_1——泵原来的流量、扬程、叶轮外径和功率;

Q_2, n_2, H_2, N_2——泵叶轮切削后的流量、扬程叶轮外径和功率。

5) 离心泵汽蚀

(1) 离心泵汽蚀产生过程：在一定温度和压力下，液体开始沸腾汽化。于是液体中产生大量气泡，从而使液体转变为蒸气。离心泵工作时，泵内液体被叶轮甩向泵壳周边，使得叶轮入口处的压力降低。当压力低于或等于该温度下液体的饱和蒸气压时，就会有蒸气和溶解在液体中的气体大量逸出形成小气泡，随着液体进入叶轮中高压区，由于气泡周围液体压力大于气泡内的饱和蒸气压，气泡被击破而重新凝聚，周围液体快速向空穴集中，产生水力冲击且液体质点相互碰撞，冲击叶轮，使金属表面冲蚀，如气泡中含有活泼气体，还会对金属产生化学腐蚀，加速金属腐蚀，造成泵振动和性能下降。

(2) 离心泵汽蚀的危害：

① 汽蚀可产生很大的冲击力，将金属零件的表面产生凹陷或对零件产生疲劳性破坏及冲蚀。

② 由于低压的形成，从液体中析出的氧气或其他气体，在受冲击的地方产生化学腐蚀。在机械损失和化学腐蚀的作用下，加速了液体流通部分的破坏。

③ 汽蚀的开始阶段，由于发生的区域小，气泡不多，不至于影响泵的运行，泵的性能不会有大的改变。当汽蚀到一定程度时，会使泵流量、压力、效率下降，严重时断流，吸不上液体，破坏泵的正常工作。

④ 在很大压力冲击下，可听到泵内有很大噪声，同时使机组产生振动。

7. 离心泵的选择

1) 选泵原则

转油站、联合站使用泵的类型是多种多样的，泵输送的介质也是不同的。为了满足工艺和生产的需要，选泵时要遵守下列原则：

(1) 必须满足工艺要求（如流量、扬程和输送介质）。

(2) 工作可靠（吸入能力足够，采用先进密封技术及零件精度较高），操作易于控制和维修。

(3) 成本低（尺寸小，重量轻），工作经济（泵的工作点在高效区内）。

(4) 工作范围广，工况可以改变。

(5) 能充分利用现有的动力来源。

(6) 要满足特殊需要，如防爆抗腐蚀、操作条件下压力和温度的变化等。

2) 选择泵机组

选择泵机组的方法和步骤：

(1) 根据工艺条件，详细列出基础数据。例如，输送介质的物理性质，包括密度、黏度、饱和蒸气压、腐蚀性。操作条件数据包括操作温度、输出罐和输入罐内压力、容量、管线直径、长度及输送量。泵的安装位置数据包括季节温度变化、海拔高度、相连装置工艺状况及参数。

(2) 根据管路系统对流量和扬程提出的要求，从泵的样本产品目录或者系列特性曲线选出合适的型号。在选定型号时，要留有余地，即所选型号提供的扬程、流量、效率等参数要适当大一些。当有几种型号都能满足要求时，应选择效率最大的离心泵。

(3)选好型号后,要列出泵的有关性能参数和转速。

(4)若被输送液体的密度大于水的密度,则要核算泵的轴功率是否符合要求。

3)计算离心泵的流量和扬程

根据已知的基础数据,确定流量及扬程,基础数据的获得可以是现场实测或生产需要,但是要考虑现场测试的误差、运行时设备的变化等。在选泵时,应进行理论计算来确定,并留有一定余量。也就是说,确定后的流量 Q 和扬程 H,比 Q_{max} 和 H_{max} 大些,即:

$$Q = (1.05 \sim 1.10)Q_{max} \quad (2-20)$$

$$H = (1.10 \sim 1.15)H_{max} \quad (2-21)$$

式中　Q——确定的流量,$m^3/s,m$;

H——确定的扬程,$m^3/s,m$;

Q_{max}——已知测试数据或生产需求最大流量,$m^3/s,m$;

H_{max}——已知测试数据或生产需求最大扬程,$m^3/s,m$。

应当注意,参考泵样本上给出的数据,是在大气压力 0.101325MPa 下,用 20℃ 的清水作介质进行实验得到的,输送油品时应进行核算。

4)选择离心泵的类型与型号

泵的类型选择应根据输送介质的不同而确定。在联合站内,脱水系统多采用 Y 型泵,污水处理系统多选用 BA 型或 IS 型泵,供掺水用泵多采用 GC 型、SH 型,外输油泵多采用 Dy 型、Dk 型等。

根据确定的流量 Q 与扬程 H,可从离心泵性能规格表中选择泵的型号,常用的方法是将流量 Q 和扬程 H 的值标绘到该类型泵的系列性能曲线型谱图上,看其交点处在哪个切割高效区四边形中,该四边形框内即标注有待选的泵型号。

在泵型谱图中,每个切割高效工作区四边形中都标注有离心泵的型号。大部分型号已按汉语拼音字母编制出来,通常分成首、中、尾三部分,首部是数字,表示泵的主要尺寸及规格,中部则用汉语拼音字母表示泵的型式或特征,尾部一般用数字表示该泵的参数。

泵的类型和型号确定之后,要考虑到使用的台数。目前国内各油田的输油泵房、污水泵房、掺水、脱水泵房、机泵装置设置均按并联工艺流程设计,与整个系统分单元与管路按串联方式组成。这是考虑到并联流程的生产能力适应性强,并且能有一台机组备用。较适宜的并联工作机组数为 2~3 台,因此就实际应用中,为了方便轮换检修,而又保证泵站的正常生产,泵机组数常为 3~4 台。同一生产单元的泵并联使用时,应选用型号相同的泵,便于操作和维修。

5)计算离心泵的功率

计算离心泵的功率时,应根据所输送介质的密度及确定的流量 Q、扬程 H 和效率 η 等因素进行。泵在单位时间内对液体所做的功,称为功率,用符号 N 表示,单位为瓦(W)或千瓦(kW),泵的功率有轴功率、有效功率和原动机功率三种。

(1)泵的轴功率和泵的有效功率按式(2-9)和式(2-12)计算,单位为千瓦(kW)。

(2)原动机功率是指与泵配合的电动机功率,按式(2-11)计算,单位为千瓦(kW)。

配用功率选用要比轴功率大,这是因为泵在工作时运行参数的调节范围较大,有时还会出现超负荷运行,为了便于机泵的运行安全,确定原动机功率时,应考虑到备用系数。一般认为,初选的轴功率大于50kW时,备用系数取1.1,小于50kW时备用系数取1.25,在泵样本上给出配用功率时,应以样本的技术条件为准。

(3)泵的功率大部分用于输送液体,使液体获得能量。而另一部分功率,因运行时存在的容积、水力和机械三种损失要消耗掉。

6)核算所选离心泵的吸入性能

核算泵的吸入性能,主要目的是要使所选泵机组能够正常运转。核算时可根据泵样本或铭牌上给出的允许吸上真空度或允许汽蚀余量,计算出允许的几何安装高度并与工艺状况进行比较核算。同时应考虑到泵样本上或铭牌上给出的数值是制造厂家在标准大气压下,输送常温(20℃)清水时试验得到的。这与泵的使用、安装条件存在着差异。就离心泵所输送的介质而言,其液相在温度与压力出现一定的变化时,可以转化为气相,这是流体所固有的特性。了解和掌握这一特性,对于核算泵的吸入性能很有必要,不同的海拔高度与大气压力不同,大气压力与海拔高度成反比,各种温度下水的饱和蒸汽压、不同温度下油品的饱和蒸气压也不一样。在核算时,要掌握所选泵使用地点的海拔高度,输送液体的蒸气压与温度关系,以保证吸入系统液体的汽化压力 p_V 大于叶轮入口处的液流最低压力,而不发生汽蚀。即满足泵的入口处吸入真空度 H_s 小于泵允许的吸入真空度或泵入口处的装置有效汽蚀余量 Δh 大于泵允许的汽蚀余量。核算泵的吸入性能可以利用泵样本给出的允许吸上真空高度 H_s 或允许汽蚀余量 Δh 两种表示方法,利用相关公式进行核算。

如果泵的使用条件与常态状况不同,则应把样本上给出的 H_s 参数换算成为使用条件下的 H_s' 值,换算公式为:

$$H_s' = H_s - 10.33 + H_a + 0.24 - H_v \tag{2-22}$$

式中 H_s'——泵使用地点的允许吸上真空高度,m;

H_s——泵样本或说明书给出的允许的吸上真空高度,m;

H_a——泵使用地点的大气压,mH_2O;

H_v——泵输送液体温度下的饱和蒸气压,mH_2O;

10.33——试验条件下的大气压力,mH_2O;

0.24——标准大气压下20℃时常温水的饱和蒸汽压,mH_2O。

(1)利用 Δh 计算泵的几何安装高度。

允许汽蚀余量 Δh 是指液流自吸入罐经吸入管路进入泵吸入口后,还具有推动和加速液体进入流道而且高出液体汽化压力以上的有效压力。目前很多资料和泵的样本中不是使用允许吸上高度 H_s,而是使用允许汽蚀余量 Δh 来表示其汽蚀性能参数。在选择和使用离心泵时,利用 Δh 来计算泵的几何安装高度 H_g 即核算吸入性能比利用 H_s 显得简便。

计算泵的几何安装高度的计算公式如下:

$$H_g = \frac{p_e}{\gamma} - \frac{p_v}{\gamma} - \Delta h - h_w \tag{2-23}$$

式中　H_g——泵的几何安装高度,m;
　　　p_e/γ——吸入罐液面压力,m;
　　　p_v/γ——吸入介质的饱和蒸气压,m;
　　　γ——液体的重度,N/m³;
　　　Δh——泵样本给出的允许汽蚀余量,m;
　　　h_w——吸入管路的液体流动损失,m。

（2）利用 H'_s 计算该泵的几何安装高度,计算公式如下:

$$H_g = H'_s - \frac{V_s^2}{2g} - h_w \qquad (2-24)$$

式中　H'_s——泵作用地点的允许吸上真空高度,m;
　　　$V_s^2/2g$——泵吸入口的平均速度压头,m。
　　　h_w——吸入管路的液体流动损失,m。

由于式(2-24)中 H'_s 是泵使用地点的允许吸上高度,与泵样本给出的参数 H_s 还需进行换算,因此在使用上就需多进行一次换算,这里只引用前例中的数值进行比较:

$$H'_s = H_s - 10.33 + H_a + 0.24 - H_v = 7 - 10.33 + 9.5 + 0.24 - 0.758 = 5.652(\text{m})$$

又由于式(2-24)中有 $V_s^2/2g$ 这一项,要根据泵使用条件不同、吸入管路的布置情况进行计算,在例题中的条件已经给出了,计算时可以直接代入:

$$H_g = H'_s - \frac{V_s^2}{2g} - H_w = 5.652 - 0.2 - 1 = 4.452(\text{m})$$

两个计算公式结果是一样的,通过例题的计算可以看出使用允许汽蚀余量 Δh 计算泵的几何安装高度比使用允许吸上真空高度 H'_s 方便,即减少了计算的环节。同时考虑到在集输系统工艺中泵的使用与安装条件与制造厂家的样本试验数据方法也存在不同,大多数使用条件是工艺中吸入罐液面高出泵的轴线,或采用密闭输送缓冲罐进泵,这样就在实际使用中存在着倒灌泵的情况,即 H_g 形成了倒灌高度,这时,公式可以变为:

$$H'_s = 10.09 + \frac{V_1^2}{2g} - \Delta h \qquad (2-25)$$

在有些泵的性能表中,只给出了 Δh 或 H'_s 时,它们之间的关系可用下式进行换算:

$$\Delta h = \frac{p_a}{\gamma} - \frac{p_v}{\gamma} + H_g - h_w \qquad (2-26)$$

式中　H'_s——允许吸上真空高度,m;
　　　$V_1^2/2g$——吸入管路液体的速度压头,m;
　　　Δh——允许汽蚀余量,m。

单就某种离心泵而言,当泵的转数、流量一定时,样本上或性能表中所列出的允许吸上真空高度越高,说明泵的吸入扬程越高,也就是汽蚀性能越好,泵的允许汽蚀余量越小,其汽蚀性能越好。

泵的吸入高度是保证泵正常工作的重要因素，一定要满足校核条件。如不满足，在条件许可的情况下，可以通过增大吸入管径，使泵靠近吸入罐体或增大泵与罐之间的标高差来实现泵的运行正常。

在原油集输系统采用密闭输送的情况下，由于缓冲罐内压力、温度变化，油中析出一定的饱和溶解气，原油流经管线、阀门、过滤器进入泵时，由于流动阻力的产生，也要损失一定的压力，油中的溶解气也会分离出来，使泵产生汽蚀现象，所以必须保证原油进泵的压力及温度变化不致过大，避免产生汽蚀。缓冲罐的轴心线与泵轴心线的高度差要大于或等于油流从缓冲罐至泵所产生的摩阻损失。

二、技能训练

1. 离心泵的安装及检查验收

1）离心泵的安装

（1）安装机泵前的准备工作：

① 检查工具及吊装机械是否齐备。

② 准备测量、校验使用的各种测量用具和仪器。

③ 准备好安装用的零配件和润滑油。

④ 安装前准备一系列厚度不一的平垫片和楔垫片，以备调整时使用。

⑤ 安装前确保所有与泵相连的管道应清洁，不得有任何对泵有可能造成损伤的固体异物。

⑥ 检查泵机组是否完好，转动是否灵活。

⑦ 检查机泵基础是否清洁完好。

（2）泵机组安装：

① 根据工艺要求和泵的汽蚀条件进行安装高度校核及地基土建工程。

② 根据泵输送介质的属性，确定连接处垫片的材质并加工垫片。

③ 对泵的吸入口、排出口应用盲法兰或其他东西进行封堵，以保证安装过程中无杂物进入泵腔。

④ 检查泵随机资料是否完备齐全，泵外表有无明显损伤。只有资料齐全，泵无明显损伤方可继续安装。

⑤ 手动盘车，缓慢转动联轴器或皮带轮，观察泵转动是否平稳、灵活，转子部件有无卡阻，泵内有无杂物碰撞声，轴承运转是否正常，皮带松紧是否合适等。

⑥ 检查地基的水平度是否合适及地基尺寸是否与泵安装的尺寸相对应。

⑦ 找正泵与电动机、泵机组与地脚螺栓和进出口法兰的位置关系，确保泵的法兰扭矩符合标准规定。找正前应检查进出口管路的重量不对泵产生作用力或力矩。找正时还应消除泵转子窜动，以免端面间隙产生误差。如果在泵运行后检查，应在冷态下进行。对成套出厂的泵机组，用户使用时必须再进行精确的找正。

⑧ 用垫片调整泵的位置,用地脚螺栓将泵与地基连接;拆掉进出口法兰盲板,用螺栓将泵与管路连接;若无规定,应符合国家标准 GB 50231《机械设备安装工程施工及验收通用规范》的规定。

⑨ 盘车。缓慢转动联轴器或皮带轮,再次观察泵转动是否平稳、灵活,转子部件有无卡阻、泵内有无杂物碰撞声,轴承运转是否正常,皮带松紧是否合适。

⑩ 检查各连接处的密封性。

2)检查验收离心泵

(1)检查出厂合格证书和设备技术文件,大修或三保后的泵,要检查检修记录及更换零部件记录。

(2)检查地脚螺栓安装质量:

① 使用长度量尺测量泵机组地脚螺栓安装技术要求的尺寸,其螺栓间的长度间距、角度位移不应超过技术文件规定的值。

② 用水平仪贴紧螺栓,检查螺栓应垂直不歪斜,螺栓光杆部分应无油污和锈蚀及氧化皮,螺纹部分应涂少量油脂防腐。

③ 螺母拧紧后,螺栓外露 2~5 个螺距,机组各地脚螺栓受力、紧力均匀。螺母与弹簧垫圈、垫片与机组底座接触要紧密。

(3)检查垫铁安装的质量:

① 用观察的方法检查垫铁放置位置要靠近地脚螺栓,垫铁组间距离一般为 500mm 左右。

② 单组垫铁的检查:平垫铁与斜垫铁配对使用,上下两层为平垫铁,中间两层为斜垫铁,单组垫铁总的高度为 30~70mm,层数不得超过 4 层,垫铁高度的调整要靠两斜铁间位移进行调整。

③ 垫铁与基础、底座接触应均匀,垫铁间的接触面应紧密,一般接触面积为 60% 以上,且受力均匀,不得偏斜。用 0.05mm 塞尺检查,插入 15mm 各点均匀。

④ 经找平水平后的各垫铁组要点焊牢固,防止因振动等原因而产生位移,影响支撑强度,为便于检修垫铁组应露出底座 10~30mm。

(4)检查泵机组安装质量:

① 泵体水平度的检验方法:机组底座安装在基础上时,应使用水平仪和长度尺检查安装基准质量。

② 泵体水平度的检验标准:与建筑轴线距离允许偏差 ±20mm;与设备平面位置允许偏差 ±5mm;与设备标高允许偏差 ±5mm;泵体水平度纵向小于 0.05/1000,横向小于 0.10/1000;原动机水平度纵向小于或等于 0.05/1000,横向小于或等于 0.10/1000。水平仪放置位置应为泵出入口法兰处。

(5)检查联轴器安装质量:

① 联轴器的形式及规格不同,安装质量允许偏差也不相同,其检验方法分为千分表(百分表)找正法,或与水平仪配合找正方法;常见联轴器安装允许偏差的质量标准见表 2-3,两个半联轴器端面间的间隙应符合表 2-4 的规定。

表2-3 联轴器对中质量要求

联轴器外形最大直径 mm	两轴的同轴度允许偏差		
	径向位移,mm	轴向位移,mm	倾斜
105~260	0.05	0.05	0.5/1000
290~500	0.10	0.10	0.10/1000

表2-4 联轴器端面间的间隙

联轴器外形最大直径,mm	间隙,mm
105~140	2~4
170~220	4~6
260~330	4~8
410~500	8~10

② 联轴器找正时,根据电动机或泵轴承类型,轴径的不同及输送介质温度的因素,应考虑温度变化轴发生涨缩时对轴同心度的影响因素。

③ 联轴器端面间隙范围不包括电动机轴和泵轴窜量在内,以免在运行中出现顶轴现象。

④ 泵找正后对垫铁、地脚螺栓进行一次复查,合格后进行抹面,抹面应符合设备技术文件或设计图样等有关规定。

⑤ 泵的工艺管线安装应以泵的出入口轴线为基准,不得强力结口。自控保护系统的安装调试,应符合设备技术文件的有关规定。

(6)离心泵机组试运转:

① 开启冷却水上水阀门,并检查冷却水的压力及回水情况。

② 启动循环油泵,将油压调至设备技术文件规定值,无循环油泵的检查轴承室润滑油位、油量、油质。

③ 小型离心泵机组试运各部位应达到无杂音、无摆动、无剧烈振动或泄漏等现象。

④ 电动机空运转时间不得少于2h。

⑤ 盘车检查转子应转动灵活。

⑥ 复查机泵联轴器的安装,应符合表2-3、表2-4的有关规定。

⑦ 检查电动机旋转方向,应与泵旋转方向一致,然后安装联轴器弹性柱销。

⑧ 打开泵入口阀门灌泵,排出泵及工艺管路内的气体,活动出口阀门,待泵启动后,开启出口阀门,将泵压调整到设计规定值。

⑨ 泵运行中应无杂音。

⑩ 轴承温升:滑动轴承其温度不得超过75℃,滚动轴承其温度不得超过70℃。

⑪ 泵两端轴封应随时检查,调整密封填料压盖松紧程度,保证正常泄漏量,一般以10~30滴/min为宜。机械密封不得渗漏。

⑫ 泵和电动机带负荷试运时间及振动振幅应符合设备技术文件规定,若无规定,试运时间为48h,振幅应小于或等于0.06mm,运转正常,各项参数达到设计工艺规定值为合格。

2. 离心泵的操作

1) 启动准备

(1) 清除机泵周围的杂物,检查机泵各部位的螺栓无松动,联轴器应同心,端面间隙应符合产品说明要求。

(2) 盘车 3~5 圈,转动灵活无杂音。

(3) 轴承油位在 1/2~2/3,油质合格,转动自如。

(4) 打开泵的进口阀、放空阀、放净泵内的气体,关闭放空阀,活动出口阀。

(5) 对停用一个月以上的机组,确认电动机外壳可靠接地。电动机绕组绝缘合格,防爆电动机接线盒达到防爆要求。

(6) 检查各种仪表,达到齐全准确。泵出口单流阀灵敏好用,联轴器护罩符合安全要求。

(7) 调整好密封填料的松紧度,保证污油管无堵塞,污油管伴热循环畅通。机械密封泵,要保证密封合格,不渗不漏。

(8) 系统电压应在 360~420V,电源三相保险齐全良好,合上电源刀闸。

(9) 与有关单位、岗位联系,倒通流程,做好启泵前的准备工作。

2) 启动

(1) 接通电源,检查电源指示灯是否亮起。

(2) 按下现场启动按钮。离心泵开始运行,当电流从高值下降,泵压上升稳定后,缓慢打开泵的出口阀。

(3) 根据生产需要调节好泵压及流量,并挂上"运行"牌。

3) 运行中的检查

(1) 泵的进出口压力应在规定范围,压力平稳。

(2) 若采用填料式密封,漏失量不许超过 15 滴/min。

(3) 电动机实际工作电流不准超过其额定值。

(4) 轴承油环带油良好。

(5) 机泵运行无异常响声。

(6) 机泵运行无异常振动,三级保养或大修后,首次测试振动振幅不超过 0.06mm。

(7) 滚动轴承温度不超过 80℃,滑动轴承温度不超过 70℃。

(8) 认真填写机组运行记录,做到完整、准确。

(9) 值班工人及时向生产调度报告机组运行情况,特别是发现电动机组异常现象时,要及时报告。

(10) 定期测试离心泵效率,达不到额定泵效要分析原因。

4) 停泵操作

(1) 正常停泵时,先缓慢关闭泵的出口阀,再按停止按钮。

(2) 运行中遇到特殊情况需要紧急停机时,允许先按停机按钮,然后立即关闭出口阀门。

(3) 拉下电源刀闸。

(4)停泵之后,关闭进口阀。
(5)挂上"停运"牌,做好停运记录,通知有关岗位。
(6)对于长期停用或要进行修保的泵,要排空泵内积液。

5)倒泵操作

(1)按启泵前准备步骤,检查备用泵。
(2)控制欲停泵的出口阀,降低排量。
(3)按启动泵操作步骤启动备用泵。
(4)按停泵操作步骤停止欲停泵。
(5)重新调节好运行泵的压力及排量。
(6)对运行泵按规定进行检查。
(7)挂上标牌,做好运行记录,报告生产调度。

3. 离心泵的保养

为了保证离心泵能长时间安全运行,不但要合理使用离心泵,而且要正确保养离心泵,必须做好离心泵经常性保养和三级保养工作。

1)离心泵经常性保养

离心泵经常性保养的时间为8h,由当班工人来完成,主要进行以下工作:
(1)做好泵机组的清洁卫生工作。
(2)经常检查、紧固泵机组各部的固定螺栓,确保无松动滑扣等现象。
(3)检查加注润滑脂和润滑油,确保机组不缺油干磨。
(4)及时调节密封填料的松紧程度。
(5)及时处理渗漏,调节泵在规定的技术参数下运行。

单级离心泵更换轴承时即认为是大修,其更换轴承的次数一般较多,因此把单级离心泵的最高保养级别定为二级保养。三级保养大多数是对多级离心泵而言的,虽然三级保养各地规定时间不一致,但检修内容大致相同。

2)离心泵三级保养

离心泵的三级保养主要是为了保证泵的安全、长效运行,做好离心泵的三级保养工作是保证油田生产稳定的基础。

(1)离心泵一级保养内容:离心泵运转(1000 ± 8)h时进行。除完成经常性保养外,还要进行以下工作内容:

① 检查调整前后密封填料松紧度,达到不发热,漏失量不超,轴套与压盖不偏磨。
② 检查端盖螺栓,泵壳拉紧螺栓,底座及轴承支架螺栓,不松动滑扣。
③ 检查联轴器、螺栓受力均匀,松紧一致。
④ 检查压力表,灵活准确,不松动漏失。
⑤ 清洗过滤器,保证过滤网清洁、畅通。

(2)离心泵二级保养内容:离心泵运转(3000 ± 24)h时进行。除完成一级保养工作外,还要进行以下工作内容:

① 清洗前后轴承盒,检查或更换润滑油、润滑脂。
② 检查密封填料磨损情况,必要时进行更换。
③ 检查联轴器的外观及机泵同心度。
④ 检查清洗更换泵轴承,并加注合格润滑油或润滑脂。
⑤ 检查轴套密封圈磨损情况,必要时进行更换。
⑥ 检查平衡盘、平衡环磨损情况,磨损超过要求标准要进行更换。
⑦ 检查泵轴串量在规定范围内。

(3)离心泵三级保养内容:离心泵运转(10000 ± 48)h 时进行。除完成一级、二级保养内容外,还应完成以下工作内容:
① 检查前后轴承,并测量轴承间隙。
② 检查清洗叶轮、导翼、导翼固定螺钉及泵壳。
③ 测量叶轮与密封环间隙,密封环和导翼配合情况。
④ 检查并测量挡套与轴承套间隙。
⑤ 检查校正泵轴及联轴器和泵轴的配合。
⑥ 检查平衡盘与平衡环的串量。
⑦ 检查调整联轴器的同心度。
⑧ 对叶轮、平衡盘作静平衡试验。
⑨ 测量电动机和泵的振动。

4. 离心泵常见故障及处理

1)离心泵抽空

(1)现象:
① 泵体振动。
② 泵和电动机声音异常。
③ 压力表无指示。
④ 电流表归零。

(2)原因:
① 泵进口管线堵塞。
② 流程未倒通,泵入口阀门没开。
③ 泵叶轮堵塞。
④ 泵进口密封填料漏气严重。
⑤ 油温过低,吸阻过大。
⑥ 泵入口过滤缸堵塞。
⑦ 泵内有气未放净。

(3)处理:
① 清理或用高压泵车顶通泵进口管线。
② 启泵前全面检查流程。
③ 清除泵叶轮入口处堵塞物。

油气集输

④ 调整密封填料压盖,使密封填料漏失量在规定范围内。

⑤ 提高来油温度。

⑥ 检查清理泵入口过滤缸。

⑦ 在泵出口处放净泵内气体,在过滤缸处放净泵入口处的气体。

2) 泵压力打不足

(1) 现象:压力表压力达不到规定值,伴有间歇抽空现象。

(2) 原因:

① 电动机转速不够,进液量不足,过滤缸堵塞。

② 泵体内各间隙过大。

③ 压力表指示不准确。

④ 平衡机构磨损严重。

⑤ 液体温度过高产生汽化。

⑥ 叶轮流道堵塞。

(3) 处理:

① 检查电动机是否单相运行。

② 调节储罐的液面高度,清理过滤缸,检查调节泵各部分配合间隙。

③ 重新检测,校验压力表。

④ 调节平衡盘的间隙。

⑤ 降低油温。

⑥ 检查清理叶轮流道入口,或更换叶轮。

3) 泵轴承温度过高

(1) 现象:泵的轴承温度过高,声音异常。

(2) 原因:

① 润滑油少或过多。

② 润滑油回油槽堵塞。

③ 轴承跑内圆或外圆。

④ 轴承间隙过小,严重磨损。

⑤ 泵轴弯曲,轴承倾斜。

⑥ 润滑油内有机械杂质。

(3) 处理:

① 补充加油或利用下排污把油位调节到 1/3~1/2 处,拆开端盖清理回油槽。

② 泵检查,跑外圆要更换轴承体或轴承,跑内圆要更换泵轴或轴承。

③ 换合适间隙的轴承。

④ 正或更换泵轴。

⑤ 换清洁的润滑油。

4) 离心泵密封填料冒烟、漏失

(1) 现象:密封填料冒烟,密封填料处漏失量大。

(2)原因：

① 冒烟：

(a)填料压盖压偏磨轴套。

(b)泵轴或轴套表面不光滑。

(c)填料加得过多,压得过紧。

② 漏失：

(a)密封填料压盖松动没压紧。

(b)密封填料磨损严重。

(c)密封填料切口在同一方向。

(d)轴套胶圈与轴密封不严或轴套磨损严重。

(3)处理：

① 冒烟：

(a)调整密封填料压盖平行度,使之对称不磨轴套。

(b)用砂纸磨光轴套或更换球磨铸铁镀铬轴套。

(c)密封填料加入压盖,压入量不小于 5mm,调整密封填料压盖松紧度。

② 漏失：

(a)适当对称调紧密封填料压盖。

(b)更换密封填料。

(c)密封填料切口要错开 90°~180°,更换轴套的 O 形密封胶圈或更换轴套。

5)泵体振动

(1)现象:泵体振动,伴有异常声音。

(2)原因：

① 对轮胶垫或胶圈损坏。

② 电动机与泵轴不同心。

③ 泵吸液不好抽空。

④ 基础不牢,地脚螺栓松动。

⑤ 泵轴弯曲。

⑥ 轴承间隙大或保持架坏。

⑦ 泵转动部分静平衡不好。

⑧ 泵体内各部间隙不合适。

(3)处理：

① 检查更换对轮胶垫或胶圈,紧固销钉。

② 对电动机和泵对轮进行找正。

③ 放净泵内气体,提高储罐液位。

④ 加固基础,紧固地脚螺栓。

⑤ 校正泵轴。

⑥ 更换符合要求的轴承。

⑦拆泵重新校正转动部分(叶轮、对轮)的静平衡。
⑧调整泵内各部件的间隙,使之符合技术要求。

6) 离心泵不上液

(1) 原因:

① 吸入管路或泵内有空气。
② 进口或出口侧管道阀门关闭。
③ 泵的吸入管漏气。
④ 叶轮旋转方向错误。
⑤ 泵的扬程低。
⑥ 泵的吸上高度太高。
⑦ 吸入管路直径过小或有杂物堵塞。
⑧ 转速与实际要求转速不符。

(2) 处理:

① 灌泵,排除空气。
② 打开泵的进出口阀门。
③ 杜绝进口侧的泄漏。
④ 调整电动机的转向。
⑤ 更换扬程高的泵。
⑥ 降低泵的安装高度,增加进口处的压力。
⑦ 加大吸入管管径,消除堵塞物。
⑧ 使电动机转速符合要求。

7) 离心泵密封填料寿命过短

原因:

(1) 轴或轴套表面有损坏或划伤。
(2) 润滑不足或缺乏润滑。
(3) 密封填料安装不当。
(4) 选择的密封填料与泵输送介质不匹配。
(5) 外部冷却液有脉冲压力。

8) 离心泵轴承寿命过短

原因:

(1) 泵轴弯曲造成轴承偏磨。
(2) 润滑不良,选用的润滑脂或润滑剂与要求不符。
(3) 润滑方式选择不当。
(4) 更换的轴承不符合安装技术要求。
(5) 电动机与泵不同心产生震动造成轴承磨损加剧。

9) 离心泵叶轮与泵壳寿命过短

(1) 原因：

① 输送的液体与过流零件材料发生化学反应造成腐蚀。
② 过流零件所采用的材料不同，产生电化学势差，引起电化学腐蚀。
③ 输送液体含有固体杂质引起腐蚀。
④ 因泵偏离设计工况点运转而引起腐蚀。
⑤ 热冲击、振动引起过流零件的疲劳。
⑥ 汽蚀引起过流零件冲蚀。
⑦ 泵的运转温度过高。
⑧ 管路载荷对泵壳造成的应力过大。

(2) 处理：

① 根据输送介质的性质选择适合的离心泵或采取系统加药处理输送介质。
② 对过流零件采用镀膜防腐处理新技术进行处理。
③ 合理调控介质处理工艺参数，减少介质中固体杂质的含量。
④ 合理调控离心泵的工况点。
⑤ 控制输送介质温度在规定范围，减少泵机组的振动。
⑥ 加强工艺设备的维护管理，防止汽蚀现象的发生。
⑦ 合理控制管路系统的流量和压力。

10) 启泵后不出水

(1) 原因：

① 进口和出口侧管路上的阀门未打开或阀门闸板脱落。
② 进口管路进气或出口管路堵塞。
③ 出口管路侧的单流阀卡死。
④ 泵叶轮旋转方向错误。
⑤ 泵的吸入高度过高或吸入管径小。
⑥ 干线压力高于泵的出口压力。

(2) 处理：

① 开启阀门，检修进口阀门、出口阀门。
② 进口管路排气，出口管路清堵。
③ 检修出口单流阀。
④ 调整叶轮转动方向。
⑤ 降低泵安装高度，加大吸入管径。
⑥ 调整管路特性。

11) 离心泵转子不动

(1) 原因：

① 控制电源刀闸未合上或熔断器熔断。

油气集输

② 轴承过热磨损严重。
③ 异物堵塞叶轮流道,造成叶轮卡死。
④ 电源电压过低。
⑤ 平衡盘严重磨损或破裂。
⑥ 泵轴强度不够,造成泵轴折断。

(2)处理:
① 更换熔断器,合上控制电源刀闸。
② 更换轴承。
③ 清除叶轮内的堵塞物。
④ 检查线路电压进行倒闸操作,通知电工处理。
⑤ 检修平衡盘。
⑥ 更换泵轴。

12) 离心泵泵耗功率大

(1)原因:
① 密封填料压盖太紧,密封填料函发热。
② 泵轴串量过大,叶轮与入口密封环发生摩擦。
③ 泵轴与原动机轴线不一致,轴弯曲。
④ 零件卡住。
⑤ 轴承损坏或润滑油多或油质不合格。

(2)处理:
① 调节密封填料压盖的松紧度。
② 调整轴向串量。
③ 校正机泵同轴度。
④ 检查处理卡住的零件。
⑤ 调整管路系统压力。
⑥ 更换轴承和润滑油脂。

13) 离心泵启泵后,达不到额定排量

(1)原因:
① 叶轮反转。
② 叶轮或进口阀被堵塞。
③ 叶轮腐蚀、磨损严重。
④ 入口密封环磨损过大。
⑤ 储罐液位低,造成吸入口压力低。
⑥ 泵体或吸入管路漏气。

(2)处理:
① 调整电动机旋转方向。
② 清除堵塞物。

③ 更换或修理叶轮。
④ 更换入口密封环。
⑤ 提高储罐液位。
⑥ 排净泵和吸入管路内气体。

14）启泵后不上水，压力表无读数，吸入真空压力表有较高的负压

(1) 原因：
① 进口处阀门未开或闸板脱落。
② 过滤器被脏物堵死。
③ 进口管路堵塞。

(2) 处理：
① 打开或检修进口阀门。
② 清洗过滤器。
③ 检查来液管路，疏通堵塞管段。

15）启泵后泵体发热

(1) 原因：
① 进口阀门未打开，泵内无水。
② 泵出口排量控制过小。
③ 几台泵并联运行来水不足或储罐液位过低。
④ 干线压力高于泵的出口压力，泵不排液。
⑤ 泵轴与原动机轴线不一致，轴弯曲。
⑥ 轴承或密封环损坏，造成转子偏心。
⑦ 转子不平衡引起振动，造成内部摩擦。
⑧ 平衡机构磨损，造成叶轮前盖板和泵段摩擦。

(2) 处理：
① 盘泵确认泵转动灵活，打开进口阀门灌泵。
② 加大排量或安装旁通管线。
③ 调整开泵台数或增大来水管线直径。
④ 调整管路系统压力。
⑤ 校正泵机组同轴度或更换泵轴。
⑥ 更换轴承。
⑦ 检修转子，消除摩擦。
⑧ 检修平衡机构。

16）泵轴串量过大

(1) 原因：
① 泵的流量控制不合理。
② 定子或转子累积误差过大。

③ 安装平衡盘后没进行间隙调整就投入运行。

(2) 处理：

① 调整出口阀门，控制流量在允许范围内。

② 测量轴串量，根据测得的数值制作垫子，垫入轴承内圈和轴承盖之间。

③ 多级泵拆检平衡盘，在平衡环后背垫铜皮或铁皮。

17) 多级离心泵平衡装置故障

(1) 原因：

① 相邻两级叶轮间的级差增大，造成级间泄漏量增加。

② 与吸入室连接的平衡管堵塞，造成平衡鼓或平衡盘磨损严重。

③ 平衡盘与平衡环轴向间隙大或磨损严重。

④ 平衡盘与平衡环轴向间隙过小，造成平衡盘卡死。

(2) 处理：

① 调整相邻两级叶轮的级差，减小级间压差，从而减少级间泄漏量。

② 清除平衡管内堵塞物。

③ 调整平衡盘间隙或更换平衡盘。

三、典型工作案例

1. 案例一

××转油站有三合一分离器2台（运行1台，备用1台）；除油器1台，二合一加热炉4台，日处理量为60000m³/d，平均每天外输量为4000m³左右。外输油泵3台，掺水泵3台，热洗泵2台。正常生产每天运行外输油泵、掺水泵、热洗泵各1台。2012年4月5日白天一切运行正常。夜班员工在22时巡检时发现三合一液位高，就立即采取处理方法，开大了运行的1#外输泵排量，观察10min后，液位仍然还是在升高，这时就再次启动了2#外输泵，进行2台泵同时外输，但未能阻止液位升高，导致除油器进液。当班员工立即汇报。站长来了后，重新进行启泵，这时泵压和电流正常，液位也缓缓地降低了。

【原因分析】

该故障违反了Q/SY DQ0065《离心泵操作规程》中第四条的规定：打开泵的进口阀、放空阀、放净泵内的气体，关闭放空阀，活动出口阀。由于夜班员工未进行放空就进行启泵，泵压、电流未达到工作状态，所以泵不能进行正常外输。

2. 案例二

××转油站，日处理量为12000m³/d，外输油泵3台，掺水泵3台，热洗泵2台，日外输量为3000~4000m³/d。正常生产每天运行外输油泵、掺水泵、热洗泵各1台。其中掺水泵的型号为YD48-50×12，工作电流200A。当班员工在巡检时发现正常生产运行中电流突然升高，电流表显示达到了300A。立即关小出口调节流量后，电流仍然很高，检查时发现平衡管发热。这时当班员工马上给站长打电话汇报，请示如何处理。站长来到后，查阅了泵的修保记录本，发现此台泵运行了3078h，超出了离心泵保养时间。停泵清理平衡室、疏通平衡管及孔径，调整好转子各部位配合间隙,使平衡盘的轴向配合间隙达到 5～6mm,径向配合间隙达到 0.3～0.4mm。处理完成后重新启泵,该泵运行正常。

【原因分析】

该故障违反了 Q/SY DQ0811—2002《油田转油站设备维护保养规程》的规定。

检查该泵系统运行正常,运行声音正常,无振动;判断平衡管路系统不畅通,平衡管及平衡室排出孔径结垢堵塞严重,使得平衡室的回流孔径越来越小,加之脏物堵塞平衡室回流孔,造成腔内液体回流不畅,平衡室腔内液体压力不断升高,使平衡盘无法推开,形成了平衡盘与平衡环的干磨现象,从而轴功率增大,电流升高。

第三节　加热炉的操作与维护

加热炉是油气集输系统中应用最多的一种油田专用设备,从采油井口至原油外输整个集输系统,各个环节都要使用加热炉,其作用是将原油、天然气、油水混合物、油气水混合物加热至工艺所需要的温度,满足油气集输工艺及加工工艺的要求。加热炉也是一种直接受火焰加热的高耗能受压设备,其工作条件十分恶劣,正确地操作和使用加热炉,对提高热效率、降低燃料消耗具有重要意义。

一、工作过程知识

1. 加热炉的分类及型号表示

1)加热炉的分类

油气集输系统中的加热炉可按基本结构、被加热介质种类和燃料种类进行分类。

(1)按基本结构分类:

① 火筒式加热炉:

(a)火筒式直接加热炉;

(b)火筒式间接加热炉。

② 管式加热炉:

(a)立式圆筒管式加热炉;

(b)卧式圆筒管式加热炉;

(c)卧式异型管式加热炉。

(2)按被加热介质种类分类:

① 原油加热炉。

② 井产物加热炉。

③ 生产用水加热炉。

④ 天然气加热炉。

(3)按燃料种类分类:

① 燃气加热炉。

油气集输

② 燃油加热炉。

③ 燃油燃气加热炉。

2）加热炉的型号表示

加热炉产品型号由四部分组成，各部分之间用短横线相连，如图2-20所示。

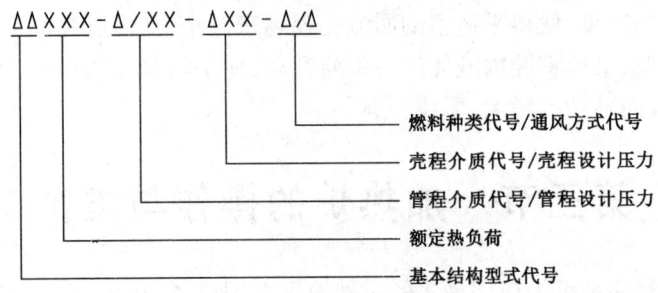

图2-20 加热炉型号组成

型号第一部分表示加热炉的基本结构型式和额定热负荷，共分两段：第一段用汉语拼音字母表示加热炉的基本结构型式，见表2-5；第二段用阿拉伯数字表示加热炉的额定热负荷，见表2-6。

表2-5 加热炉的基本结构型式代号

加热炉的基本结构型式			代号
火筒式加热炉	火筒式直接加热炉	常压加热炉	HZ
		承压加热炉	
	火筒式间接加热炉	常压加热炉	HJ
		承压加热炉	
		真空相变加热炉	HJZX
		承压相变加热炉	HJYX
管式加热炉		立式圆筒管式加热炉	GL
		卧式圆筒管式加热炉	GW
		卧式异型管式加热炉	GWY

表2-6 加热炉额定热负荷系列

额定热负荷，kW										
40	50	60	80	100	120	150	175	200	250	300
350	400	500	600	700	800	1000	1200	1500	1750	2000
2300	2500	3000	3500	4000	5000	7000	8000	8000	10000	12000

型号第二部分表示加热炉管程的设计压力和介质种类，分为两段，其间以斜线相隔。第一段用汉语拼音字母表示被加热介质种类，见表2-7，若同时加热两种或两种以上介质，用代表被加热介质的汉语拼音字母连续表示，中间用逗号隔开；第二段用阿拉伯数字表示盘管或炉管

设计压力,若同时有两组或两组以上不同设计压力的盘管或炉管,其设计压力数值用逗号隔开。

表 2-7 被加热介质种类

被加热介质种类	代号
原油	Y
天然气	Q
生产用水	S
软化水	RS
气液混合物(原油、天然气、水混合物)	H
其他	T

型号第三部分表示加热炉壳程的设计压力和介质种类,分为两段,其间以斜线相隔。第一段用汉语拼音字母表示壳程介质种类,见表 2-7;第二段用阿拉伯数字表示壳程的设计压力。

型号第四部分表示燃料种类和通风方式,分为两段,其间以斜线相隔。第一段用汉语拼音字母表示燃料种类,见表 2-8,若可用两种燃料,用代表燃料的汉语拼音字母连续表示,中间用逗号隔开;第二段以汉语拼音字母表示通风方式,通风方式有强制通风 Q 和自然通风 Z。

表 2-8 燃料的种类代号

燃料种类	代号
原油等油品	Y
天然气等气体介质	Q
煤	M

加热炉型号组成示例如图 2-21 所示。

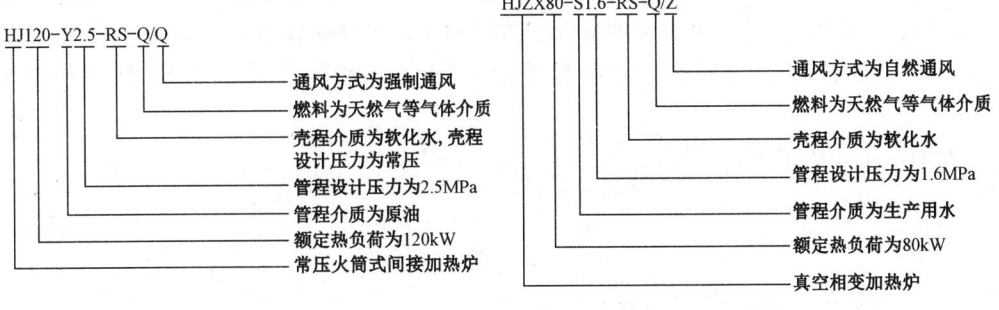

图 2-21 加热炉型号组成示例

2. 加热炉的工作参数

1)热力学基本概念

(1)热量和温度:

① 物体吸收或放出热的多少叫热量。热量的单位是焦(J)或千焦(kJ)。

② 温度是指物体冷热的程度(通常用符号 t 表示)。温度常用的单位是摄氏度,用℃ 表

示。在锅炉设计计算中,常用热力学温度单位,用 K 表示。0K 约为 -273℃。如果以 T 表示热力学温度的值,以 t 表示摄氏温度的值,其转换公式为:$T = t + 273K$。

温度和热量是互相联系而又互不相同的两个概念。温度是对状态而言的,而热量是指物体状态前后热能的增减程度,是对过程而言。例如,可以说加热炉进口处的温度是多少,油从进口到出口吸收了多少热量;而不能说油在进口处有多少热量或油从加热炉中吸收了多少温度。

(2)比热容:指单位质量的物体,温度升高或降低 1℃ 时所吸收或放出的热量。不同的物质比热容不同,其单位符号是 $kJ/(kg·℃)$ 或 $kJ/(m^3·℃)$。

(3)热平衡:把几个温度不同的物体放在一起,组成一个系统,则物体之间就要进行热量交换,使系统中各物体的温度变成一样,其中温度高的物体放出热量,温度低的物体吸收热量,如果没有热量损失,也没有从系统外吸收热量,那么,系统内温度较高物体放出热量的总和等于所有温度较低物体吸收热量的总和,这就叫热平衡。例如,加热炉内被加热介质吸收的热量加上各项热损失等于燃料放出的热量。加热炉的热负荷就是根据热平衡计算的,见下式:

$$Q = \frac{m \cdot c \cdot \Delta t}{3600} \qquad (2-27)$$

式中　Q——热负荷,kW;
　　　c——比热容,$kJ/(kg·℃)$;
　　　m——介质的质量流量,kg/h;
　　　Δt——温差,℃。

(4)热传递:热能自动地由高温物体传向低温物体的现象。凡有温差存在就一定有热传递发生。

热传递有三种不同的形式,即传导、对流和辐射。

① 热传导:是相互接触的物体之间发生的热传递或从物体的高温部分向低温部分传热的现象,如用熨斗熨衣服。由于各种物质的导热能力不同,将导热较好的金属称为良导体,将导热较差的非金属称为不良导体。物质导热能力的大小用导热系数表示,其单位符号为 $W/(m·℃)$。

平壁的稳定导热用下式计算:

$$Q = \lambda \cdot \frac{\Delta t}{\delta} \cdot F \qquad (2-28)$$

式中　λ——材料的导热系数,$W/(m·℃)$;
　　　Δt——壁面温度差,℃;
　　　δ——平壁厚度,m;
　　　F——平壁导热面积,m^2;
　　　Q——导热量,W。

② 对流传热:是运动着的流体与其相接触的固体壁面间的热传递过程。对流传热时,物质的分子相互变动位置,如管式加热炉烟气流过对流炉管,水套式加热炉盘管内原油与壳内热水都是对流传热。

对流传热量 Q 用下式计算：

$$Q = \alpha \cdot \Delta t \cdot F \tag{2-29}$$

式中　α——对流放热系数，根据流态及流体物性计算，W/(m²·℃)；
　　　Δt——传热温差，℃；
　　　F——传热面积，m²。

③ 辐射传热：热能不依靠任何物体传递而以电磁波的形式直接发射出去，在空间进行传播，当遇另一物体时，则全部或部分地被吸收为热能，这种传热方式称为辐射传热，如太阳光射向地面就是一例。辐射传热量与温度的四次幂成正比，同时与物体表面黑度及换热面积有关。

(5)压力：指垂直作用在单位面积上的力，实际上是压强，用符号 p 表示，单位为兆帕(MPa)。

大气压力是指空气作用在地球表面上的质量力。由于 1m³ 空气在 0℃ 时的质量为 1.29kg，所以地球上部的大气层对地球表面有一定的压力，这个压力叫大气压力。0℃ 时在北纬 22.5°的海平面上(即海拔 0m 处)大气压力是 0.1013MPa。工程上常用工程大气压，它是每千克质量的物质作用在 1cm² 面积上的力，数值是 0.0981MPa(工程上常把两者简化为同一数值，约为 0.1MPa)。

另外，随着使用的场合不同，度量压力的单位还有水银柱高度(mmHg)、水柱高度(mH₂O)等，其换算关系如下：

0.0981MPa = 0.9678 物理大气压 = 735.6mmHg = 10mH₂O = 1kgf/cm²

表压力是指以大气压力作为测量起点，即压力表指示的压力。表压力不是实际压力，因为当压力表指针为零时，实际上已受到周围一个大气压力的作用力，所以压力表指的数值，是指超过大气压力的部分。

绝对压力是指以压力为零作为测量起点的，即实际压力。其数值就是表压力加 0.1013MPa(大气压力)。

表压力 $p_{表}$ 与绝对压力 $p_{绝}$ 的关系如下：

$$p_{绝} = p_{表} + 0.1013$$

$$p_{表} = p_{绝} - 0.1013$$

负压是指低于大气压力(俗称真空)，用符号 $p_{真}$ 表示，$p_{真}$ = 大气压力 $- p_{绝}$。负压与大气压力之比的百分数，称为真空度，即：

$$真空度 = \frac{负压}{大气压力} \times 100\%$$

通常负压燃烧的锅炉正常燃烧时，打开炉门会感觉到周围空气吸向炉膛，这是炉膛内负压的缘故。一般炉膛出口保持负压 2~3mmH₂O。

2)加热炉的工作参数

(1)火筒式加热炉的工作参数：

① 热负荷：燃料燃烧产生的热量扣除排烟热损失、不完全燃烧损失、炉体散热损失后，供给被加热介质的有效热量。

② 工作压力:允许的最大操作运行压力。水套式加热炉工作压力有壳程和管程之分。

③ 火筒、烟管传热面积:火筒传热面积也称辐射传热面积,一般以 U 形虾米焊接弯头中心线划分。烟管传热面积也称对流传热面积。

④ 流量:被加热介质通过加热盘管的排量。

⑤ 管程换热面积:为加热盘管的传热面积。它是根据壳内热水温度、介质物性、介质流量、介质进出炉温度、加热炉热负荷等参数设计计算确定的。

⑥ 管程压力降:介质通过加热盘管的阻力。此值与加热盘管管径、介质流量、介质物性有关。

⑦ 安全阀定压:水套式加热炉的壳程必须装设安全阀,以防壳内运行压力大于工作压力损坏火筒。规范规定:热负荷小于 400kW 的水套式加热炉仅装一只安全阀,定压值为工作压力 0.02MPa;热负荷大于 400kW 的加热炉应至少装两只安全阀,其中一只为工作安全阀,定压值同上,另一只为控制安全阀,定压值为工作压力加 0.05MPa。

(2)管式加热炉的工作参数:

① 热负荷:单位时间内向被加热介质传递热量的能力,单位为千瓦(kW)。热负荷分设计热负荷和运行热负荷,设计热负荷为铭牌标注的热负荷,运行热负荷是根据运行参数计算所得。运行热负荷应小于设计热负荷。

② 工作压力:炉管允许的最大运行压力,此压力不得大于铭牌标注的设计压力,单位为兆帕(MPa)。

③ 传热面积:在炉内参与传热的炉管有效外表面积。一般分为辐射传热面积和对流传热面积,单位为平方米(m^2)。

④ 炉膛容积热强度:炉膛单位容积在单位时间内的燃料发热量,单位为千瓦每立方米(kW/m^3)。容积热强度一般为 7000~9300kW/m^2,其数学表达式为:

$$q_v = \frac{BQ_H}{3600V} \qquad (2-30)$$

式中 q_v——炉膛容积热强度,kW/m^2;
B——燃料用量,kg/h 或 m^3/h;
Q_H——燃料发热值,kJ/kg 或 kJ/m^3;
V——炉膛有效容积,m^3。

⑤ 辐射炉管表面热强度:单位面积的辐射炉管所传递的热量,单位为千瓦每平方米(kW/m^2),用下式计算:

$$q_R = \frac{Q_R}{A_R} \qquad (2-31)$$

式中 q_R——辐射炉管表面热强度,kW/m^2;
Q_R——辐射室传热量,kW;
A_R——辐射炉管传热面积,m^2。

油田管式加热炉辐射炉管表面热强度一般为 23~29kW/m^2。此处所说的指平均值,实际值是不均匀的,局部热强度可能大大高于平均值。当热强度过高时,会使炉管局部过热甚至管内结焦,过低时则会使炉子结构笨重,增大投资。

⑥ 对流炉管表面热强度:其含义及计算与辐射炉管相同。

⑦ 挡火墙温度:烟气离开辐射室进入对流室时的温度。一般用此代表炉膛温度,其值一般为800℃左右。

⑧ 排烟温度:烟气离开对流室进入烟囱时的温度。此值越高,炉子效率越低,影响此值的因素是加热炉结构及炉管积灰、结垢等。排烟温度一般为200~350℃。

⑨ 热效率:被加热介质吸收的有效热量与燃料产生热量的比值。该值是衡量加热炉性能优劣的重要指标,与设计、制造、操作维护都有关系。热效率可用正平衡方法与反平衡方法测试求得,其值一般为85%左右。

⑩ 介质流速:炉管内介质流速应控制在合理的范围。流速低则传热性能差,使管壁温度升高,甚至炉管结焦。流速高传热性能好,安全可靠,但管程压力降增大。一般辐射炉管内介质流速为1.5~2.0m/s,对流炉管内介质流速为10~1.2m/s。

3. 加热炉的基本结构及工作原理

1) 火筒式加热炉的基本结构及工作原理

(1) 基本结构:卧式内燃两回程的火筒烟管结构型式,这是国内外火筒炉的主流炉型,火筒布置在壳体的中部空间,烟管布置在火筒的另一侧,火筒与烟管形成"U"型结构。火筒式加热炉也可采用其他型式的火筒。对于大负荷的加热炉,一般可采用一根火管和几根烟管组成的火筒。"U"型或类似结构型式的火筒应有可靠的固定装置,以保证火筒不产生非轴向位移,且不得限制火筒的自由膨胀。当火筒式加热炉采用几组火筒时,每组火筒宜有独立的燃料系统和烟囱。

火筒式加热炉的结构应便于检修、维护和更换,结构各部分在运行过程中应能自由膨胀。加热炉壳体封头一般采用椭圆封头。加热炉支座一般采用鞍式支座,并尽可能按两个支座进行设计,同时一个支座应是滑动支座。火筒炉应在火筒下部设置介质分配装置,使介质分配均匀,同时可在壳体上部设置介质收集装置。

从安全方面考虑,火筒式加热炉的最低安全液位应高于火筒最高点150mm;在容易爆炸的部位应有可靠的防爆措施,并应有良好的密封性;受压部件结构形式、开孔和焊接的布置应避免或减少复合应力和集中应力。

火筒加热炉壳体上应开设必要的人孔、手孔和检查孔,其数量应根据安装、检查、检修和清扫的要求确定。人孔直径应不小于450mm,手孔直径应不小于100mm,洗炉孔直径应不小于50mm。

火筒式加热炉基本结构如图2-22所示。

① 火筒:也称炉胆,按主导传热方式也叫辐射段。其作用有二:其一是给燃料提供恰当的燃烧空间(即燃烧室);其二是以辐射传热方式将燃料燃烧产生的热量传递给中间媒介水。火筒烟管类似锅炉的炉胆、烟管。

② 烟管:也叫对流段,其作用是将燃烧产物——烟气热量以对流传热方式传递给中间媒介水。

③ 壳体:类似锅炉的锅筒(锅壳),其作用是将火筒烟管与加热盘管组合为一个有机的整体,构成一座完整的加热设备。

④ 支座:作用是承受整座加热炉质量,方便运输及安装。

油气集输

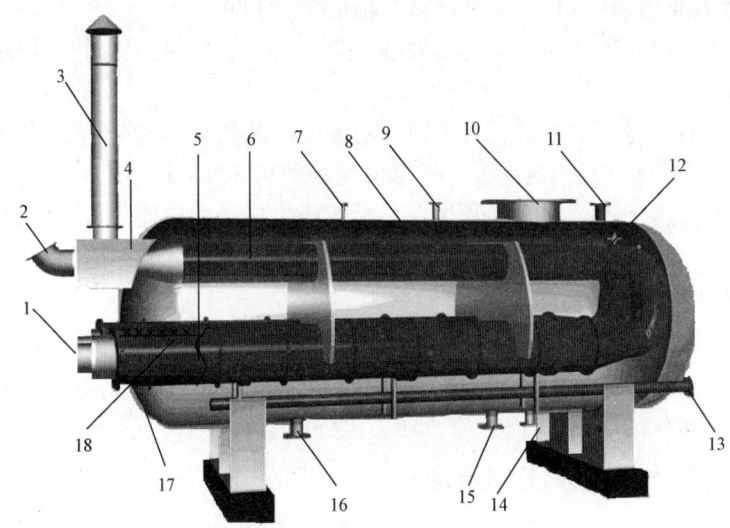

图 2-22 火筒式加热炉结构示意图

1—燃烧器;2—防爆门;3—烟囱;4—烟箱;5—火管;6—烟管;7—测温孔;8—壳体;9—安全阀接口;10—人孔;
11—出水口;12—低液位报警;13—进水口;14,16—排污口;15—手孔;17—椭圆封头;18—辐射室

⑤烟囱:燃料燃烧及其产物,沿火筒烟管流动传热时,要产生一定的流动阻力,烟囱提供一定抽力,部分或全部克服上述流动阻力,保证加热炉正常燃烧、运行,同时将燃烧产物(烟气)导向排放。

⑥燃烧器:将燃料燃烧的专用设备,将燃料储藏的化学能转换为热能。

⑦仪表及安全附件:包括安全阀、压力表、液位计等。

(2)工作原理:被加热液体从进液分配管的布液孔进入火筒加热炉的底部火管和烟管,吸收炉膛(火管)内燃料燃烧产生的热量升温,加热至合格温度,从顶部出液管排出炉外。

2)水套式加热炉的基本结构及工作原理

(1)基本结构:水套式加热炉也是卧式内燃两回程的火筒烟管结构形式,火筒布置在壳体的下部空间,烟管布置在火筒的另一侧,火筒与烟管形成 U 形结构;加热盘管布置在壳体的上部空间;燃烧器和烟囱一般布置在水套炉的前部。

水套炉的加热盘管一般采用蛇形管,为了在有限的空间内增加盘管换热表面积,其直径不宜大于 DN100mm;在加热矿化度较高或杂质含量较高或悬浮物较多的介质时,加热盘管应充分考虑被加热介质的结垢和杂质悬浮物在管内沉积的因素,其直径不宜小于 DN40mm。根据工艺要求,水套炉设计可采用单组或多组加热盘管,各组盘管应依据各自设计参数进行设计。加热盘管可采用单管程或多管程,在多管程盘管设计中,应尽可能使各管程的压力降相等;汇管截面积与各管程截面积和之比,当管内介质为液体时,应为 1~1.5,当为气体时,应不小于 1。加热盘管必须采用花板支承,其壁厚不宜小于 8mm,花板间距应根据盘管的允许挠度确定。

水套炉的内部结构主要包括燃烧器、火筒、烟管、烟箱、烟囱、介质盘管、压力表、水位计、温度计、排污管、筒体等部件组成。

水套式加热炉基本结构如图 2-23 所示。

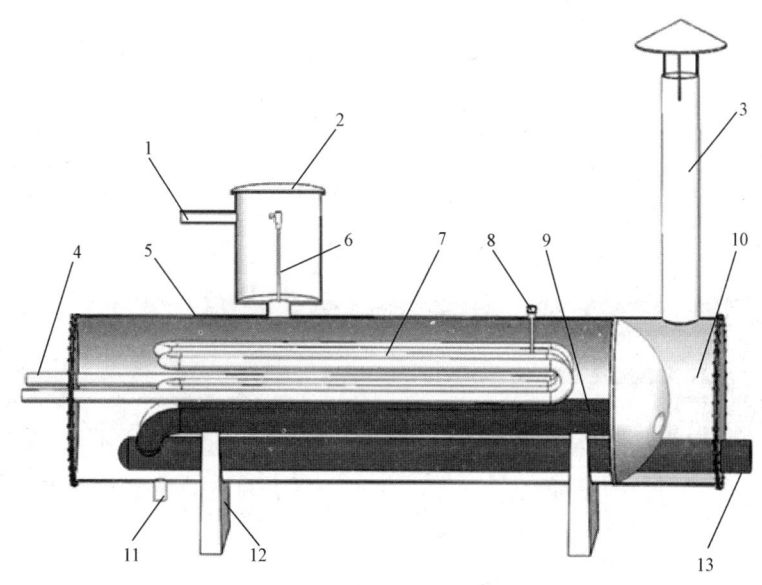

图 2-23 水套式加热炉结构示意图

1—水进口;2—水箱;3—烟囱;4—被加热介质进出口接头;5—筒体;6—液位计;7—介质盘管;
8—温度变送器;9—烟管;10—烟箱;11—排污口;12—支座;13—火筒

(2)工作原理:燃烧器在加热炉的火管中燃烧产生高温烟气,高温烟气通过火管以辐射方式,通过烟管以对流方式将燃料燃烧产生的热量传递给中间载热体——水,中间载热体——水再与加热盘管中的被加热介质(原油)进行换热,以满足被加热介质(原油)的加热要求。中间介质在密闭空间内工作,正常运行状态下无须补充,避免了筒体内氧化腐蚀的产生,同时,筒体、盘管受热均匀,大大减少了热应力的破坏。

3)加热、缓冲二合一加热炉的基本结构及工作原理

(1)基本结构:加热、缓冲二合一加热炉应用广泛,主要以隔板为界被划分为加热段和缓冲段两部分,其结构如图 2-24 所示。

(2)工作原理:来水首先进入加热、缓冲二合一加热炉的加热段,从进液分配管的布液孔流出,自下而上均匀淹没火管和烟管时,燃料燃烧产生的热量传给水,使水升温。热水溢过隔板进入缓冲段。在缓冲段,防冲板和挡板之间的区域水体相对宁静,油水发生重力分异。上部聚集油,定期用收油泵把油收走。水通过挡板的底部进入集水区,通过出水管排出炉外。

4)真空相变加热炉的基本结构及工作原理

(1)基本结构:真空相变加热炉主要由加热炉本体、燃烧器、自动控制系统和操作间等构成。加热炉本体主要由后烟箱(回烟室)、烟管、前烟箱、烟囱、换热盘管和防爆门等部分组成,如图 2-25 所示。加热炉本体采用湿背式二、三回程结构,以二回程结构为例,燃料自燃烧器喷入燃烧室进行燃烧,高温烟气在回烟室(后烟箱)内转向,再进入第二回程烟管进行充分换热,最后经前烟箱和烟囱排出。燃烧室上部有盘管式换热器,换热器与水蒸气进行换热。操作间可为自动燃烧器提供一个适宜的工作环境。

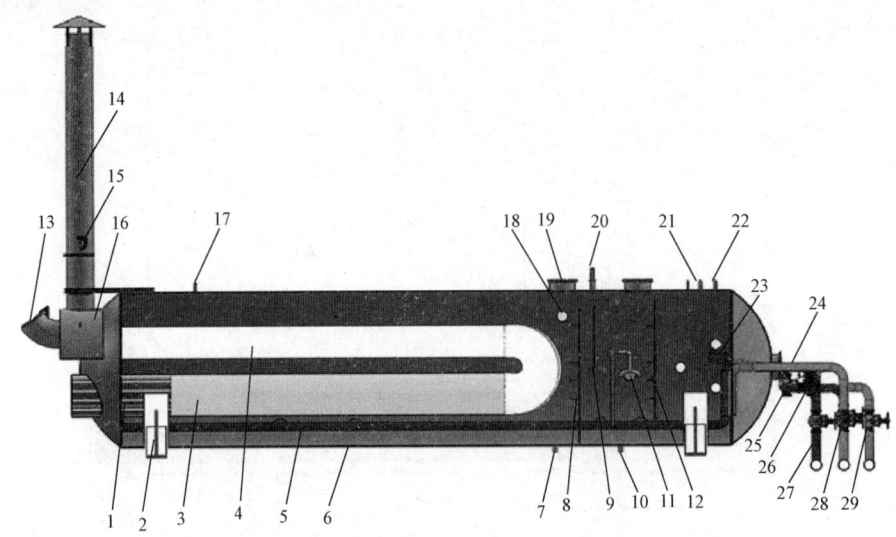

图 2-24 加热、缓冲二合一加热炉结构示意图

1—耐火燃烧道(耐火砖);2—鞍式支座;3—火管;4—烟管;5—进液分配管;6—壳体;7—加热段排污口;8—隔板;9—防冲板;
10—缓冲段排污口;11—收油浮球;12—挡板;13—防爆门;14—烟囱;15—可调烟道挡板;16—烟箱;17—温度变送器;
18—液位继电器法兰孔;19—人孔;20—安全阀;21—放空阀接口法兰;22—溢流管接口法兰;23—调节阀浮球;
24—出液管线;25—进液管线事故预留阀门接口;26—进液浮球液面调节阀;27—进液管线;
28—二段出液阀门(各站不同);29——段出液阀门(各站不同)

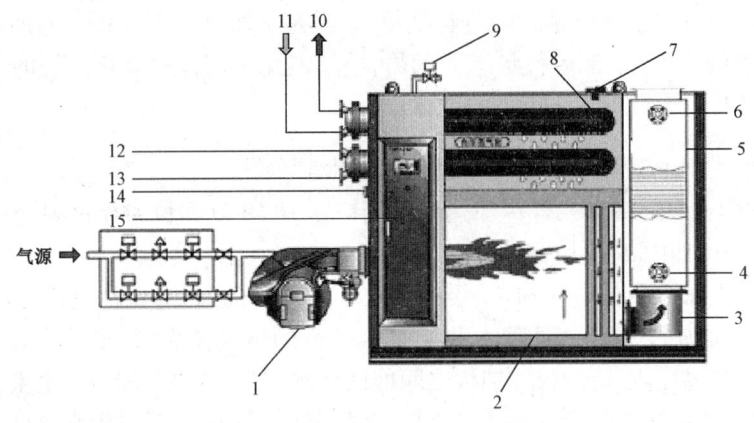

图 2-25 真空相变加热炉本体结构示意图

1—燃烧器;2—燃烧室;3—烟道;4—出水孔;5—冷凝器;6—进水孔;7—安全阀;8—负压真空室;
9—真空排气阀;10—出水;11—回水;12—出水;13—回水;14—液位监视器;15—内置压力开关

真空相变加热炉的安全附件主要有:压力测量仪表、温度测量仪表、报警监控装置、液位计、真空压力控制器(安全阀)、紧急放空装置阀门、防爆门等。

① 压力测量仪表:包括压力变送器和压力表。压力变送器把压力信号传到电子设备,并在计算机上显示压力,进而实现自动化控制。压力表的精度等级不应低于 1.5 级,表盘直径不得小于 100mm。真空相变加热炉所用的真空压力表至少每半年检验一次。

② 温度测量仪表:包括温度变送器和温度计。其中温度变送器是通过先进的电路集成和处理技术,配合温度传感器,实现对温度的准确测量,并输出标准电压或电流信号。

③ 报警监控装置:为了确保加热炉的安全运行,配置了超温报警、超压报警、超高和超低液位报警、燃烧器熄火报警等装置报警。

④ 液位计:每台真空相变加热炉必须设有液位计,并应安装在便于观察的位置。

⑤ 真空压力控制器:是真空相变加热炉的安全保护装置,当锅筒工作时的压力超过规定的压力时,能够自动开启排出气体,使压力下降,从而保护筒体,防止设备发生爆炸事故。

⑥ 紧急放空装置阀门:是加热炉盘管高温憋压或穿孔时进行快速泄压、保证加热炉安全运行的重要装置。

⑦ 防爆门:作用是当加热炉内发生正压爆燃,产生爆喷时,防爆门动作,从而降低燃烧室内气体压力,保护炉体不受破坏。

(2)工作原理:由燃烧器、燃烧室(炉胆)、回烟室、烟管、前烟箱和中间介质——水组成的蒸发器,吸收燃料燃烧所释放的热量而产生大量高温水蒸气作为载热体向上流动,高温水蒸气经过换热盘管时向工质(原油)放热,并冷凝还原成液态水再流回蒸发器,完成一个液相(吸热)—气相(放热)—液相的相变过程。燃烧器通过燃烧燃料给中间介质源源不断地提供汽化热,而被加热的工质源源不断地带走载热体释放的冷凝热达到自身加热的目的,并逐渐达到动态的热平衡。如此往复循环,实现原油加热。

5)管式加热炉的基本结构及工作原理

(1)基本结构:管式加热炉是在炉内设置一定数量的炉管,被加热介质在管内连续流动,燃料燃烧产生的热量通过炉管传给被加热介质的炉型。广泛应用于油田转油站、集中处理站、油库及长输管道。

油田在用较多的管式加热炉有较老式的方箱形和目前新型的卧式圆筒形两种。尽管其结构不同,但主要组成部件差异不大。图2-26为GW1000-Y/6.4-Y加热炉结构示意图。

① 辐射室:是火焰和高温烟气与炉管进行辐射传热的部分,同时也兼作燃烧室。其平均温度为800℃左右,加热炉热负荷的70%在此室进行交换。

② 对流室:是由辐射室流进的高温烟气以较高的流速冲刷对流管束,进行对流换热的部分。对流室吸热量的大小与炉子的热效率有关,当一定热负荷的加热炉对流室传热量大时,则排烟温度低,热效率高。

③ 烟道:连接辐射室与对流室的烟气通道。烟道内的烟气温度接近辐射室烟气温度,一般不进行热交换。

④ 炉管:是管式加热炉的受热面。要求能在较高的使用温度下承受较高的工作压力且具有一定的抗氧化能力,其材质一般为20号裂化钢管。为了降低加热炉压力降,视工艺条件可将几根炉管并联布置,并联根数叫管程数,辐射炉管一般为1~2管程,对流炉管一般为4~6管程,辐射炉管与对流炉管的连通管段叫转油线。

⑤ 燃烧器:俗称火嘴,是将油、气燃料喷入炉内进行燃烧的专用设备。燃烧器是加热炉的最重要部件之一,其性能特性必须与加热炉结构配套良好,否则将影响加热炉的正常运行。

⑥ 通风排烟系统:是为引入燃烧用空气并将废烟气导出加热炉而设置的。负压燃烧加热

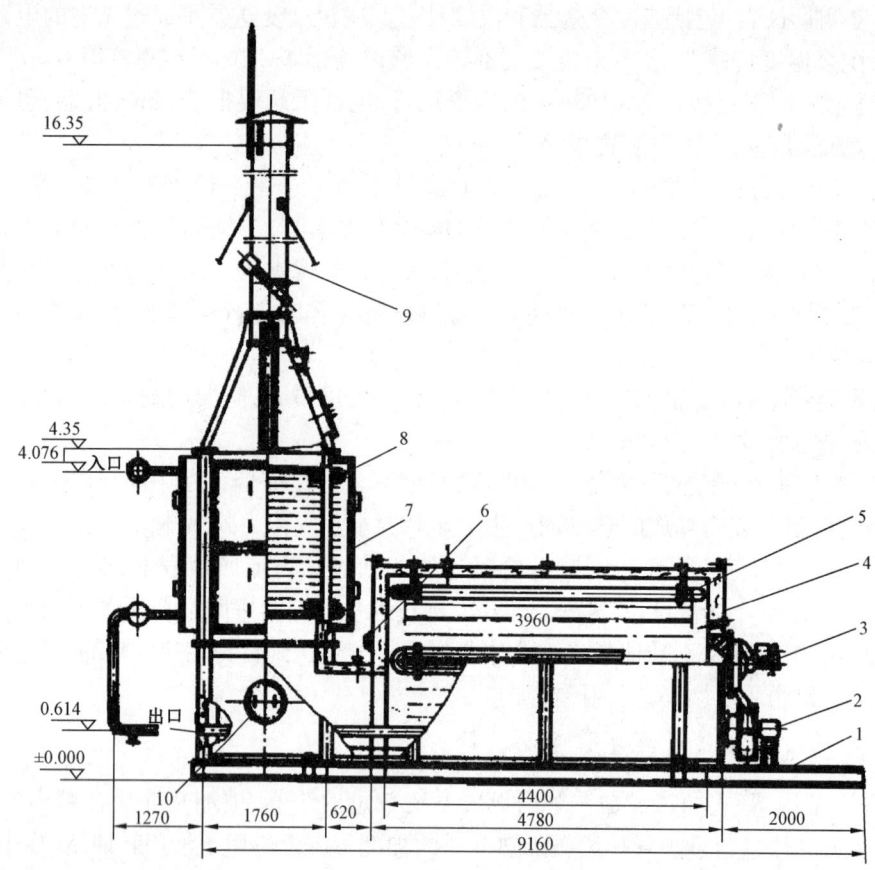

图 2-26　GW1000-Y/6.4-Y 管式加热炉结构示意图

1—底座；2—风机；3—燃烧器；4—辐射室；5—辐射炉管；6—防爆门；7—对流室；8—对流炉管；9—烟囱；10—人孔门

炉一般由烟囱或引风机吸入空气并排出废烟气，正压燃烧加热炉一般由鼓风机供给空气，由烟囱排出废烟气。为了控制进风量，烟囱或风机均应设置调风门。烟囱高度应提供足够的抽力并符合烟尘排放要求。

⑦ 孔门及安全附件：为保证管式加热炉的安全运行、观察及检修方便，设置了防爆门、人孔门、看火孔。当加热炉炉内因异常情况而产生轻微爆燃时，防爆门自动开启泄压，保护炉体安全。人孔门供检修使用，看火孔观察炉管及燃烧状况。

⑧ 测点：供测温、测压使用。温度测点包括炉膛温度、排烟温度、进出炉介质温度、转油线温度。压力测点应与温度测点对应设点。

(2) 工作原理：燃烧器将燃料喷入炉膛内燃烧，生成二氧化碳和水蒸气等组成的发光火焰及高温烟气，在辐射室内以辐射传热形式将热量传给辐射炉管，使管内流动介质温度升高。此后，高温烟气进入对流室（绝对不允许火焰窜入对流室），以较高的速度流经对流管束，以对流传热形式将热量传给对流管束内的流动介质。最后烟气温度降至排烟温度，烟气经烟囱排入大气。

需指出的是，在辐射室内有对流传热，在对流室内也有辐射传热，仅主次不同。从有关传热学知识可知，辐射传热量大小主要与炉膛温度有关，对流传热量大小主要与烟气及介质流态有关。传热面的布置及炉型结构是经严格的设计计算确定的，因此加热炉的工况调节是受严格限制的。

(3) 几种管式加热炉基本结构：

① 立式圆筒管式加热炉（简称立式管式加热炉）：由辐射室、对流室、烟囱和燃烧系统组成。辐射室为圆筒结构，且为立式布置，辐射室炉壁采用钢板结构，内壁采用耐火隔热衬里，辐射室具有燃烧室功能；对流室位于辐射室的上部，且为立式布置，其一般为方形结构，对流室外壁也采用钢板结构，外壁内侧采用隔热保温衬里；烟囱一般位于对流室的上部；燃烧器通常位于辐射室的下部中央。立式管式加热炉的基本结构如图 2-27 所示。

② 卧式圆筒管式加热炉（简称卧式管式加热炉）：由辐射室、对流室、烟囱和燃烧系统组成。辐射室为圆筒结构，且为卧式布置，辐射室炉壁采用钢板结构，内壁采用耐火隔衬里，辐射室具有燃烧室功能；对流室为方形结构，位于辐射室的后部，且为立式布置；烟囱位于对流室的上部；燃烧器位于辐射室的前部中央。卧式管式加热炉的基本结构如图 2-28 所示。

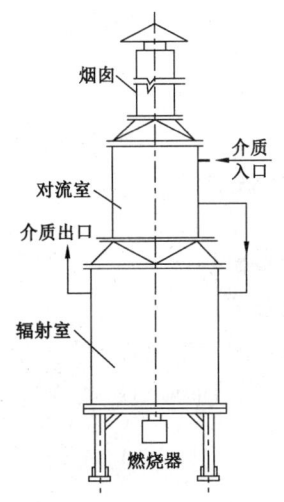
图 2-27 立式管式加热炉结构示意图

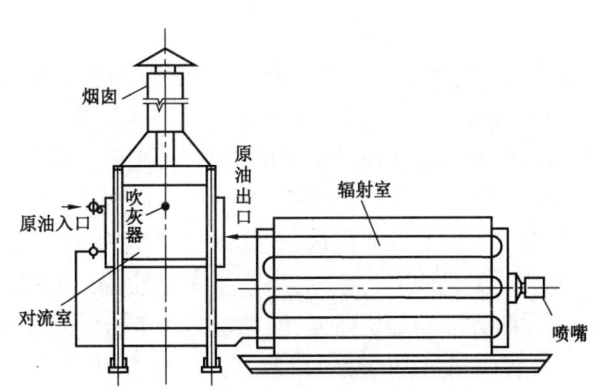
图 2-28 卧式管式加热炉结构示意图

③ 卧式异型管式加热炉：由辐射室、对流室、烟囱和燃烧系统组成。辐射室为非圆筒结构的其他结构形式（一般为方箱式结构），且为卧式布置，辐射室炉壁为钢板结构，内衬耐火砖、耐热混凝土和保温砖砌筑，辐射室具有燃烧室功能；对流室为方形结构，一般也采用钢板，内衬耐火砖、耐热混凝土和保温砖砌筑，其位于辐射室的后部，且为立式布置；烟囱位于对流室的上部；燃烧器位于辐射室的前部中央。卧式异型管式加热炉的基本结构如图 2-29 所示。

4. 加热炉的工况调节

1) 工况调节

工况就是加热炉的工作状况。工况调节就是加热炉运行状况调整。

一台设备的处理能力肯定有上限，但不一定存在下限。加热炉属于既有上限又有下限的设备，它不允许远离其设计能力进行操作。一台炉子的设计热负荷究竟取多少，必须考虑到它在要求的上限、下限负荷下都能顺利操作，同时还要考虑炉子所在工艺系统处理量变化的范围以及炉子的经济性等。

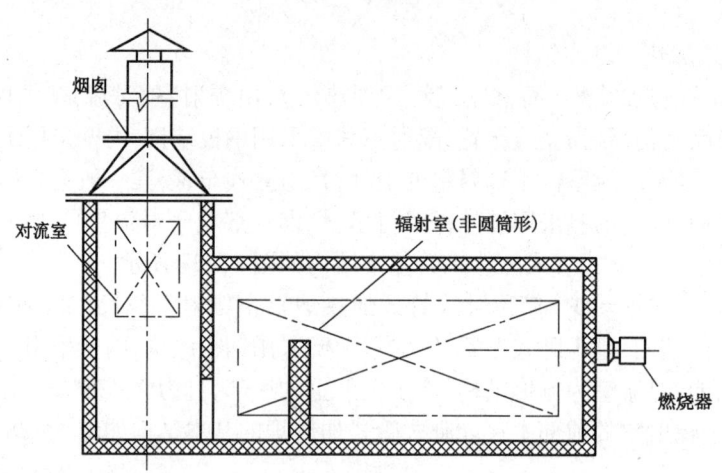

图 2-29　卧式异型管式加热炉结构示意图

在生产实践中,油气集输工况是随产量、气候等影响而波动变化的,加热炉的工况也随着变化。加热炉工况调节分两种:

(1)按设计参数要求的工况进行调节,如加热炉标定就属这种调节。

(2)为满足油气集输工况而进行的工况调节。

第二种调节要受设计工况的限制,否则就会危及加热炉的安全运行。

加热炉工况参数有热负荷、被加热介质温升、运行压力、压力降等。

加热炉工况调节的依据:设计图纸注明的设计参数组是进行工况调节的唯一重要依据。

加热炉工况调节的原则:第一是安全性,第二是经济合理性。调节前应对所调节的加热炉进行上述两方面的分析研究,然后确定调节方法及步骤。

(1)管式加热炉的热负荷调节:

① 上限调节:允许的上限调节为铭牌标注的120%。此工况下,加热炉的安全性及经济性能得到保障,加热炉设计时留此余量。若在此基础上欲再提高热负荷,则需对加热炉进行传热校核验算,若验算结果表明安全、经济,方可提高热负荷。一般情况下,提高热负荷受下列因素制约:

(a)炉膛体积限制。

管式加热炉炉膛既是燃烧室又是辐射传热室,其尺寸大小受燃烧器火焰形状尺寸及辐射炉管排列的制约。当运行负荷过大时,燃料量增加,火焰形状尺寸扩张,若火苗窜入对流室或舔辐射炉管和对流炉管,就会使炉管局部过热,这是不允许的。

(b)烟气阻力限制。

加热炉负荷增加后,烟气量成正比例增加,而烟气阻力的增加与负荷增量的二次方成正比,显然此时排烟温度也会增加,烟囱抽力相应增加,当增加后的阻力与烟囱抽力平衡时,就是加热炉负荷调节的上死点。过此点,对于自然通风加热炉,空气量不足,使燃烧不正常,对流强制通过加热炉,风机功率不够,燃烧也不正常。

(c)管内介质流速限制。

管内流速取值要满足加热炉压力降小,同时使被加热介质处于良好传热状态。负荷增加后,一般应增加流量,以保证炉管安全运行,此时压力降增加,可能影响整个工艺系统。

(d)挡火墙温度限制。

挡火墙(烟气)温度是衡量加热炉热力工况的重要指标。当该温度发生变化,加热炉的热平衡将被打破并重新建立。热负荷增加后,挡火墙温度增加,炉膛体积热强度增加,辐射炉管表面热强度增加,其增加值超过一定限度是很危险的,炉管壁温度增高即产生大面积结焦。

从经济性分析,一台加热炉的换热面积是一定的,当负荷增加时,燃料用量及燃烧产物增加,整台加热炉的传热量增加,但传热量增加受管内介质传热系数的限制,其增量是非常有限的,势必使排烟温度升高,化学不完全燃烧增加,加热炉热效率下降。经验证明,当超负荷20%运行时,热效率下降2%~3%,超负荷30%运行时,热效率下降3%~4%。

② 下限调节:通常认为,加热炉热负荷越小越安全,热效率也高,但事实并非如此。

(a)受热均匀性差。

加热炉所配备的燃烧器(包括容量和数量)是根据设计负荷确定的,当加热炉在设计负荷下运行时,燃烧器将满负荷投用,火焰充满整个炉膛,炉管受热均匀。而加热炉负荷降低后,势必对多燃烧器停运一部分或将全部燃烧器烧小火,不仅操作调节困难,同时使辐射炉管受热不均,产生不利后果。如某输油管线中间热泵站46552kW方箱炉,因火焰充满度差,造成辐射室四角炉管发生低温腐蚀而穿孔酿成着火烧毁加热炉恶性事故。

(b)易发生局部过热。

一般加热炉低负荷运行,都是因管内介质流量小所致。此时管内介质流速低,传热系数大幅度下降,特别是介质黏度高时更是如此,若因制造、安装、负荷等因素使并联管程之间,并联加热炉之间发生介质流量不均而偏流,很容易使高温区的炉管局部过热,甚至结焦。结焦后使偏流加剧,如此恶性循环,加热炉就会因结焦、偏流、结焦、炉管鼓包破裂而毁坏。

(c)低温腐蚀易发生。

加热炉低负荷运行,炉膛温度及排烟温度将下降,辐射室死角及对流室尾部,烟气结露形成硫酸溶液附着在炉管上,形成低温腐蚀,久而久之,炉管壁厚减薄甚至穿孔,危及加热炉安全。同时因排烟温度低,使对流室尾部炉管潮湿,易使烟灰附着管壁形成结灰,严重者堵塞对流室,使加热炉不能正常运行。

从经济性分析,加热炉低负荷运行,一般过剩空气系数变大,使热效率降低;低负荷运行,火焰充满度很低,热效率仍有所下降;另外,低负荷运行,炉体散热损失比例增加,也使热效率下降。

综上所述,一般管式加热炉热负荷下限调节不得低于设计负荷的70%。

(2)水套式加热炉的热负荷调节:水套式加热炉的工作原理、结构特性与管式加热不一样,因此热负荷调节有其自身的特点。

① 上限调节:SY 0031《石油工业用加热炉安全规定》中规定,水套式加热炉操作负荷上限为设计热负荷的120%。若大于此值,则存在下述不利影响:

(a)超负荷运行,水套内饱和水压力升高,将影响火筒烟管及壳体的安全。就某一台水套式加热炉而言,火筒烟管和盘管受热面积是一定的,总传热系数变化不大,仅由增加换热温差来增加热负荷,增加换热温差必然使水套压力升高,危及火筒烟管及壳体的安全。

(b)超负荷运行,排烟温度上升,操作不当会烧坏引风机。

(c)超负荷运行,自然抽风加热炉会产生供风不足,燃烧不完全,造成烟管结灰甚至堵塞烟管。

(d)超负荷运行,必然增加盘管内介质流量,使压力降上升。

(e)超负荷运行,由于排烟温度上升,不完全燃烧增加,使加热炉热效率下降。

② 下限调节:水套式加热炉低负荷运行时,不得小于设计负荷的50%,否则会产生以下不利影响:

(a)水套式加热炉设计排烟温度一般为200~350℃,当过低负荷运行时,排烟温度可能低于烟气露点温度,一旦结露,烟管尾部及烟囱发生低温腐蚀,日积月累会使加热炉受损。

(b)过低负荷运行时,一般管内介质流量减小,当管内介质含砂或其他杂质时,就会沉积于管内,长时间如此就会堵塞盘管。

(c)过低负荷运行,由于难以调节过剩空气系数至合理状态,炉体散热损失比例增加,使加热炉热效率下降。

无论何种加热炉的何种工况调节,都应给予足够重视,同时绝对禁止大起大落的工况调节。

2)热效率和操作负荷的关系

实践中发现,加热炉无论是超负荷运转还是超低负荷运转,加热炉的热效率总是在降低。

(1)降低负荷后的热效率:

理论上讲,如能正确调整挡板、风门,维持低的过剩空气量,炉子又完全不漏风,随着炉子负荷的降低,热效率应该有所上升,上升的程度随炉子的使用条件及设计条件有所不同。一般经验是,负荷下降到50%后热效率提高2%~4%。但实际的炉子总是存在着漏风、不容易调好燃烧空气量等问题,因而在现场操作中负荷显著降低后,炉子的过剩空气系数变大,热效率总是反而下降。例如,若完全不做空气量调节,炉子半量操作后效率有可能降低5%~10%。在实际操作中还发现,即使炉子的过剩空气系数通过调节能保持不变,低负荷下热效率仍有所降低,估计这是因为火焰在炉膛内变短小了,炉膛内火焰的"充满度"很低,因而辐射效果变差的缘故。另外,降低负荷后炉壁的散热面积相对增大(即每单位热负荷相应的炉壁面积增大),也是使热效率下降的原因之一。

(2)超负荷时的热效率:

把炉子负荷提高到设计值之上,热效率当然会逐渐降低,其下降的程度也随炉子的使用条件和设计条件而有所不同。一般经验值是:超过设计负荷20%,热效率降低2%~3%;超过设计负荷30%,热效率降低3%~4%。

如上所述,可以得出这样的结论:如果方案合理、设计得当,加热炉的热效率在设计负荷下一般将达到最高值,在此基础上无论降低还是增加负荷,炉子热效率都会降低。

3)提高加热炉热效率

(1)提高热效率的意义:热效率是评价加热炉设计、制造、操作管理水平的重要指标。

提高热效率的目的在于降低加热炉运行费用、降低油气集输成本、增加企业经济效益。以一台1163kW加热炉为例,若将热效率从80%提高到85%,一年可节约燃料油64.4t或天然气64400m^3,其效益十分可观。

(2)影响加热炉热效率的因素,从理论与实践上分析,主要有三大因素:

① 排烟热损失是影响热效率的最大因素。

当已知排烟温度 t_s、大气温度 t_c、烟气中过剩空气系数 α 时,排烟热损失 q_2 可用下式计算:

$$q_2 = (3.52 + 0.5)\frac{t_s - t_c}{100} \quad (2-32)$$

② 化学不完全燃烧损失 q_3 不容忽视。

当燃料中的碳、氢分子以游离状态随烟气排走时,便形成化学不完全燃烧损失。当已知烟气中一氧化碳含量 V_{CO} 及过剩空气系数 α 时,q_3 可用下式计算:

$$q_3 = 3.2\alpha \cdot V_{CO} \quad (2-33)$$

③ 炉体散热损失 q_5。

当炉体耐热保温结构不合理,耐热保温层施工质量差,耐热保温层损坏时,炉体外壁温度升高,炉体散热增大。炉体散热损失 q_5 一般为 1% ~ 3%。

(3)为了提高加热炉热效率,操作中应注意以下几点:

① 合理地控制排烟温度。

运行排烟温度不得超过设计排烟温度,同时也不得低于烟气露点温度。烟气露点温度按烟气成分进行计算,以原油或天然气为燃料的烟气露点温度为 160 ~ 180℃。

② 有效地控制过剩空气系数。

燃料完全燃烧时,实际空气量与计算空气量的比值称为过剩空气系数 α。当 α 增大时,炉膛温度降低,烟气量增加,排烟热损失增加,加热炉热效率下降。若操作管理合理,$\alpha_{油}$ = 1.2 ~ 1.3,$\alpha_{气}$ = 1.1 ~ 1.2。

控制 α 的有效途径是选用结构合理的调风器,以强化燃料与空气的混合,同时增加加热炉的密封性能,减小漏风。

③ 提高燃料油雾化质量。

为了使燃料油雾化颗粒较小,其压力、黏度应满足燃烧器的要求。如:电动转杯燃烧器要求燃料油压力为 0.1 ~ 0.3MPa,黏度小于 60mPa·s;压力机械雾化燃烧器要求燃料油压力为 1.5 ~ 2.0MPa,黏度小于 20mPa·s。此外应定期保养燃烧器,使之处于良好工作状态。

④ 燃烧器应配套使用。

燃烧器包括喷嘴、调风器和燃烧道三部分,各部分是相互配合协调一致的,因此必须配套使用。同时应保证安装质量,严格按照使用说明操作。

⑤ 勤观察、勤调节,使燃烧处于较佳状态。

5. 燃烧器的作用及规范要求

燃烧器是将燃料和助燃空气混合,并按所需流速集中喷入加热炉内进行燃烧的装置。油田加热炉应用较多的为燃油燃烧器和燃气燃烧器。

油气集输

1) 燃烧器的基本结构

(1) 燃油燃烧器的结构:燃烧器是燃油锅炉的关键设备,它由喷油部分(雾化器)、调风器部分、点火及稳燃装置、电气系统和电动机及伺服电机等构成,如图 2-30 所示。喷油部分由油泵、油泵调节阀、滤网、油预热器、电磁阀、喷油嘴、回油调节阀等组成。调风器部分由风机、空气挡板、调节套筒、外壳等组成。点火及稳燃装置由交压器、点火电极等组成,稳燃装置由调风盘及燃烧头组成。电气系统由火焰传感器、燃烧程序控制器、燃油加热控制器等组成。电动机及伺服电机为风机、油泵、风门调节、回油调节提供动力。

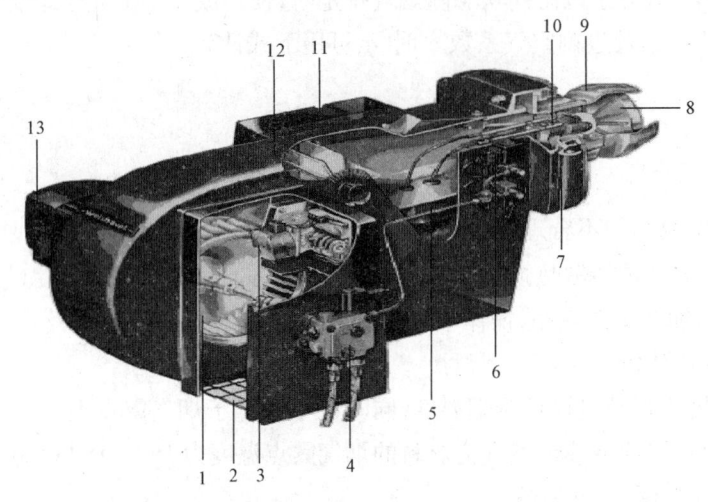

图 2-30 燃油燃烧器结构示意图

1—叶轮;2—进风口;3—伺服电机;4—油泵;5—点火变压器;6—电磁阀;7—铰接法兰;8—稳焰盘;
9—燃烧筒;10—喷嘴套件;11—电气接线盒;12—风门挡板;13—燃烧器风机

(2) 燃气燃烧器的结构:

① 气系统的功能是提供燃烧需要的燃气,主要由过滤器、稳压器、压力开关、安全阀、电磁阀、流量调节阀、分配器等组成。

② 风系统的功能是提供燃烧所需要的一定数量和压力的空气,主要由机壳、风门、稳焰器(配风盘)、燃烧头、轴、滑杆、风门刻度盘、测压孔、燃烧头调整螺栓等组成。

③ 控制系统的功能是使燃烧器按规定的程序工作,主要由接线端子、穿线孔、控制盒、接触器、热继电器、点火变压器、点火电极、电动机(含伺服电机)、光电管(火焰传感器)等组成。

燃气燃烧器结构如图 2-31 所示。

2) 燃烧器的工作过程

以比例调节式燃气燃烧器为例,其工作过程包括四个阶段,分别是准备阶段、预吹扫阶段、点火阶段和正常燃烧阶段。

(1) 准备阶段:程控器得电后,开始内部程序自检,同时,伺服电机驱动风门到关闭状态,程序自检后,处于待机状态,当恒温器、过高和过低燃气压力开关、蒸汽压力开关等限制开关允

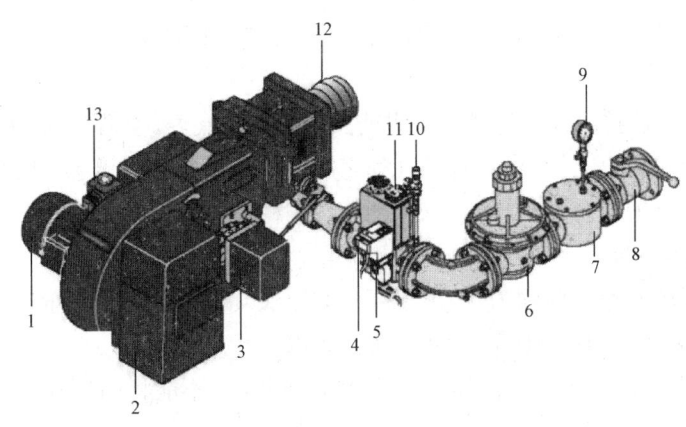

图 2-31 燃气燃烧器结构示意图
1—燃烧器风机电动机;2—进风口;3—伺服调节机构;4—阀门检漏装置;5—低压保护开关;6—稳压阀;7—过滤器;
8—球阀;9—气压表;10—测试烧嘴;11—双电磁阀;12—燃烧头;13—空气压力开关

许时,程控器开始启动,进入预吹扫阶段。如果电磁阀组带有泄漏检测系统,该系统在上述限制开关允许时先进行阀门泄漏检测,检测通过后,才进入预吹扫阶段。

(2)预吹扫阶段:伺服电机驱动风门到大火开度状态,同时风机电动机启动,以吹入空气进行预吹扫。根据程控器的不同,吹扫约 20~40s 后,伺服电机驱动风门到点火开度状态,准备点火。整个预吹扫阶段,空气压力开关测量空气压力,只有保持空气压力在一个足够高的水平上,预吹扫过程才能持续进行。

(3)点火阶段:伺服电机驱动风门到点火开度状态后,点火变压器切入,并输出高电压给点火电极,以产生点火电火花,约 3s 后,程控器送电给安全电磁阀和比例式电磁阀,阀打开后,燃气到达燃烧头,与风机提供的空气混合,然后被点燃。在阀打开后 2s 内,电离电极应检测到火焰的存在,只有这样,程控器才继续后面的程序,否则,程控器锁定并断开电磁阀停止供气,同时报警。

同时,比例式燃气调节阀的伺服电机切入,并根据空气压力和炉膛背压来调节燃气阀后的燃气压力以调节燃气量,达到稳定、高效燃烧的目的。此后,燃烧器根据各个限制开关的要求自动实现大、小火转换和停机。此外,整个燃烧过程中,电离电极和空气压力开关对燃烧器实行监控。

3)燃烧器的规范要求

(1)燃气燃烧器的要求。

在满足安装条件的基础上,考虑到油田现场多应用未经过处理的石油伴生气作为燃气,且燃料中含水、凝析油及气体在分离过程中易携带原油,而这些液体一旦进入供气管路,燃烧器将无法正常工作,因此油田用燃气燃烧器应满足以下要求:

① 不论在新站建设还是在老站改造中,气体必须经过三级分离:缓冲罐—生产分离器—压力缸,才能保证较好的供气质量。一般到主管路前的气压控制在 0.2MPa 较为适宜,如果压

力过高,需要两级减压,但供气量不能减少。压力缸直径不能小于800mm,否则,不能对石油伴生气携带液体起到有效的分离作用。如果没有压力缸,用4800mm生产分离器替代,效果会更好。

② 为了便于调试与维修,应在燃气阀组前安装低压燃气表(量程宜选为25kPa)。如需在同一锅炉房中安装两台以上燃烧器,且燃气都来源于锅炉房内同一组燃气管道,在每台燃烧器的燃气阀组前一定要加装燃气稳压器,以保证燃气的稳定供应。

(2)燃油燃烧器的要求。

燃油燃烧器现场燃料以原油为主,由于部分站原油含砂、含水、含蜡量较高,导致燃烧器运行故障较多,影响生产。因此,配套选型时,要注意以下几点:

① 燃烧器需要设置回油管线,回油直接回到燃油罐,而不能将回油管线与供油管线连接,否则会造成燃烧器供油不足,功率较小。

② 由于现场燃油罐距离燃烧器常常较远,且回油管线较长,在冬季停用时间较长或燃油罐原油黏度较大时,常常出现供油(回油)管路堵塞、燃烧器供油不足的现象。在燃油罐出口增加齿轮油泵,作为燃烧器燃油泵的供油泵,可以解决这一问题。齿轮油泵的流量、扬程都要满足燃烧器燃油泵的需要,与燃油罐连接管路的尺寸要满足齿轮油泵的需要。

③ 燃烧器原配燃油泵耐磨损性能差,为了延长燃油泵使用寿命,应将其更换为耐磨损的三螺杆泵,油泵与燃烧器分开,与风机同步运行,可降低油泵维修成本。

④ 对含砂量高的站点,在油泵进口处增加两级过滤器,过滤网不低于80目,以减少沙粒对油泵的磨损,以及对喷油头、油枪管路的堵塞。

⑤ 当原油黏度大时,需要在燃油罐内对原油进行初次加温。通常在燃油罐内增设热水循环盘管,提高原油温度(一般不低于40℃),以保证原油具有良好的流动性。

⑥ 当原油含水较高时,需要在燃油罐内进行脱水,使含水率不高于5%。一般建设两台燃油罐互为备用。当站点日燃油量小于$5m^3$时,单台燃油罐容积以$8m^3$为宜;当站点日燃油量为$5\sim10mm^3$时,单台燃油罐容积以$10mm^3$为宜,且燃油罐出口管线应高于排污管线20~30cm,以提高原油沉降时间。将原油中含砂沉积在燃油罐底部,从而减少因原油含砂而造成的燃烧器故障。

(3)对油气两用燃烧器的要求。

油气两用燃烧器即双燃料燃烧器,可根据实际燃料的供应情况分别使用燃油、燃气两种燃料。其功效相当于一台同功率的燃气燃烧器或一台同功率的燃油燃烧器。但因其设计标准及生产标准较高,此种燃烧器的价格一般高于同功率燃气燃烧器与燃油燃烧器价格的总和。同时其控制系统仅有一套,如出现故障,两套系统均不能使用。因此,同时购买燃气、燃油燃烧器各一台,依照一备一用的原则,更为安全可靠,因此不建议选用油气两用燃烧器。

(4)对控制系统配置的要求。

自动燃烧器的智能化体现在其控制系统,燃烧器的运行根据控制系统发出的指令执行操作,保持加热介质温度的相对平稳和炉体安全运行。

① 控制柜应具有水位过高、过低、锅筒压力过高和熄火报警、停炉功能;此外,还应具有加

热温度自动控制程序、自动点火、点火前自动吹扫、燃料供给与供风实现联锁等功能。

② 控制柜应可就地控制,对排烟温度、筒体压力、盘管内介质出口温度、燃烧器燃烧情况进行远传、显示,并可对筒体的压力、盘管内介质出口温度进行控制。

4) 燃烧器的选型

燃烧器作为热的发生设备是加热炉的一个重要组成部分,标准规定燃烧器必须具备风压检测、火焰检测、熄火保护、燃气高压力保护、燃气低压力保护、漏气保护和排烟温度保护等功能,还要求燃烧器与锅炉超压、超温、水位、连续给水、排烟温度等进行联锁保护。加热炉产生任何故障,燃烧器都必须同时停止运行。恰当配置也很重要,要考虑火焰和炉管的相对距离、燃烧器互相之间的距离,还要达到燃料的完全燃烧和均匀的传热效果。选用技术性能与加热炉工艺要求、炉管结构、传热特点相匹配的燃烧器对保证加热炉高效、低耗、环保及"长、安、稳、满"运行有着重要意义。

(1) 油田加热炉选用燃烧器的基本原则:

① 数台燃烧器的输出功率必须考虑锅炉或加热炉的效率,高海拔地区选用燃烧器时还要考虑修正系数。

② 使用燃料的种类必须与生产条件相匹配。

③ 燃烧器的结构或火焰形状必须与加热炉工艺要求、炉膛结构、传热特点相匹配。

④ 以重质燃料油为燃料时,应控制过剩空气系数小于或等于1.2,化学不完全燃烧热损失小于或等于1%;以轻质油为燃料时,过剩空气系数小于或等于1.15;以炼厂瓦斯或天然气为燃料时,过剩空气系数小于或等于1.1,化学不完全燃烧损失小于或等于0.5%。

⑤ 以重质燃料油为燃料时,雾化蒸气耗量小于或等于0.25kg/kg(油);以轻质油为燃料时,雾化蒸气耗量小于或等于0.2kg/kg(油)。

⑥ 燃烧噪声小于或等于80dB(A),燃烧产物中NO的含量小于或等于120mg/L。

⑦ 强制通风燃烧器在自然通风时必须满足生产需要。

⑧ 燃料喷嘴装卸方便,运行中燃烧道不结焦,连续运行时间在三年以上。

⑨ 通风装置的功能是把燃烧用空气引进的同时,把烟气向炉外排出,有自然通风和强制通风两种。前者靠烟囱的通气力引出烟气,后者靠引风机的强力引出烟气。炉内压力损失小时,多采用自然通风方式,烟囱安装在加热炉的上部,与加热炉成为一体。烟囱的高度以克服炉内的压力损失并保持充分的通风为准。构造复杂、炉内压力损失大或有废热回收装置的加热炉多采用安装引风机的强制通风方式。

⑩ 应根据地域不同选用不同类型的燃烧器。地域对燃烧器的要求和影响都不同,如东北地区,燃烧器控制系统要求耐低温;新疆地区要求控制系统既要耐高温,又要耐低温;高原地区气压低,标准燃烧器会产生功率不够的情况,选用时要考虑这一因素。

(2) 油气集输加热炉燃烧器的使用标准:

① 燃烧器的设计、选用、位置、安装和操作应确保燃烧器在整个操作过程中,火焰不舔炉管和管架,且不从加热炉的辐射段窜出,并应保证燃料燃烧完全。

② 燃烧器中心线与炉管中心线的距离不宜小于表2-9所列数值。

表 2-9 燃烧器中心线与炉管中心线距离

每台燃烧器的最大放热量 kW	距离,m	
	自然通风	强制通风
燃油		
1000	0.8	—
1500	0.9	—
2000	1.1	0.9
2500	1.2	—
3000	1.3	1.2
3500	—	—
4000	—	1.4
5000	—	1.5
6000	—	1.7
8000	—	1.9
10000	—	2.1
燃气		
500	0.6	—
1000	0.7	—
1500	0.8	—
2000	1.0	0.9
2500	1.1	—
3000	1.2	1.2
3500	1.4	—
4000	1.5	1.4
4500	1.6	—
5000	1.8	1.5
6000	—	1.7
8000	—	1.8
10000	—	1.9

注:本表中所列数据的中间值,可用内插法计算。

③ 燃烧器在设计过剩空气量下的最大功率应为额定热负荷的120%,还应满足炉膛背压要求。

④ 燃烧器应确保可见火焰长度不超过辐射段长度的2/3。

⑤ 燃烧器宜采用全自动式。燃烧器的输出功率应具有自动调节功能,并能实现自动程序点火和火焰监测、熄火保护等功能。

⑥ 对输出功率大于1200kW的自动燃气燃烧器,应具备漏气检测功能。

⑦ 燃油时宜采用全自动转杯式、机械雾化式或气动雾化式燃烧器。

⑧ 燃烧器砖应与加热炉炉衬分开。

⑨ 燃烧器砖应预先烘干。由水基和含水材料制成的燃烧器砖,其预先烘干温度不应低于260℃。

⑩ 燃烧器的功率范围调节比:液体燃料至少应为1:3,气体燃料至少应为1:5。

⑪ 在规定的最大发热量条件下,燃烧器的抽力损失不应大于可利用抽力的90%。

⑫ 油枪或转杯应能在操作过程中可拆卸。

⑬ 燃烧器的噪声不应大于85dB(A),否则应装设消声设施。

(3)燃烧器的选型:

每种型号的燃烧器都有额定的最大功率和最小功率。所谓额定功率,就是在标准状态下(炉膛背压为0),燃烧器在满足一定烟气排放要求的前提下,在标准测试炉上获得的燃烧器运行最大功率和最小功率。也就是说,只要在这个功率范围内,该型号的燃烧器都能使用。

由于一定型号的燃烧器配备了特定规格的助燃风机,风机的输出功率即风量与全压的乘积为一固定值,因此当炉膛背压增大到一定程度后,助燃空气的流量必然会相应减少。

为维持燃烧器一定的空燃比,保证燃烧器的正常运行,相应的燃气流量也应减少,于是燃烧器的功率就会下降。在燃烧器的功率—背压曲线图上可以看出,随着燃烧器背压的增大,燃烧器的最大功率减小。与此相对应,燃烧器在小负荷运行时,必须保证一定的流场才能使燃气和空气得到充分的混合和燃烧,当炉膛背压提高到一定程度后,需要克服增加的流动阻力,因此需要更高的燃气和空气流量才能保证完全燃烧。所以每一种型号的燃烧器都有唯一的一张功率—背压曲线图。在燃烧器选型时,应根据燃烧器的功率—背压曲线图,结合燃烧器的输出功率和在此输出功率条件下克服加热炉烟气侧总阻力的能力进行选型。

二、技能训练

1. 水套式加热炉的操作与维护

1)水套式加热炉的投运前检查

(1)新建或大修炉应检查火筒、烟管、盘管、支撑件有无变形、位移或断裂等情况,焊口有无外观缺陷。检查烟囱松紧适中;按设计要求进行强度试压和严密性试验,确认合格后方可投产;清除炉内和烧火间杂物,按要求配备消防器材。

(2)封闭加热炉人孔,关闭防爆门,检查烟道挡板,达到灵活调节。

(3)对安装的压力、液位仪表进行调试,显示准确可靠。安全阀校验合格,安全阀下的截断阀处于全开状态。

(4)向水套式加热炉内加符合标准的水,没过盘管200mm以上。

(5)检查工艺流程,满足投产要求。

2)水套式加热炉的点火操作

(1)打开进口阀门,打开出口阀门。

(2)启泵建立循环,放净盘管内的空气。

(3)打开烧火间燃料气总阀门。

油气集输

(4)对炉膛自然通风15min,将点火棒点燃后,迅速插入燃烧器点火孔,注意火焰不得熄灭。

(5)确认点火棒插在副燃烧器前面时,侧身缓慢打开副燃料阀门。

(6)副燃烧器点燃后,缓慢打开主燃烧器的燃料阀门,关闭副燃烧器的燃料阀门。

(7)调节风门及烟道挡板直至火焰燃烧正常。

(8)新投运炉烘炉24h,停炉超48h,烘炉8h。

(9)升温过程中观察压力、温度、流量变化情况,缓慢提火升到规定温度,如有异常及时处理。

(10)填写点火记录。

3)水套式加热炉的运行

(1)启动后,调节进液流量,使流量达到设计规定要求。

(2)正常运行中,对安全阀、高低液位报警部件要按时巡回检查,观察水套式加热炉有无泄漏,压力、温度、水位高度是否达到规定要求。

(3)运行时,每班检查一次水位,水位高度要保持没过盘管200mm以上,发现水位低于规定高度,立即进行补水,严禁缺水运行。

(4)被加热介质温度达到或超过90℃时,关小燃烧器供燃料阀门,消除偏流,待温度恢复后,改为正常操作。

4)水套式加热炉的并联运行

(1)各炉的进口阀门保持全开状态,不得任意关闭。

(2)调节出口阀门,保持进口、出口压力的平衡和流量的合理分配,每台炉出口温度偏差不超过2℃。

5)水套式加热炉备用炉的启运

(1)确认备用炉处于完好状态后,依次完成点火前的准备和点火等各项工作。

(2)待停炉的降温速度应根据启用炉的升温速度进行调整,保持被加热介质温度稳定。

(3)启用炉运行正常后,停用炉根据需要,可保持盘管内介质继续流动或者扫线,超过24h放水。

6)水套式加热炉的紧急停炉操作

(1)不能按正常停炉程序和降温速度进行停炉操作称为紧急停炉,如盘管泄漏、炉内严重缺水、炉内烟火管出现裂缝或危及安全生产的其他情况。

(2)关闭燃烧器燃料阀门,关闭事故水套炉燃气总阀门,确认火焰熄灭。

(3)单台炉运行时打开进口、出口连通阀门。

(4)关闭事故炉进口、出口阀门。

(5)发生停电时,可控制火嘴小火运行。短期内不能恢复时,可作紧急停炉处理。

(6)对应的工艺进行调整。

7)水套式加热炉的正常停炉操作

(1)关闭水套炉燃料气阀门。

(2)待进口、出口温度达到平衡后,关闭水套炉进、出口阀门。

8)水套式加热炉的检查维护

(1)根据生产实际情况,每年对水套炉都要进行如下检查:
① 检查内部火筒、烟管有无凹陷、鼓包等变形情况,内衬耐火砖有无脱落。
② 加热盘管、支承件有无损坏,承压件是否变形。
③ 按仪表检定周期对炉上所有的液位、温度、压力仪表进行检查,维修更换失灵、损坏仪表,保证仪表准确无误。
(2)每年3月和10月清理烟箱底部和防爆门内的烟尘各一次。
(3)每月对烟囱绷绳检查、紧固一次。

2. 二合一加热炉的操作与维护

1)二合一加热炉投运前的准备

(1)新建或大修后的二合一加热炉必须按设计要求进行强度试压和严密性试验,确认合格后方可投产。
(2)检查燃烧器、防爆门、烟道挡板、定压排气阀、排污阀应齐全好用。
(3)检查仪表,包括压力表(压力变送器)、温度计(温度变送器)、液位计,应达到使用条件。
(4)清除炉内杂物及烧火间内杂物,按要求配备消防器具。
(5)检查安全阀,应校验合格。在校验有效期内,若安全阀下部有控制阀门,应确认其在全开状态。
(6)打开烟道挡板;打开烧火间的门窗,自然通风15min以上。
(7)打开燃料气总阀,管线应畅通,烧火间内燃料气阀门应关闭,无泄漏。
(8)检查燃料气的压力,应在燃烧器允许的压力范围内。
(9)将燃烧器调风板调至最大,自然通风15min以上。
(10)检查系统工艺流程,应满足投产要求。

2)二合一加热炉的点火及运行

(1)打开二合一加热炉的进口阀进液,当缓冲罐的液位在炉体高度的1/3~2/3(浮子液位器的连杆达到水平及以上位置)时,准备点火。新投运的炉子应进行进液排气。
(2)打开燃烧器上的点火孔罩。
(3)将点火棒点燃后,迅速插入燃烧器点火孔,注意火焰不得熄灭。
(4)确认点火棒插在副燃烧器前面时,然后侧身缓慢打开副燃烧器的燃料阀门。
(5)副燃烧器点燃后,缓慢打开主燃烧器的燃料阀门,关闭副燃烧器的燃料阀门。
(6)调整调风板的开度,直至火焰燃烧正常。
(7)新投产和大修后投运的二合一加热炉要小火烘炉24h以上,才可以缓慢提高负荷即提升温度。
(8)停运一周以上的二合一加热炉在冬季投运时,按上述(7)的规定执行。
(9)二合一加热炉运行后,每2h检查一次,注意观察压力、温度及火焰燃烧情况,如不正常应及时调整和处理。

(10) 填写投运及运行记录。

(11) 二合一加热炉在正常运行时，出口温度最高不应超过加热炉的设计温度，不应频繁突然升温、降温。

(12) 二合一加热炉在作为热洗炉时，应合理控制升温速度，出口温度由60℃提升到75~80℃时，一般应在2h以上。

(13) 二合一加热炉在冬季运行时，应对定压排气阀进行保温，保证其畅通，并每4h检查一次有无冻堵情况，如果发现冻堵应及时处理，防止其压力升高造成进液困难。

(14) 二合一加热炉在运行过程中，应根据生产实际情况定期收油，如果出现特殊情况，可增加收油次数。

(15) 启动收油泵收油，并定时进行放空检查，直至收油泵放空处见水后停止收油泵。

(16) 收油时，二合一加热炉浮子液位器的连杆必须保持在水平及以上位置。

3) 停炉的操作规范

(1) 正常停炉：

① 正常停炉时，应先收尽炉内污油，然后再停炉。

② 关闭燃烧器的燃料阀门，确认火焰熄灭。

③ 待二合一加热炉的进出口温度平衡后，依次关闭二合一加热炉的进口阀门和出口阀门。

④ 在保证安全的情况下，打开二合一加热炉的底部排污阀门进行排污。

(2) 紧急停炉：

① 有下列情况之一，应采取紧急停炉：

(a) 烟管、火管发生穿孔。

(b) 炉体发生裂纹、渗漏。

(c) 其他危及安全生产的情况。

② 紧急停炉的操作规范：

(a) 立即关闭燃料气阀门；若烧火间内燃料气阀门不能关闭，应立即关闭燃料气总阀门。

(b) 依次关闭二合一加热炉的进、出口阀门。

(c) 采取紧急停炉时，应对相关工艺进行调整。

(3) 停炉检查：

① 每年应对二合一加热炉进行一次停炉检查。

② 按正常停炉步骤停炉。

③ 打开人孔盖进行充分通风。

④ 用可燃气体检测容器内可燃气体的浓度不超过规定值后，才能进行清罐作业。

4) 检查及维护

(1) 在二合一加热炉清罐作业完成后，进行如下检查维护：

① 检查二合一加热炉的保温层有无破损、脱落，发现问题应进行处理、修补。

② 清除二合一加热炉内的污泥和烟管、火管上的积垢。

③ 检查二合一加热炉的内表面及烟管、火管有无裂纹、变形、腐蚀。
④ 检查调解机构是否灵活,浮球的腐蚀程度。
⑤ 检查液位计、温度变送器、压力变送器。
⑥ 检查火筒,将燃烧器卸下,查看火筒内有无凹陷、鼓包等变形情况;检查燃烧道衬里(即耐火砖)有无错位、脱落、倒塌。

(2)烟囱基座和炉体连接焊口处每月检查一次,发现问题应进行处理,本站处理不了时应及时汇报到有关部门。

(3)烟囱绷绳每月检查、调整一次。

(4)每年3月和10月清理烟箱底部和防爆门内的烟尘各一次。

3. 真空相变加热炉的操作与维护

1)点炉前的准备

(1)准备工用具:活动扳手、"F"型扳手。

(2)摘停运牌,开补水阀、压力真空表阀、放空阀,关油盘管进口、出口阀门。

(3)检查安全阀、压力表、水位计、供气系统及烟道挡板、炉膛、烟囱,设定燃烧器及控制柜相关参数。

(4)检查燃烧器压力保护开关设置是否正确,开燃气过滤器下部阀门,用压缩空气吹扫过滤器之前的管路,吹扫干净后关阀门保持管路压力 0.1~0.3MPa,用泡沫水检查各部连接无渗漏。

2)点火及运行

(1)开管路供气阀(管路压力为 0.1~0.4MPa),微调出口压力,至所配置燃烧器的许可工作压力(2~4kPa)。

(2)设定温度控制仪高温状况下不超过100℃,关主盘管进口、出口阀门。

(3)启动补水泵,给锅筒加水(若水质差可考虑改用软化水),液位升至0刻度线标准液位10~25mm,停止补水,关补水阀、放空阀。

(4)启动燃烧器。

(5)根据燃烧器规格,使用燃料和加热炉负荷等情况,调整燃料阀门的开度,调整风门开度,至火焰呈淡蓝色。初次投运或炉筒压力超过0.01MPa时,将炉筒下限温度设定为95℃,上限温度设为110℃,使锅筒内的水迅速升温至沸腾,此时真空阀会被推开,排放气体,连续排5~8min,以排净炉筒内的气体。

(6)开油盘管进、出口阀门,使被加热介质流入盘管换热器,吸收大量汽化热,真空阀会迅速关闭,此时排空即完毕。

(7)根据生产需要重新设置炉筒温控仪上下限温度,观察出口温度是否满足要求。

3)真空相变加热炉运行中的检查。

(1)检查水位是否在液位计的1/2~2/3,检查真空压力表及介质温度压力情况,检查防爆门是否完好,每周对水位计进行冲洗。

(2)每周检查真空阀是否在设定的温度状态下自动排气,否则对真空阀进行维护。

(3)检查控制柜的各项报警装置是否完好、可靠。

(4)录取运行数据,填写"加热炉运转记录"。

4)真空相变炉的停炉操作

(1)关供气阀门,吹扫炉膛 20~40s。

(2)关电源,慢慢冷却燃烧器。

(3)开油盘管旁通阀门,关油盘管进口、出口阀门,挂停运牌,打开放空阀和炉子底部的排污阀门,放尽锅筒的水并保养(可采用干法保养,每半月检查一次干燥剂)。

5)真空相变加热炉维护保养

(1)真空相变加热炉运行一段时间后,可能由于炉体内部有空气,出现换热效果下降的情况,此时应按照排气方法重新进行排气。

(2)定期巡检,保证加热炉水位、温度、压力等参数正常,自动控制系统灵敏可靠,定期对液位计和气管线排污。

(3)对于烟管的清理,用足够长的 $1/2$ ~ $3/4$ in 焊接管,前端缠裹棉布进行逐根清理,将烟灰推入炉子后部回烟室,再由人孔进入回烟室,将烟灰清出炉外。应尽可能清理干净,必要时可用水或蒸汽冲洗,因为残余烟灰的存在会影响换热效果。清理完毕后,将烟箱盖、检查门、防爆装置重新装好,在操作中应保证密封垫的完好,否则必须更换。

6)真空相变加热炉使用注意事项

(1)操作间内部温度控制在 0~50℃,由于燃气、燃油管路连接及附件在使用中可能会发生微渗漏,为了保证空气流通,操作间顶部的通气孔在冬季也不得将其完全关闭,室外温度高于5℃时,适度开启两侧窗户。

(2)当加热炉由于缺水、超压、超温自动停止运行时,在未消除隐患的情况下,不可强制启动加热炉。

(3)加热炉因缺水自动停运时,应使锅筒温度自然降温,不得马上加入冷水,以防损坏设备。

4. 管式加热炉的操作与维护

1)点火前的检查及准备

(1)检查炉体、衬里、炉管是否完好无异常。

(2)检查安全附件是否完好无损,是否灵活可靠。

(3)导通燃油管路并建立循环。

2)正常运行及检查

(1)控制各并联加热炉介质出炉温度差不超过 1~2℃。

(2)调节燃料油雾化角,防止燃烧道结焦。

(3)调节火焰形状,严禁火焰舔着炉管。

(4)检查炉管是否有过热变色、弯曲、鼓包现象,一旦发现及时汇报处理。

(5)检查炉体有无过热变形,一旦发现及时处理。

3) 正常停炉操作

(1) 根据所使用的燃烧器类型,参照水套式加热炉熄灭操作进行或按燃烧器使用说明进行。

(2) 重型炉墙结构管式加热炉应先降温、后停炉。燃烧器熄火后将烟道挡板、调风板、全部门孔关闭,使炉膛缓慢降温。停炉过程中应保持炉管内介质流通,待炉温降至80℃以下视需要方可切断油流。

4) 紧急停炉

(1) 紧急停炉的原因:

① 炉管内油流中断。

② 炉管运行压力持续上升不能消除。

③ 炉管鼓包变形严重,油流严重汽化。

④ 炉管穿孔。

⑤ 压力、温度等监测仪表失灵而无其他仪表指示。

(2) 紧急停炉的处理:

① 炉管穿孔:

(a) 关闭事故加热炉燃料油总阀熄火。

(b) 关闭事故加热炉进出口阀。

(c) 视情况可打开事故加热炉紧急放空阀。

(d) 关闭燃烧器一次、二次风门。

(e) 视情况启动蒸汽灭火系统。

② 其他原因的紧急停炉:

(a) 关闭事故加热炉所有燃烧器。

(b) 关闭燃烧器一次、二次风门。

(c) 保持炉管内油流畅通。

5. 加热炉常见故障、事故处理

1) 火焰燃烧不好,烟囱冒黑烟

(1) 原因:

① 燃料油加量过大。

② 空气量或蒸汽量不足。

③ 燃料油温度过低。

④ 火嘴部分结焦。

(2) 处理:

① 控制小燃料油阀门。

② 开大空气或蒸汽阀门。

③ 提高燃料油温度。

④ 清焦。

2）加热炉出口温度突然上升

（1）原因：

① 停泵或排量突然降低。

② 进出口阀门闸板脱落。

③ 燃油（气）突然开得过大。

④ 炉内发生偏流。

（2）处理：

① 启泵加大排量。

② 修理阀门。

③ 减小火焰处理。

④ 关小未发生偏流的加热炉出口阀门或将偏流的加热炉压火或停炉。

3）加热炉出口温度自然上升

（1）原因：

① 温度上升，压力下降，排量缓慢地减少造成。

② 温度、压力均为上升，可能是炉管有堵塞物。

（2）处理：查明原因，处理堵塞物。

4）加热炉出口温度、压力突然下降

（1）原因：出口管线突然断裂。

（2）处理：进行停泵、停炉抢修管线。

5）加热炉"打呛"

（1）原因：

① 燃料油雾化不好，燃烧不完全。

② 火嘴灭火后继续喷油，未及时处理。

③ 烟道挡板开度小。

④ 炉超负荷运行，烟气排不出去。

⑤ 炉膛内残存可燃气体，点火前未吹扫干净。

（2）处理：

① 停炉查明原因。

② 清理炉内积存的可燃物。

③ 加强通风，用蒸汽或雾化空气扫炉膛。

④ 按点火程序重新点火。

6）火嘴"回火"

（1）原因：

① 油风比例调节不当。

② 雾化空气或雾化蒸汽量过大。

③ 火嘴砖结焦。

④ 火嘴偏斜。

(2)处理：

① 关闭火嘴,查明原因。

② 清洗火嘴。

③ 调整火嘴安装角度。

④ 安点火程序重新点火。

7)燃烧器"回火"

(1)原因：

① 油风比例调节不当。

② 火嘴砖结焦；雾化空气量过大。

③ 火嘴偏斜。

(2)处理：

① 适当调整油风比例。

② 清焦。

③ 适当关小风门。

④ 停炉,校正火嘴。

8)原油汽化

(1)原因：

① 原油流量过低或断流。

② 炉管表面热强度过高。

③ 炉管内原油发生偏流。

(2)现象：

① 进出炉压力发生异常波动。

② 原油出口温度升高。

③ 炉管发生振动或有水击声。

(3)处理：

① 加大原油流量,消除偏流。

② 压火降温；必要时开紧急放空阀,待消除振动或水击声后,关闭紧急放空阀。

③ 严重汽化时应按紧急停炉处理。

9)燃料不稳定

(1)原因：

① 燃料油压不稳定。

② 燃料油温忽高忽低。

油气集输

(2)处理:

① 调节油量,稳定燃料油压。

② 调节燃料油温。

10)炉管烧穿

(1)原因:

① 输量过低引起炉管内原油偏流或停流。

② 燃料油直接喷在炉管上燃烧。

③ 部分火焰很长,直接烧到炉管。

④ 炉管材质不好又长期受高温氧化、低温腐蚀或气流冲刷的影响。

⑤ 花格墙修砌不合理,使局部炉管长期过热。

(2)现象:炉管烧穿时先出现炉膛着火,炉膛和烟气温度升高,烟囱冒蓝烟或黑烟等。

(3)处理:轻微烧穿时(指降低油压后现象消除),应及时停炉,切换。严重烧穿时,须紧急停炉,吹入消防蒸汽或化学药剂灭火(不可用水灭火),关进出炉阀门并同时打开紧急放空阀。关闭炉体上所有孔门。共用一个烟道挡板。邻近未发生事故的炉子要熄火,继续通油。若火势蔓延已无法切断事故炉油源时,立即倒全越站流程,同时打开所有运行炉的紧急放空阀。

11)爆管

(1)原因:

① 停炉后过早关进出炉阀门(包括进炉预热的燃料油管线阀门)。

② 炉内出现"气阻"现象;停炉后用压缩空气扫线。

(2)处理:上述原因都将使炉管超压而爆破,并随之出现大量跑油,引起火灾。爆管处理应根据具体情况,参照炉管严重烧穿的措施进行。

12)炉管破裂

(1)现象:

① 炉膛或对流室着火。

② 炉膛和烟道温度升高。

③ 烟囱冒黑烟。

(2)原因:

① 炉膛材质或焊接质量差。

② 压力超高。

③ 局部结焦。

④ 高温氧化。

⑤ 低温腐蚀。

(3)处理:

① 破裂不严重时,可正常停炉后再采取措施处理。

② 破裂严重时,应进行紧急停炉处理。

13) 炉膛爆炸

(1) 原因：

① 加热炉突然发生熄火，未及时发现，使炉内进入的燃料油在炉膛温度下汽化，达到一定浓度和一定温度时产生自燃爆炸着火。

② 加热炉熄灭后，炉内进入燃料油(气)。二次点火时，炉内油气未排尽，引起爆炸。

③ 由于雾化不良，大量未完全燃烧的油聚集在对流管上，温度过高时，产生二次燃烧，严重的会引起爆炸。

④ 炉管破裂，大量原油流到炉膛产生着火爆炸。

⑤ 炉膛内死油过热、汽化、膨胀、爆裂炉管。

(2) 处理：

① 及时巡回检查。

② 点火，停炉操作必须按规程操作。

③ 调整，更换旋杯。

④ 停泵，停炉抢修。

⑤ 不可同时关闭进出口阀门。

14) 炉墙裂缝变形，衬里脱落

(1) 原因：

① 炉墙的砌筑质量差。

② 烘炉时升温过急。

③ 停炉后降温过急，使冷风抽裂炉墙。

④ 在炉墙上开孔过多。

⑤ 加热炉超负荷运行。

(2) 防止方法：

① 提高炉墙的质量，质量不合格时，炉子不能投入运行。

② 烘炉时必须按升温规定进行，不可升温过急；停炉时按操作规程办事，要特别注意封闭烟道挡板，以防冷风进入炉膛；尽量减少不必要的炉体开孔；进出油管线不可与炉墙紧靠，在炉管穿过炉墙时必须加管套，以防炉管热胀冷缩而拉坏炉墙。

15) 耐热混凝土炉顶盖板断裂

(1) 原因：

① 耐热度不够。

② 盖板跨度过大。

③ 配筋不合理。

④ 操作时急冷急热。

⑤ 耐火混凝土配比和管料级配不合理。

(2) 处理：预防为主，把好施工质量关，平稳操作。

16）炉管腐蚀穿孔

(1) 原因：

① 高温损伤。

② 低温损伤。

(2) 预防：

① 平稳操作,防止偏流产生。

② 排烟温度尽量控制在200℃左右。

17）回火打呛

(1) 原因：

① 油风比例调节不当。

② 雾化空气或蒸气量过大。

③ 火嘴砖结焦,火嘴偏斜。

(2) 处理：

① 关闭或控制炉火。

② 调节油风比。

③ 调节烟道挡板。

④ 观察燃料油压力、温度。

⑤ 检查火嘴,清理炉膛和结焦,重新点炉。

18）炉管结焦

一般当炉管内原油温度升至350～400℃时,原油的轻质馏分气化,重馏分产生焦化,造成炉管结焦堵塞。

(1) 原因：

① 炉膛温度过高,炉管内油流过小。

② 炉管内原油停止流动后,炉火仍在燃烧或停炉熄火后未及时采取循环措施。

(2) 处理：

① 在计划停炉后,一定要严格遵守操作规程。

② 在紧急停炉后,必须改通循环流程,对加热炉循环降温,直至炉温降到常温为止。

③ 当通过加热炉的流量减小时,炉火也应减小,保证温度平稳。

④ 在点火升温前,一定要使油通过炉管。

19）加热炉的进出口垫子刺漏

(1) 原因：

① 倒错流程。

② 加热炉停炉后,未进行循环而急于关闭进出口阀门,使炉管内的原油温度随炉膛温度急剧上升而造成汽化膨胀,刺破垫子。

(2) 处理：
① 在生产过程中如突然停炉，应保证炉管内原油流动降温。
② 停炉后，炉温未降到正常温度时，不能关闭进出口阀门。
③ 法兰连接，应采用金属石棉垫子或金属垫子。
④ 定期检查法兰螺栓有无松动现象。
⑤ 新建加热炉投产时，一定要进行整体试压。

20) 加热炉汇管穿孔跑油着火

处理：

(1) 选好工具、用具。
(2) 关闭事故炉燃油（气）阀门。
(3) 改流程，开旁通阀。
(4) 开紧急放空阀，放掉管线内原油。
(5) 关闭事故炉进出油阀门。
(6) 用干粉灭火机灭火（注意人站在上风口）。
(7) 通风、扫线。
(8) 查清穿孔位置，请焊工焊补，查清故障原因及时处理。
(9) 修复后投运。
(10) 回收工具及消防器材。

21) 看火间着火事故

炉前燃料油管线或原油管线破裂后会引起看火间着火。
处理：

(1) 着火时应紧急停炉，切断油源，紧急放空，组织灭火。
(2) 如果破裂点在进出炉阀门以外或火势蔓延无法切断油源时，迅速倒全越站流程，全部运行炉紧急放空。

22) 加热炉炉管漏油（漏气）着火事故

处理：

(1) 停炉：关闭事故炉燃料油（气）阀门；改流程，打开旁通阀；关闭事故炉进油（气）出油（气）阀门。
(2) 灭火：用干粉灭火机或蒸汽灭火；待火熄后通风、扫线。
(3) 诊断：查清穿孔位置，分析故障原因。
(4) 修复：炉管受损程度轻，一般采用焊接修补，焊接应在炉膛降温后进行，焊接用焊条应与炉管材质强度相匹配；炉管大面积穿孔或管壁腐蚀严重必须更换配件，安装新配件时应注意保持喷嘴与炉管距离，防止管线受热不均匀而导致爆裂，且花墙修砌应合理、畅通无阻。
(5) 点炉：修复完毕，按规程投运，注意炉温在设计范围内运行，防止炉温太低、燃烧不充分而使炉管受酸基腐蚀；防止炉温过高而加速炉管氧化。对燃料为油的加热炉，还应防止出油阀门太小而使油偏流、汽化造成爆炸。

23）加热炉冒白烟事故

处理：

(1)检查并排除炉前分液器内的液体。

(2)检查并排除炉前分液器到加热炉管线内的液体。

(3)打开炉前放空阀，吹扫燃气管线。

24）加热炉冒黑烟事故

处理：

(1)燃料气中重组分增多或分离不彻底。

(2)检查进气压力并调节到规定范围。

(3)检查并排除炉前分液器内的液体。

(4)检查并排除炉前分液器到加热炉管线内的液体。

(5)打开炉前放空阀，吹扫燃气管线。

(6)检查燃料是否燃烧不充分，供氧不足；检查燃气调风阀、电器转化阀、连杆机构及自动薄膜调节阀是否灵活；通风口控制叶片控制在一定的范围内。

(7)检查并清洗炉内积炭。

25）加热炉离心式鼓风机

(1)风压及风量不足：

① 进出口管路有堵塞物：清除堵塞物。

② 风道管路有漏，破裂漏风：修补漏风点。

③ 转子部分、机壳部分或密封磨损严重：更换或修补损坏部位。

④ 旋转方向不对：调换旋转方向。

⑤ 转数不够：查找电气方面原因，提高转数。

(2)转子和外壳相碰：

① 转子与轴松动或叶轮变形：坚固转子更换叶轮。

② 风机轴窜动，使转子与外壳接触：重新校正轴窜量。

③ 机壳变形或不牢固：校正变形机壳，重新固定机壳。

(3)电流过大，电动机发热：

① 电源电压过低或单相断路：检修电路，提高电压。

② 联轴器连接不正，引起振动：重新找正联轴器。

③ 轴承缺油：停运加润滑油。

26）加热炉凝管事故

处理：

(1)压力挤压法：先全开出口阀门，后逐步开大进口阀门，慢慢升压将凝管顶挤畅通。值得注意的是，顶挤压力不超过炉管的最大工作压力。该方法的优点是操作简单易行，但只适于加热炉初凝时使用。

(2)小火烘炉法：先全开出口阀门并适当关小进口阀门，后用小火烘炉，再以适当的压力顶挤相辅。在小火烘炉时,如果进口温度和压力急剧上升,应立即停炉(这说明炉外管线严重凝管)。该方法对加热炉严重凝管效果较好,但因使用的是明火,在油气区操作应注意安全。

(3)自然解凝法:先停炉切断进出口来液,然后使进出口两端敞口,利用环境温度解凝。它适用于大气温度温暖且允许停炉时间较长的情况下使用。

27)加热炉回火事故

根据具体回火情况,查清回火原因。通常的回火原因包括油(气)风比不合理、烟道挡板开启位置不合理、燃油(气)压力不合理、火嘴堵塞或损坏、炉膛结焦等。

(1)故障排除:

① 调节油(气)风比。以调节至不脱火、不回火,且火焰呈红中带蓝为佳。

② 调节烟道挡板。

③ 调节燃料油(气)压力。不仅要保证压力平稳,而且要使压力满足加热炉工作压力需要。因压力过大易产生不完全燃烧而回火,压力过小影响雾化效果而回火。

(2)检查火嘴:如火嘴堵塞,则清理畅通;如火嘴损坏,则更换新火嘴。

(3)检查炉膛:如结焦较轻,则清理干净;如结焦严重,则更换新炉膛。

(4)点炉:重新点炉,按规程投运。

28)加热炉爆炸回火

加热炉在点火时或运行过程中,有时会产生轰隆隆的爆炸声,具有火焰,或高温烟气从炉膛内喷出,这种现象称为加热炉的爆炸回火。

爆炸回火的原因有以下三种:

(1)炉膛内存有一定量的燃料气,点火前未吹扫干净,点火时,气体体积急剧膨胀,来不及从烟囱排出,使火焰或烟气从炉膛内喷出,发生爆炸回火,有时甚至防爆门动作。

(2)燃油炉燃烧器雾化不好或操作不当,使过量的燃料油喷入炉膛,燃烧后产生过量的可燃气体,不能正常燃烧,也排不出去,发生爆炸回火。

(3)加热炉超负荷运行,进入炉膛里的燃料过多,产生过量的烟气排不出去,变为正压操作,发生爆炸回火。

要保证加热炉正常运行,防止爆炸着火,主要做到以下几点:

(1)加热炉点炉前,要严格按点火操作要求进行,仔细检查供气(或供油)阀门是否渗漏,炉膛内有无可燃气体或燃料油,并先对炉膛通风吹扫符合规定后,再点火操作。

(2)要合理操作,防止将过量的燃料气或燃料油喷入炉膛。定期清理燃烧器,处理喷孔堵塞或结焦。

(3)减小燃料用量,避免加热炉超负荷运行。

三、典型工作案例

1. 案例一

××转油站有1-3#火筒式二合一加热炉3台和4#管式加热炉1台。其中,4#加热炉燃气速断保护失灵,自动点火装置故障,已经报修停炉。2008年3月22日,4#管式加热炉燃烧器故障需停炉处理。这时,由于只有1#二合一加热炉运行,热洗温度达不到。值班员工在请示休息的班长后,对4#加热炉进行手动点炉操作。在点炉过程中,发生燃烧室爆炸事故,值班员工右手臂被崩骨折,由于侧身点火没有造成生命危险。

【原因分析】

(1)4#加热炉燃烧器自动点火系统故障,没有及时进行维修。

(2)4#加热炉燃气速断保护系统失灵,没有得到及时修复,致使4#加热炉燃烧室内漏气,在手动点炉时,造成爆炸事故。

(3)加热炉未严格按照标准规范进行认真的日常维护保养工作,炉前手动控制阀门不严,在燃气速断阀门失灵的情况下,造成了燃气进入到燃烧室内,引发了点火爆炸事故。

(4)违反标准化操作卡要求的点炉操作规程,未对加热炉进行有效的通风和测漏,致使加热炉内可燃气体浓度达到了爆炸极限。

(5)违反标准规范的有关规定,在加热炉存在重大隐患的情况下,依然对带病设备进行点炉操作。

2. 案例二

××电力公司SHW240-70/95型强制循环热水锅炉发生爆管事故,被迫停止运行。该炉自投入运行至事故发生仅50d。该炉1999年9月出厂,额定供热量为2.8MW,额定出水温度为95℃,额定回水温度为70℃。水循环分为三段,第一段为水冷壁,第二段为第一对流管束,第三段为第二对流管束。

【原因分析】

(1)加热炉设计存在重大缺陷,对流管束流速严重违反了SY/T 0538《管式加热炉规范》及TSG G0001《热水锅炉安全技术监察规程》的规定。根据TSG G001的要求:热水锅炉应有良好的水循环,使受热面得到可靠冷却;水在热水锅炉受热面内应具有一定的流速,以保证受热面中不发生汽化。所以,在设计热水锅炉时,首先要考虑循环的可靠性,并确定其最低允许水速。

(2)加热炉在安装使用前试运行试验没有按照SY/T 0538的规定进行相应的检验和试验。在锅炉使用前,应由生产制造企业与用户共同对锅炉进行必要的检验和试验,并由具有专业资质的测试人员对锅炉的试运行做出符合标准规范的检验证书,以确保锅炉的各项测试数据均处于正常的范围内。

3. 案例三

××厂DZIA-13-A型锅炉(编号2#)发生爆管事故,死亡1人,重伤1人,轻伤4人。297m^{2}的锅炉房全部被摧毁,1#、3#锅炉也受到程度不同的损坏。直接经济损失近17万元。事故发生前,该炉因故障停炉,正在检修;正在运行的1#炉损坏,须停炉检修,要紧急启动2#炉投入运行。当时厂内停电,2#炉内缺水。当厂内送电后,当班司炉又没有按规定将锅炉水位上至最低允许水位就依次启动炉排、给水泵、引风机、鼓风机。在检查水泵给水正常,炉排、引风机、鼓风机运行正常后,进行燃烧调整,采用边燃烧边上水的方式。当班司炉在点火至爆炸的全过程中没有观察水位计、压力表;爆炸前,安全阀也没有动作。爆炸后,锅炉本体向左侧翻转180°,靠在1#锅炉本体上。破口位上锅壳右侧中心线以下460mm处,在下降管管孔的上弦位置。

经查,这台锅炉使用压力为 1MPa,锅壳所用材料为 20g,壁厚为 16mm,该炉为生产用蒸汽锅炉。这台锅炉的实际连续运行时间约 20 个月。这台锅炉没有可靠的水处理设施,且长期不排污,事故发生前锅炉结垢厚度达 2mm 左右,检查锅壳排污管,发现管内已完全被水垢堵死。锅壳底部因沉积水垢、水渣较多,有一处已有明显过热变形,直径约 200mm。水位计长期单只运行,另一只早已损坏。对上述问题,锅炉检验所在锅炉定期检验报告书中已明确提出过改进意见,政府安全领导小组在安全检查中也提出过整改意见,但都没有引起该单位领导的足够重视,使设备隐患迟迟得不到处理。

【原因分析】

违反了 SY/T 0538 中有关制造、安装的具体规定,存在重大缺陷,设备钢材耐压强度不够,安全附件存在严重质量问题。

(1)没有安装水处理系统及设备导致水质恶化,严重影响了锅炉受压元件的强度。在破口的塑性变形最大部位取样进行金相分析,其金相组织为铁素体加块状珠光体。铁素性晶粒已拉长变形,珠光体中碳化物有球化现象,发现重新相变的淬硬组织。在破口的塑性变形最大部位取样两点进行硬度测定,其布氏硬度(HB)分别为 102 和 121,硬度值降低。根据金属材料金相组织的变化和以上分析,该事故是因超温引起的爆炸事故。根据金相组织中出现重新相变的淬硬组织,实际壁温约 700℃,金属材料在这样高的温度下,短时抗拉强度急剧下降,在介质压力的作用下,温度最高的向火侧首先达到材料的条件屈服限制度,产生塑性变形,使壁厚急剧减薄,很快就达到了该壁温下的强度极限,即发生剪切断裂而爆破。

(2)水位计、安全阀的安装质量不过关,仅仅使用了 20 个月就出现了故障而失灵,从而导致对水位计的监控不到位,当锅炉高温超压时,安全阀又没有打开泄压,造成超温爆炸事故。2010 年 12 月 19 日 22 时 30 分,大庆油田某机械加工厂的一台锅炉发生严重缺水事故,直接经济损失 50 余万元。

4. 案例四

2010 年 12 月 19 日 22 时 25 分左右,该厂锅炉司炉工孙某去锅炉监控室喝水,孙某从锅炉仪表监控室出来时没有查看控制盘上的仪表指示,也没有查看 3# 锅炉水位指示。孙某走后,仅副班长付某一人值守,但在仪表监控室隔壁的微机室看杂志,没有观察仪表指示和自动记录情况,也没有巡视锅炉运行状况。

约 22 时 30 分,两名值班仪表工到锅炉房巡视仪表,发现 3# 火筒式锅炉水位指示仪表发出高水位报警,并指示高水位,而且自动给水控制阀关闭,急忙告诉付某水位不正常,要其赶快去观察水位。付某急忙走出仪表监控室观察汽包上水位表水位,此时水位已看不见。付某又去锅炉观看暖风机的开关情况(白班时已发现锅炉后部仪表引压管被冻,致使水位不正常,故用暖风机加热),发现暖风机开着,但感觉不到暖风,锅炉尾部炉门也被烟、汽吹开。他急忙去叫孙某,这时仪表工将水位自动记录纸标明时间。当两人回来时,孙某一看水位表没水,而且锅炉后部炉门往外喷烟、汽,急忙去上包水位表叫水,判断锅炉严重缺水。当他从水位表处向下走时,炉膛内向外喷射的蒸汽突然增大,孙某立即进行了紧急停炉。

经检查,左侧换热管严重爆管,爆口达 160mm×85mm,其他部位还有 5 根换热管爆管;后拱管破裂;炉膛内左右侧换热管及换热管大部分严重变形,变形量达 60~200mm;两侧换热管及前后墙换热有过烧或过热现象;对流管部分变形严重,达 60~110mm;上下汽包胀至大部分松动、泄漏。

【原因分析】

这起事故的原因违反 SY/T 5262—2009《火筒加热炉规范》中对火筒式锅炉安全附件的有关规定,使安全附件损坏、失灵;没有按照标准规范要求进行定期的检查与检验,使得水位显示系统损坏后没有及时修复。3#炉共有 3 套仪表水位显示系统:一套电接点(计算机)水位显示系统损坏不能用,另一套电接点(仪表盘)水位显示系统不好用,都因缺少资金长时间得不到修复,只有差压变送显示系统正常,因此仪表显示系统不能相互比较。安全保护装置不全,没有低水位联锁保护装置。自动给水仪表引压管被冻,水位仪表显示失灵。

第四节 三相分离器的操作与维护

三相分离器具有沉降、分离、缓冲的功能。三相分离器能将油井产物分离为油、气、水三相,适合于含水量较高,特别是含有大量游离水的油井产物的处理。这种分离器在油田中高含水生产期的集输转油站、联合站内得到了广泛的应用。

一、工作过程知识

1. 三相分离器的结构

分离器的类型多种多样,但其基本结构类似,都是由主体容器、分离部分、液位控制机构和压力控制机构等构成,如图 2-32 所示。

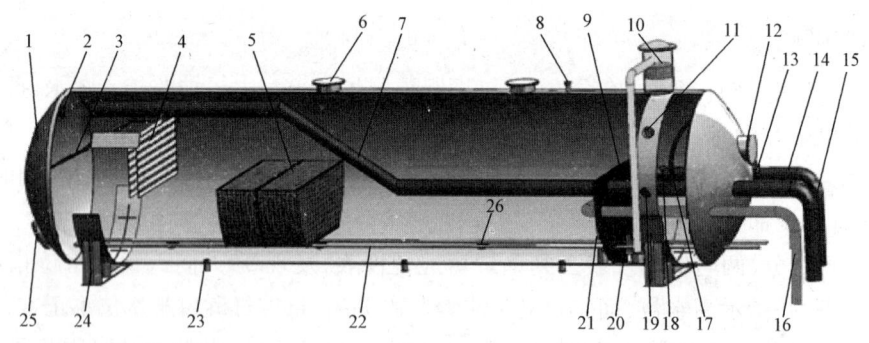

图 2-32 三相分离器结构示意图

1—壳体;2—折流碗;3—斜板;4—消泡器;5—稳流装置;6—顶部人孔;7—罐内进液管线;8—安全阀接口;9—隔板;10—捕雾丝网;11—浮球高液位报警开关;12—罐前人孔(老式浮球调节阀安装处);13—机械浮球液位计;14—油出口;15—罐前进液管线;16—水出口;17—机械浮球液位计浮球导向架;18—机械浮球液位计浮球;19—浮球低液位报警开关;20—油出口破涡板;21—水出口破涡板;22—罐内伴热管线;23—底部排污管线;24—鞍式支座;25—人孔;26—清扫孔

1) 主体容器

主体容器是分离器的最基本部件,它的承压能力决定了分离器的工作压力,它的尺寸决定了分离器的处理能力。

主体容器通常是由具有蝶形头盖的圆筒制成。容器上连接有混合物入口、气体出口、液体出口、排污口、仪表、阀门等各种工艺需要的接口,以及安装、维修、检查等需要的人孔、手孔等。

2) 分离部分

油井产物在分离器中的分离,一般都经过初分离、主分离和除雾器分离三个环节。

(1) 初次分离发生在混合物的入口处,其目的是把从混输管道来的混合物快速分离成以气体为主和以液体为主的两相。

(2) 主分离部分是指主体容器本身。经初次分离后的气相中,仍携带许多直径大小不等的液珠。主分离部分的作用是在气体流速大大降低后,利用重力分离和碰撞分离原理,把直径在 100μm 以上的液滴最大限度地从气体中分离出来。

(3) 除雾分离部分的作用是利用碰撞、离心、聚结等原理,除去经主分离后气体中仍然携带直径在 10~100μm 的液滴。

3) 液位控制机构

为了使分离器有稳定的气相和液相空间,保证分离效果,必须对液位进行调节并控制在一定的位置上,液位控制不灵,超高时液体将跑到气体空间,甚至跑到气管道而堵塞管路;液位过低,将发生出油管窜气,严重时输油泵抽空。

三相分离器通常在进口管线上安装调节阀来控制出口排量,图 2-33 所示为浮子连杆机构带动液位控制阀装置,是目前常用的一种机械式液位控制机构。浮球在分离器内的位置随液面位置而改变。浮球位置的改变通过图示连杆机构驱出油轴作相应的转动,从而使出油阀杆上下移动改变阀门开度,调节出油量,保持器内液面的恒定。当使液面上升时,浮球向上,使出油阀开大,泵排量增加;液面下降时,浮球向下,出油阀关小,减少泵排量,保持分离器内液面的恒定。花篮螺栓上杠杆连接位置的变化,可使容器内液面保持在不同的高度上。

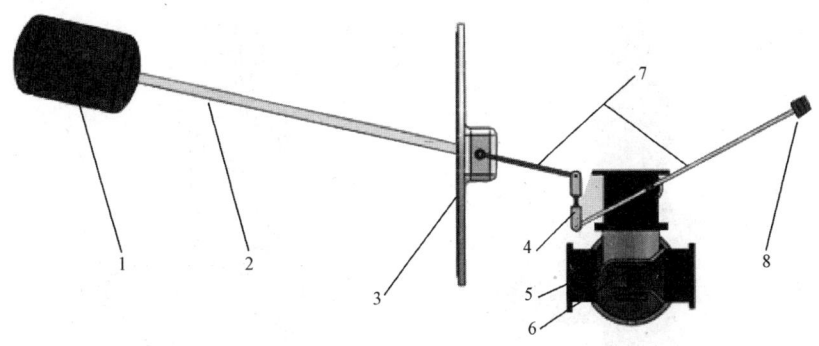

图 2-33 液位控制器示意图

1—浮球;2—连杆;3—分离器人孔盖;4—花篮螺栓;5—调节阀阀体;6—阀瓣;7—杠杆;8—重锤

4) 压力控制机构

分离器的工作压力也是影响分离效果的重要因素。若压力控制不稳,则液位波动严重,分离效果变差。保持压力稳定的方法,通常是在分离器的排气管上安装自力式压力控制阀,如图 2-34 所示。

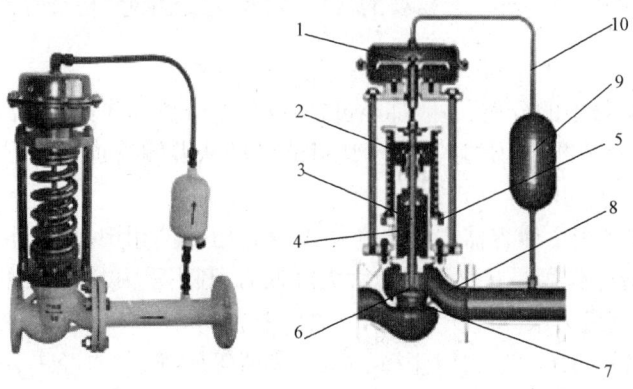

图 2-34 自力式压力控制阀结构示意图
1—执行机构;2—弹簧;3—阀杆;4—波纹管;5—设定值调整盘;6—阀芯;7—阀座;8—阀体;9—冷凝器;10—导压管

当分离器内压力过高时,压力通过传压管作用于薄膜上部,薄膜下移并带动阀杆,使阀门开启度增大,分离器内的气体流出,压力下降;当分离器压力降低时,薄膜上部的压力也变低,在弹簧的作用下,薄膜恢复原位并带动阀杆,使阀门开启度变小,气体流出量减少,分离器压力回升。

分离器在运行过程中,常因来液量的突然增加,分离器出口管线部分失调或其他附件损坏,造成超压运行。为防止分离器压力过高而引起分离器跑油、爆炸事故的发生,分离器要安装安全阀。安全阀是计量分离器使用的安全保证。当分离器的承受压力高于安全阀的弹簧压力时,安全阀被打开,排出分离器内的气体,同时发出叫声,提醒值班人员采取调整措施。常用的弹簧全启式安全阀的结构组成如图 2-35 所示。

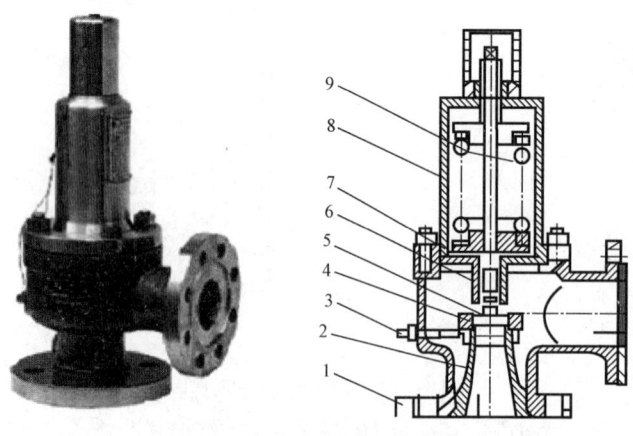

图 2-35 安全阀结构示意图
1—阀体;2—阀座;3—调整齿轮销;4—防冲板;5—阀瓣;6—波纹管;7—连接盘;8—阀盖;9—弹簧

2. 三相分离器工作原理

气液混合物由入口分流器进入分离器,其流向、流速和压力都有突然的变化,在离心分离和重力分离的双重作用下,气液得以初步分离;经初步分离后的液相在重力作用下进入集液部分,气相进入重力沉降部分,其中,集液部分和重力沉降部分是分离器的主体,都有较大的体积,使得气液两相在分离器内都有一定的停留时间,以便被原油携带的气泡上升至液位,进入气相,被气流携带的油滴沉降至液面,进入液相;集液部分有足够的体积使自由水沉降至底部形成水层,其上是原油和含有较小水滴的乳状油层。原油和乳状油从挡板上面溢出。挡板下游的油面由液面控制器操纵出油阀控制于恒定的高度。水从挡板上游的出水口排出,油水界面控制器操纵排水阀的开度,使油水界面保持在规定的高度。气相经除雾器进一步除油后通过压力控制阀进入集气管线。分离器的压力由设在天然气管线上的阀门控制。

二、技能训练

1. 三相分离器的操作与维护

1)投运、停运三相分离器的操作

(1)准备工作:

① 正确穿戴劳动保护用品:工服、工鞋、工帽穿戴合格。

② 设备、工用具、材料准备:300mm 活动扳手 1 把,500mm"F"型阀门扳手 1 把,记录纸 2 张,记录笔 1 支,停运标识牌 1 块,擦布 0.25kg。

(2)操作程序:

① 三相分离器投运前的准备工作:

(a)新建或检修后的三相分离器应具有相应资质部门出具的压力容器检测合格证、施工单位现场试漏、试压原始资料方可使用。

(b)检查压力表、测温仪表、液位计、报警装置应达到使用条件,安全阀校验合格、定压 0.4MPa(或符合现场工艺要求)。

(c)打开安全阀下部控制阀,使其处于全开状态。

(d)检查系统工艺流程,满足投产要求。

② 投运三相分离器操作:

(a)检查分离器出液阀门是否关闭。

(b)缓慢打开分离器进液阀门,听到进液声音后再缓慢开大进液阀门。

(c)检查各阀门灵活好用,不渗不漏。三相分离器液位达到 1/2 时,同时打开油出口阀、水出口阀,根据液位调整出油量。

(d)缓慢打开气出口阀门,控制分离器压力在 0.15~0.25MPa,防止分离器憋压,安全阀动作跑油。

(e)当分离器运行平稳正常后,按生产需求逐渐增加进液量,调整至平稳。

(f)确认分离器运行正常后,做好运行记录(运行时间、压力、温度、液位等数据)。

③ 停运三相分离器操作:

(a)缓慢关闭分离器进液阀门,开大油出口阀,将液位降到底部,关闭油出口阀、水出口阀和气出口阀。

(b)打开底部排污阀门,放净分离器内液体,关闭排污阀。

(c)检查并确认三相分离器的进液阀、油出口阀、水出口阀、气出口阀和排污阀全部处于关闭状态。

(d)停运三相分离器的阀门应挂警示标志,防止误操作。

(e)做好停运记录。

④ 清理场地,收工具。

(3)注意事项或安全风险提示:

① 冬季停运三相分离器时,伴热循环系统不能停。

② 使用活动扳手时,转动活动扳手调节螺母,使固定扳唇和活动扳唇夹紧螺母,防止扳手滑脱伤人。拆装螺母时,活动扳唇在前,固定扳唇在后,使力量大部分承担在固定扳唇上,若反方向用力,扳手应翻转180°。

③ 开关阀门时,应缓慢操作,人应侧身操作,防止丝杠飞出伤人。

④ 使用"F"型扳手开关阀门时,其两爪从阀门手轮的背面勾住手轮,且手柄近爪与手轮外缘接触,手柄远爪与手轮辐条接触。

⑤ 使用扳手时,最好是拉动而不要推动。如果非推不可时,伸开手指,用手掌推,防止撞伤关节。

⑥ 放空和排污时,操作者要站在上风口,防止油气中毒。

2)倒换三相分离器的操作

(1)准备工作:

① 正确穿戴劳动保护用品:工服、工鞋、工帽穿戴合格。

② 设备、工用具、材料准备:200mm 和 300mm 活动扳手各 1 把,500mm "F" 型阀门扳手 1 把,450mm 管钳 1 把,记录纸 2 张,记录笔 1 支,擦布 0.25kg。

(2)操作程序:

① 按启动前的准备工作检查欲投分离器。

② 按启动分离器的操作规程启动欲投分离器。

③ 将欲停分离器进液量逐渐减少,按照停运分离器操作规程停运欲停分离器。

④ 操作完毕,逐渐调节运行分离器压力和液位,使其正常生产。

⑤ 清理场地,收工具。

(3)注意事项或安全风险提示:

① 备用分离器启动正常后方可停运正在运行的分离器。

② 停运时要注意新启分离器各项参数的调节,防止生产出现大的波动。

③ 使用活动扳手时,转动活动扳手调节螺母,使固定扳唇和活动扳唇夹紧螺母,防止扳手

滑脱伤人。拆装螺母时,活动扳唇在前,固定扳唇在后,使力量大部分承担在固定扳唇上,若反方向用力,扳手应翻转180°。

④ 开关阀门时,人应侧身操作,防止丝杠飞出伤人。

⑤ 使用"F"型扳手开关阀门时,其两爪从阀门手轮的背面勾住手轮,且手柄近爪与手轮外缘接触,手柄远爪与手轮辐条接触。

⑥ 使用扳手时,拉动而不要推动。如果非推不可时,伸开手指,用手掌推,防止撞伤关节。

⑦ 放空和排污时,操作者要站在上风口,防止油气中毒。

3)维护保养三相分离器的操作

油气分离器在正常运行时必须注意以下问题,加强检查和保养。

(1)分离器的调节机构要定期检查和校正,保证其灵敏可靠,灵活好用,分离器的液面平稳,保证分离器平衡杠的波动与液面波动相符。

(2)定期更换压力表,保证压力表在正常工作状态,防止压力不准造成的憋压跑油或分离器工作不正常。

(3)要经常检查人孔、阀门、法兰及分离器壳体,管线若有渗漏、损坏的地方要及时处理。

(4)要对损坏的壳体进行修复,保证保温良好,经常检查采暖管线,保证分离器内有一个相对稳定的温度。

(5)要定期向液位计盐包中加入盐水,保证液面清洁、准确。

2. 三相分离器常见故障分析处理

1)三相分离器水位过低

(1)现象:

① 三相分离器液位过低。

② 二合一液位低。

③ 掺离心泵、热洗泵抽空。

(2)原因:

① 容器或管线渗漏发生水位过低。

② 由于打开排放阀发生水位过低。

(3)处理方法:

① 通过关闭系统对容器或管线进行检修。

② 关闭排放阀。

(4)清理场地,收工具。

(5)注意事项或安全风险提示:

① 开关阀门时,人应侧身操作,防止丝杠飞出伤人。

② 使用"F"型扳手开关阀门时,其两爪从阀门手轮的背面勾住手轮,且手柄近爪与手轮外缘接触,手柄远爪与手轮辐条接触。

2) 三相分离器气管线进油

(1) 现象：

① 三相分离器液位过高。

② 除油器液位过高。

③ 三相分离器压力过高。

④ 二合一炉膛进油着火。

(2) 原因：

① 浮漂连杆机构失灵。

② 出油阀卡死。

③ 分离器压力过低。

(3) 处理方法：

① 倒备用分离器，检查维修浮漂连杆机构。

② 检修出油阀。

③ 提高分离器压力。

④ 处理完毕后，要对进油的气管线扫线放空；启动收油泵，回收除油器内介质。

(4) 清理场地，收工具。

(5) 注意事项或安全风险提示：

① 使用活动扳手时，转动活动扳手调节螺母，使固定扳唇和活动扳唇夹紧螺母，防止扳手滑脱伤人。拆装螺母时，活动扳唇在前，固定扳唇在后，使力量大部分承担在固定扳唇上，若反方向用力，扳手应翻转180°。

② 开关阀门时，人应侧身操作，防止丝杠飞出伤人。

③ 使用"F"型扳手开关阀门时，其两爪从阀门手轮的背面勾住手轮，且手柄近爪与手轮外缘接触，手柄远爪与手轮辐条接触。

④ 使用扳手时，最好是拉动而不要推动。如果非推不可时，伸开手指，用手掌推，防止撞伤关节。

⑤ 清滤网时要用热水冲洗或用清洗剂，严禁用火烧滤网。

3) 三相分离器出油管线窜气

(1) 现象：

① 三相分离器液位过低。

② 外输泵抽空。

(2) 原因：

① 分离器出液阀开度过大导致液位过低，造成出油管线窜气。

② 来液量不足导致液位过低，造成出油管线窜气。

③ 分离器液位调节机构失灵导致液位过低，造成出油管线窜气。

④ 出气阀门开度过小导致压力过高，造成出油管线窜气。

⑤ 天然气管线堵塞导致压力过高,造成出油管线窜气。
⑥ 来液量太大导致压力过高,造成出油管线窜气。
(3)处理方法:
① 调节出液阀门开度。
② 增大来液量。
③ 维修或更换液位调节机构。
④ 调节出气阀门开度。
⑤ 检查并疏通天然气管线。
⑥ 控制来液量。当来液量增加较快时,可打开旁通或启动备用分离器。
(4)清理场地,收工具。
(5)注意事项或安全风险提示:
① 使用活动扳手时,转动活动扳手调节螺母,使固定扳唇和活动扳唇夹紧螺母,防止扳手滑脱伤人。拆装螺母时,活动扳唇在前,固定扳唇在后,使力量的大部分承担在固定扳唇上,若反方向用力,扳手应翻转180°。
② 开关阀门时,人应侧身操作,防止丝杠飞出伤人。
③ 使用"F"型扳手开关阀门时,其两爪从阀门手轮的背面勾住手轮,且手柄近爪与手轮外缘接触,手柄远爪与手轮辐条接触。
④ 使用扳手时,最好是拉动而不要推动。如果非推不可时,伸开手指,用手掌推,防止撞伤关节。

4)三相分离器出水管线见油
(1)现象:三相分离器液位过低。
(2)原因:
① 处理量过大,沉降时间不能满足。
② 破乳剂加入量不够。
(3)处理方法:
① 合理控制外输泵的排量。
② 增大破乳剂加入量。
(4)清理场地,收工具。
(5)注意事项或安全风险提示:
① 使用活动扳手时,转动活动扳手调节螺母,使固定扳唇和活动扳唇夹紧螺母,防止扳手滑脱伤人。拆装螺母时,活动扳唇在前,固定扳唇在后,使力量大部分承担在固定扳唇上,若反方向用力,扳手应翻转180°。
② 开关阀门时,人应侧身操作,防止丝杠飞出伤人。
③ 使用"F"型扳手开关阀门时,其两爪从阀门手轮的背面勾住手轮,且手柄近爪与手轮外缘接触,手柄远爪与手轮辐条接触。
④ 使用扳手时,拉动而不要推动。如果非推不可时,伸开手指,用手掌推,防止撞伤关节。

5)三相分离器液位突然下降

(1)现象：

① 外输泵抽空。

② 三相分离器压力上升,液位下降。

(2)原因：

① 分离器出口阀开度过大造成液位过低。

② 来液量不足造成液位过低。

③ 分离器液位调节机构失灵造成液位过低。

④ 外输气管线堵塞,压力过高造成液位过低。

⑤ 外输泵排量过大造成液位过低。

(3)处理方法：

① 调节出口阀门开度。

② 增大来液量或调整处理量。

③ 维修或更换液位调节机构。

④ 立即打开紧急放空阀调整天然气压力,并进行解堵处理。

⑤ 调整外输泵排量。

(4)清理场地,收工具。

(5)注意事项或安全风险提示：

① 使用活动扳手时,转动活动扳手调节螺母,使固定扳唇和活动扳唇夹紧螺母,防止扳手滑脱伤人。拆装螺母时,活动扳唇在前,固定扳唇在后,使力量大部分承担在固定扳唇上,若反方向用力,扳手应翻转180°。

② 开关阀门时,人应侧身操作,防止丝杠飞出伤人。

③ 使用"F"型扳手开关阀门时,其两爪从阀门手轮的背面勾住手轮,且手柄近爪与手轮外缘接触,手柄远爪与手轮辐条接触。

④ 使用扳手时,拉动而不要推动。如果非推不可时,伸开手指,用手掌推,防止撞伤关节。

6)三相分离器压力突然上升

(1)现象：三相分离器压力突然上升。

(2)原因：

① 天然气管线堵塞造成分离器压力突然上升。

② 出油阀卡死造成分离器压力突然上升。

③ 浮漂连杆机构失灵造成分离器压力突然上升。

④ 来液量突增造成分离器压力突然上升。

(3)处理方法：

① 立即打开紧急放空阀调整天然气压力,并进行解堵处理。

② 维修或更换出油阀。

③ 检修或更换浮漂连杆机构。
④ 控制来液量。当来液量增加较快时,可打开旁通或启动备用分离器。
(4)清理场地,收工具。
(5)注意事项或安全风险提示:
① 开关阀门时,人应侧身操作,防止丝杠飞出伤人。
② 使用"F"型扳手开关阀门时,其两爪从阀门手轮的背面勾住手轮,且手柄近爪与手轮外缘接触,手柄远爪与手轮辐条接触。

7)三相分离器压力突然下降

(1)现象:三相分离器压力突然下降。
(2)原因:
① 压力表指示不准确。
② 放空阀被打开造成分离器压力突然下降。
③ 外输气管线穿孔造成分离器压力突然下降。
④ 外输气阀门开度过大造成分离器压力突然下降。
⑤ 压力调节阀失灵,阀芯被卡,调节失效造成分离器压力突然下降。
(3)处理方法:
① 检查更换压力表。
② 关闭放空阀。
③ 立即组织专业人员进行处理。
④ 调整外输气阀门开度,控制外输气量。
⑤ 改自控为手控,开调节阀旁通手调。
(4)清理场地,收工具。
(5)注意事项或安全风险提示:
① 开关阀门时,人应侧身操作,防止丝杠飞出伤人。
② 使用"F"型扳手开关阀门时,其两爪从阀门手轮的背面勾住手轮,且手柄近爪与手轮外缘接触,手柄远爪与手轮辐条接触。

8)三相分离器浮球液位计失灵

(1)现象:三相分离器液位计不能正常显示液位。
(2)原因:
① 上、下游阀门未倒通造成浮球液位计失灵。
② 上、下游阀门损坏造成浮球液位计失灵。
③ 上、下游管线堵塞造成浮球液位计失灵。
④ 液位计腔体堵塞造成浮球液位计失灵。
⑤ 浮球损坏或消磁造成浮球液位计失灵。
(3)处理方法:
① 倒通上游、下游阀门。
② 维修上游、下游阀门。

③ 疏通上游、下游管线。
④ 冲洗液位计腔体。
⑤ 更换浮球。

(4) 清理场地,收工具。

(5) 注意事项或安全风险提示:

① 使用活动扳手时,转动活动扳手调节螺母,使固定扳唇和活动扳唇夹紧螺母,防止扳手滑脱伤人。拆装螺母时,活动扳唇在前,固定扳唇在后,使力量大部分承担在固定扳唇上,若反方向用力,扳手应翻转180°。

② 开关阀门时,人应侧身操作,防止丝杠飞出伤人。

③ 使用"F"型扳手开关阀门时,其两爪从阀门手轮的背面勾住手轮,且手柄近爪与手轮外缘接触,手柄远爪与手轮辐条接触。

④ 使用扳手时,最好是拉动而不要推动。非推不可时,伸开手指,用手掌推,防止撞伤关节。

三、典型工作案例

1. 案例一

××转油站有两台三合一(三相分离器),运行2#三合一,1#三合一备用,7月由专业施工单位对2#三合一进行每年一次的检修,按操作规程倒运1#三合一。7d后,2#三合一检修完毕,封闭人孔后改为备用。8月时由于该站气管线穿孔,需停气维修0.5h,为避免因停气造成掺水温度下降,需将2#三合一内储存天然气,当班人倒流程将2#三合一内气压升高至0.24MPa时,2#三合一顶部人孔处突然出现非常大的漏气声,当班人立即停止了加压操作并汇报队领导。经过泄压检查后,发现人孔法兰处密封石棉垫片处损坏漏失。

【原因分析】

该站7月检修三合一时,违反了Q/SY DQ1107—2006《分离、缓冲、游离水脱除器操作规程》中"2.1 新建或检修后的三合一应具有相应资质部门出具的压力容器检测合格证、施工单位现场试漏、试压原始资料方可使用"的规定,在检修三合一容器后没有试漏、试压的情况下就进气运行,在0.24MPa压力时,人孔法兰垫片就损坏漏失了。最后停罐放空,重新更换人孔的石棉垫片。

2. 案例二

××转油站有两台三合一,运行2#三合一,1#三合一备用,1月13日14:00,当班人巡回检查发现2#三合一液位计损坏,立即汇报值班干部。值班领导要求立即按操作规程倒备用三合一。由于是冬季,室外当时温度在-17℃左右,倒运时阀门已经凝堵,当班人用热水浇烫1#三合一油、水出口阀门后,倒完备用三合一,并打开2#三合一伴生气进口阀门,由于是伴生气阀门,所以当班人没有浇烫阀门,直接用"F"型扳手打开该阀门。14:30倒运完毕后,16:00巡检记录三合一压力为0.18MPa,19:40夜巡到计量间巡检时,发现各个计量间总回油压力均上升0.10MPa左右,并汇报队值班领导,值班领导到站里询问生产后,发现三合一压力已经上升到0.26MPa。检查日报表时,18:00没有填写报表,所以判断故障原因与站内倒罐有关。

经检查后,发现是2#三合一气管线进口闸板脱落,造成三合一憋压,影响整个系统压力上升。队领导配合当班人用热水浇烫2#三合一气管线及直通阀门后恢复正常生产。

【原因分析】

该站违反了Q/SY DQ1107—2006《分离、缓冲、游离水脱除器操作规程》中"4.1 每2h进行一次检查,并录取三合一的压力、温度、液位、水位"的规定,在倒备用三合一时,没有用热水浇烫阀门,直接用"F"型扳手打开气管线阀门,造成阀门损坏、闸板脱落,当班人没有按操作规程2h巡检一次,18:00没有及时巡检,没填写报表,压力升高后没有及时发现。

3. 案例三

某转油站8月进行校验安全阀工作,将容器上的安全阀下控制阀关闭后,用防爆工具卸下安全阀,并安装好新校验的安全阀。安装后,由于安全阀下控制阀门关得过紧,打开时造成闸板阀闸板脱落,而丝杠是完全打开的,当班人发现后也没有在意。在后来的一次大站来气停运补气操作中,由于操作人员补气阀门开得过大,补气先期压力上升速度慢,后期压力上升越来越快,瞬间气压补充到0.43MPa时,运行三合一的安全阀没有动作,而除油器和备用三合一安全阀动作排气。

【原因分析】

该站违反了Q/SY DQ1107—2006《分离、缓冲、游离水脱除器操作规程》中"2.3 打开安全阀下部切断阀,使其处于全开状态"的规定,经排查发现三合一安全阀下闸板阀闸板与丝杠脱落,造成阀门未打开。

4. 案例四

某转油站于2002年9月投产一台1.8m×3.6m的三合一分离器,打开三合一油气水总进口进液,由于电子液位计安装在了水室,当电子液位计显示液位为1.8m时,当班人没有对三合一进行全面检查就直接打开了油、水出口阀门,结果外输油泵抽空进气,无法外输。

【原因分析】

该站违反了Q/SY DQ1107—2006《分离、缓冲、游离水脱除器操作规程》中"3.2 三合一液位达到1/2后,同时打开油、水出口阀,根据油水界面调整放水量,根据液位调整出油量"的规定,因三合一电子液位计安装在水室,当水室液位显示1.8m时,油室才刚刚进液或者即将进液,这时候当班人应该对三合一进行全面检查,特别是应检查油室的机械浮球液位计,液位是否显示在"0"的位置。

5. 案例五

某转油站由于大站来气临时断裂停气,启用了烧伴生气流程,在烧伴生气时当班人未控制好三合一压力,造成三合一压力下降到0.06MPa,三合一由于压力低,三合一底水阀门和二合一底水直通阀门全开的情况下,仍然满足不了二合一的用水量,造成二合一液位下降迅速,三合一液位上涨严重。

【原因分析】

该站违反了Q/SY DQ1107—2006《分离、缓冲、游离水脱除器操作规程》中"3.4 关闭顶部放气阀,打开三合一的气出口阀,使三合一的压力控制在0.15~0.25MPa"的规定,在烧伴生气的时候,没有及时控制三合一压力到 0.15~0.25MPa,造成三合一液位骤升、二合一液位骤降。

6. 案例六

某转油站在一次倒罐操作中,在备用罐进液达到要求后,直接将油水出口阀门打开,将预停三合一进口关闭,将油水室液位抽到最低,关闭油、气、水出口阀门,打开排污阀排空准备检修。在巡检时发现二合一出口管线含油看窗内放水含油量过大。

【原因分析】

该站违反了 Q/SY DQ1107—2006《分离、缓冲、游离水脱除器操作规程》中"5.1.1 缓慢关闭三合一的水出口阀提高油水界面,打开三合一放水看窗,待高水位见水时关闭进液阀,开大油出口阀将液位降到底部,关闭油出口阀和气出口阀"的规定,在倒罐时未按要求将油、水界面提高,未检查水看窗,直接将三合一水室的介质压入到二合一内,造成二合一的含油量过多。

7. 案例七

某转油站有两台三合一、三台二合一,运行1#三合一,2#三合一备用,运行1#、2#二合一,3#二合一备用,采用1#三合一总底水控制二合一液位。17 日 15:00 倒三合一进行检修操作,15:49 倒完容器后,容器未悬挂警示标志,由于时间关系忘记填写记录。16:00 接班人员来交接班,接班人没有及时告知,接班人发现二合一液位下降速度有些快,于是开大1#三合一总底水阀门,回到值班室后发现二合一液位没有上升,反而下降了,这时候值班干部来到岗位上,发现这个问题后立即将1#三合一总底水阀门关闭,开大了2#三合一底水阀门,保证了安全生产。由于当班人的违章操作,造成1#三合一进液,而且是二合一倒流回来的热水,浪费了能源,因发现得及时,没有造成事故。如果发现不及时,二合一烟管、火管暴露在外时间过长,容易发生汽化爆管等严重的生产事故。

【原因分析】

该站违反了 Q/SY DQ1107—2006《分离、缓冲、游离水脱除器操作规程》中"5.1.5 停运三合一的阀门应挂警示标志,以防误操作""5.1.6 做好停运记录"的规定,在倒罐后未悬挂警示标志,而且没有做记录,交接时没有说明情况,造成1#三合一再次进液,重复工作量加大。

8. 案例八

某转油站三合一总进口阀门法兰与罐体连接法兰处垫片损坏,造成跑油。由于时间紧迫,当班人发现后,一人汇报有关部门及领导,一人立即关闭该阀门,然后打开备用三合一总进口阀门,打开时发现备用三合一总进口阀门下法兰处有油液渗出,打开阀门时刺水声特别大。然后将该容器的油水出口阀门打开。关闭事故三合一的油气水出口阀门。这时接到计量间电话,说计量间压力表突然升高,多块压力表都爆裂损坏,单环回油阀门法兰垫片处有渗油现象。经过巡检发现站内阀组间压力表都已经损坏,而且法兰多处有渗油现象。

【原因分析】

该站违反了 Q/SY DQ1107—2006《分离、缓冲、游离水脱除器操作规程》中"5.2.2.1 单台运行的三合一应先打开连通阀,然后完成以下操作"的规定,倒流程时没有按照先开后关的原则,造成计量间至站内的整个系统憋压,压力表、阀门法兰等多处刺漏。

第五节 四合一装置的操作与维护

四合一装置用于油井采出液的收集和初步加工,主要对油田来液进行缓冲、加热、沉降、分离,经过四合一装置处理后的原油含水能达到30%左右。

四合一装置在转油站应用时,替代了常规转油站使用的三合一(三相分离器)、二合一(掺水炉)和外输加热炉,相当于一座小型转油站;如果在联合站应用时,该装置替代了气液分离器、游离水脱除器、脱水加热炉,主要起一段脱水的作用。四合一装置现主要应用于大庆外围油田。

一、工作过程知识

1. 四合一装置的结构

四合一装置的结构可分为加热段、油室、水室、沉降段和缓冲段等部分,其中有气液分离筒、捕雾器、烟管、火管、进液分配管、油水界面仪、液位传感器、隔板等,如图2-36所示。

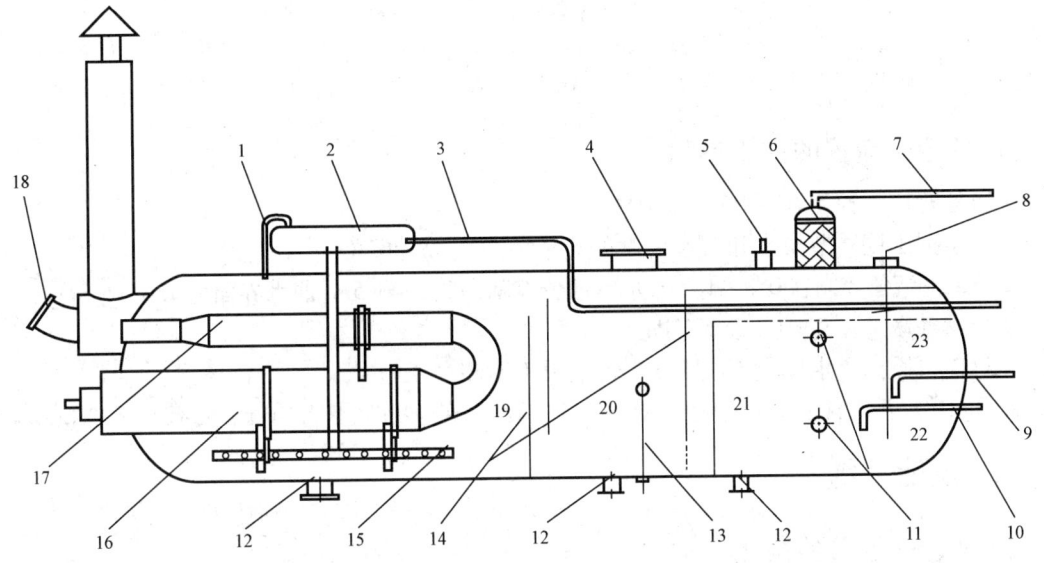

图2-36 四合一(加热、缓冲、沉降、分离)装置结构示意图

1—天然气连通管;2—气液分离筒;3—进液管;4—人孔;5—安全阀;6—捕雾器;7—气出口;8—油、水室液位计;9—水出口;10—油出口;11—浮球高低液位报警;12—排污;13—油水界面计;14—溢流隔板;15—进液分配管;16—火管;17—烟管;18—防爆门;19—加热段;20—沉降、缓冲段;21—分离段;22—油室;23—水室

2. 四合一装置工作原理

油气水混合液(井排来液)从进口管进入气液分离筒,进行一级气液分离。被分离出的天然气通过容器上部空间,从左向右流动。在这个过程中,气液进行二级分离。液滴在重力作用下与天然气分离向下沉降,而天然气则流经捕雾器后进入天然气管线。从气液分离筒分离出来的含水原油,通过进油分配管进到加热段壳体底部,均匀地从管内流出,绕流火管和烟管,吸

热升温后通过隔板上部空间溢流到沉降段。在沉降段内由于密度不同进行进一步重力分离，其中大部分游离水在重力作用下与原油分离沉降到壳体底部。在沉降段形成一个1.8m左右的油水界面。水从隔板底部进入水室，从水出口放出。油经隔板上部溢流进入油室，从油出口排出，如图2－37所示。

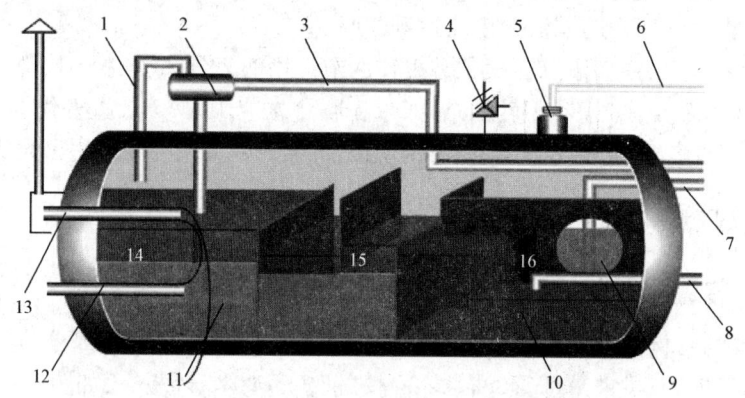

图2－37　四合一（加热、缓冲、沉降、分离）装置工作原理图
1—天然气连通管；2—气液分离筒；3—进液管；4—安全阀；5—捕雾器；6—气出口；7—水出口；8—油出口；9—水室；10—油室；11—进液分配管；12—火管；13—烟管；14—加热段；15—沉降、缓冲段；16—分离段

3. 四合一装置的控制参数

（1）运行压力控制在0.05～0.20MPa。
（2）根据不同季节掺水和脱水温度的要求控制在45～65℃。
（3）油室液位控制在0.8～1.5m，水室液位控制在2.5～3.5m；油水界面为1.6～1.8m。
（4）燃气压力在0.04～0.25MPa。
（5）出口原油含水率应不大于30%（最大不能超过40%）。
（6）水出口污水含油一般不大于1000mg/L，污水含聚合物时，其含油量一般不大于3000mg/L。

二、技能训练

1. 四合一装置的操作

1）投运四合一（加热、缓冲、沉降、分离）装置操作
（1）准备工作：
① 正确穿戴劳动保护用品：工服、工鞋、工帽穿戴合格。
② 设备、工用具、材料准备：500mm"F"型阀门扳手1把，"运行、停运"牌1块，放空桶1个，250mm防爆活动扳手1把，ES2000T可燃气体检测器1把，绝缘手套1副，500V试电笔1支，擦布0.20kg。
（2）操作程序：
① 投产前准备和检查：
（a）检查燃烧器、防爆门、烟囱绷绳、挡板等应齐全合格，进出口阀门、排污阀处关闭状态。

(b)检查容器安全阀是否在校检期内,安全阀的控制阀要求全开。

(c)检查压力表、液位报警器、油水界面指示仪、加热段温度报警装置、水出口温度传感器、油水室液位指示仪等应齐全并试验合格。

(d)打开燃料总控制阀,确认管道畅通;检查燃料气压力,应在 0.04~0.25MPa。

(e)检查系统工艺流程和伴热流程,满足投产要求。

② 投产及运行:

(a)侧身打开四合一进液阀门和排气阀门,观察油水室液位变化。

(b)经检测,当排气阀出现大量可燃气体时,关闭排气阀,当气压达到 0.1MPa 以上时缓慢打开气出口阀门。

(c)当水室液位上升到 2m 时,侧身打开水出口去污水沉降罐或污水站的放水阀,打开看窗控制阀。

(d)点火:

点火前准备:检查烟道挡板;侧身打开燃烧器的供气阀门,检查两个火嘴的控制球阀有无渗漏;对烧火间进行通风 3~5min;用可燃气体检测器检测烧火间可燃气体浓度不超标;戴绝缘手套侧身给烧火间配电箱送电。

点火操作:在控制室进行面板控制,点击工艺画面"启动"钮,"启动"钮亮(绿),经过系统泄漏检测和通风阶段,5min 后,燃烧器点火,火焰监控器检测到火焰后,"燃烧"灯亮(绿),燃烧器进入正常状态。

参数控制:在参数设定面板上,根据需要进行控制温度设定、燃气阀的阀位上下限设定、大火阀位设定、小火阀位设定、温度偏差设定、报警设定等。

自动控制:点击"手自动切换"钮,弹出"YES OR NO":点击"YES"完成手动和自动转换操作。

手动控制:根据所需要控制的温度按面板上的"+""-"按钮,调节阀门的开度,每按一次,阀位即变化1%;燃气流量及风门随阀位的变化而变化;注意阀位应缓慢提高,不得大范围提升,提火或降火要梯度调节。

(e)新投产的四合一装置要小火烘炉 4~5h,检修后的四合一装置要小火烘炉 24h。

(f)当油室液位上升到 1.5m 时,侧身打开油出口去故障罐流程。

(g)观察加热段温度变化情况,升温速度控制在 5℃/h 以下,当温度达到 40℃ 以上时,升温速度控制在 8℃/h 以下。

(h)当沉降段油水界面稳定在 1.5~1.8m,水出口温度达到掺水及外输温度要求时,侧身打开去掺离心泵控制阀及油出口去外输泵(或脱离心泵)阀门。按操作规程启掺离心泵和外输泵(或脱离心泵),开始掺水、外输。

(i)四合一装置正常运行时,每2h检查一次,检查压力、温度、油水界面、油水室液位及火焰燃烧情况。

(j)填写投产、运行记录。

③ 清理场地,收工具。

(3)注意事项或安全风险提示:

① 投运前要检查流程,防止倒错流程。

② 放空和排污时,操作者要站在上风口,防止油气中毒。

③ 燃烧器点火操作时严格执行"三不点火"制度。

④ 合空开或断空开时要戴绝缘手套,侧身操作。

⑤ 倒通气出口流程时,防止混合空气进入气管线中。

⑥ 严格按照先烘炉后提温操作。

⑦ 严禁超温超压运行。

⑧ 未确认加热段进满液严禁启动燃烧器。

⑨ 风险提示:

(a)高空坠落:上容器顶部检查时精力不集中,未戴安全带,发生高空坠落故障。

(b)中毒:天然气气体逸出,未站在上风口处,气体中毒。

(c)着火爆炸:未按要求穿戴防静电工服,易产生静电打火;未使用防爆工用具;操作不当发生容器爆炸。

(d)触电:低压设备漏电的情况下,接地装置不合格,会发生触电故障。

2)停运四合一(加热、缓冲、沉降、分离)装置操作

(1)准备工作:

① 正确穿戴劳动保护用品:工服、工鞋、工帽穿戴合格。

② 设备、工用具、材料准备:500mm"F"型阀门扳手1把,"运行、停运"牌1块,放空桶1个,ES2000T可燃气体检测器1把,250mm防爆活动扳手1把,绝缘手套1副,500V试电笔1支,擦布0.2kg。

(2)操作程序:

① 正常停运:在控制室进行面板操作,在工艺画面下按"停止"钮,即可停炉,阀位及风门自动归零。

(a)戴绝缘手套侧身切断四合一装置燃烧器控制电源。

(b)侧身关闭燃烧器的燃料阀门。

(c)当进出口温度平衡后,先关闭四合一的进口阀,再依次关闭油出口阀、水出口阀、气出口阀。

(d)依次打开加热段、沉降段、油室和水室的排污阀门,用扫线风将容器内液体压到故障罐中。

(e)容器内液体排净后,关闭排污阀。

(f)打开顶部排气阀泄压放空。

(g)填写停运记录。

② 出现以下七种情况需采取紧急停炉措施:

(a)烟管、火管发生裂纹、鼓包、变形、渗漏等危及安全的缺陷。

(b)壳体发生裂纹、渗漏。

(c)安全附件失效。

(d)燃烧设备损坏、耐火砖脱落。

(e)燃料泄漏。

(f)紧急停电。

(g)其他危及安全的情况。

③ 紧急停运:

(a)拉下电源开关。

(b)关闭加热炉火。
(c)倒通故障流程,打开进出口连通阀。
(d)向上级领导汇报,查明原因,填写记录。
④ 清理场地,收工具。
(3)注意事项或安全风险提示:
① 投运前要检查流程,防止倒错流程。
② 放空和排污时,操作者要站在上风口,防止油气中毒。
③ 燃烧器点火操作时严格执行三不点火制度。
④ 合空开或断空开时要戴绝缘手套,侧身操作。
⑤ 倒通气出口流程时,防止混合空气进入气管线中。
⑥ 严格按照先烘炉后提温操作。
⑦ 严禁超温超压运行。
⑧ 未确认加热段进满液严禁启动燃烧器。
⑨ 风险提示:
(a)高空坠落:上容器顶部检查时精力不集中,未戴安全带,发生高空坠落故障。
(b)中毒:天然气气体逸出,未站在上风口处,气体中毒。
(c)着火爆炸:未按要求穿戴防静电工服,易产生静电打火;未使用防爆工用具;操作不当发生容器爆炸。
(d)触电:低压设备漏电的情况下,接地装置不合格,会发生触电故障。
⑩ 冬季停运时,伴热系统应正常运转。

2. 常见故障处理

1)四合一装置油、水室液位异常
(1)现象:水室液位低,油室液位高;油、水室液位都低于正常值。
(2)原因:
① 液位计误差大。
② 停电造成液位无显示。
③ 来液量突然增加或减少。
④ 油、水室隔板或沉降段隔板腐蚀穿孔,形成连通。
⑤ 油、水室排污阀均未关严,形成连通。
⑥ 掺水突增或外输量变化过大。
(3)处理方法:
① 校验更换液位计。
② 查明原因,恢复液位计供电。
③ 关小供液泵出口,降低来液量;开大外输泵或脱离心泵出口,提高处理量,降低油室液位。
④ 按操作规程停运,检修容器。
⑤ 检查关闭所有排污阀。
⑥ 查明原因及时调整外输量、掺水量。

(4)清理场地,收工具。

(5)注意事项或安全风险提示:

① 容器检修时,严格按照受限空间作业制度执行;无操作票不得操作。

② 合空开或断空开时要戴绝缘手套,侧身操作。

③ 放空和排污时,操作者要站在上风口,防止油气中毒。

④ 流程切换时,要先倒通后切断,当心憋压。

⑤ 开关阀门时,人应侧身操作。

⑥ 风险提示:

(a)高空坠落:上容器顶部检查时精力不集中,未戴安全带,发生高空坠落故障。

(b)中毒:天然气气体逸出,未站在上风口处,气体中毒。

(c)着火爆炸:未按要求穿戴防静电工服,易产生静电打火;未使用防爆工用具;操作不当发生容器爆炸。

(d)触电:低压设备漏电的情况下,接地装置不合格,会发生触电故障。

2)四合一装置压力突增,安全阀动作

(1)现象:压力突增;安全阀动作,四合一装置安全阀引线跑气。

(2)原因:

① 来液量突增或来液含气量增大。

② 压力显示仪表失灵。

③ 气出口调节阀门故障。

④ 管线冲油造成堵塞。

⑤ 站内突然停电,未及时控制。

(3)处理方法:

① 来液量突增或来液含气量增大的处理方法:

(a)如果液位正常,压力增大,侧身手动开大气出口阀门。

(b)如果液位高,压力大,手动开大放水调节阀的旁通阀门。

(c)未使用防爆工用具。

(d)与相关岗位联系,控制好上游来液,使压力控制在合理范围内。

② 查明原因恢复压力仪表,或更换校验合格的压力仪表。

③ 如果气出口调节阀出现故障,侧身打开气出口调节阀的直通阀,关闭调节阀控制阀,然后处理调节阀的故障。

④ 如气管线冲油,开大放水阀门或油出口,降低液位,打开气出口放空,放净气管线内原油。

⑤ 如果站内停电,侧身打开四合一进出口连通,倒通故障流程;或投用备用四合一,查明原因,恢复生产。

(4)清理场地,收工具。

(5)注意事项或安全风险提示:

① 合空开或断空开时要戴绝缘手套,侧身操作。

② 放空和排污时,操作者要站在上风口,防止油气中毒。
③ 流程切换时,要先倒通后切断,防止憋压。
④ 开关阀门时,人应侧身操作。
⑤ 操作电器设备必须站在绝缘胶皮上。
⑥ 风险提示:
(a)中毒:天然气气体逸出,未站在上风口处,气体中毒。
(b)着火爆炸:未按要求穿戴防静电工服,易产生静电打火;未使用防爆工用具;操作不当发生容器爆炸。
(c)触电:低压设备漏电的情况下,接地装置不合格,会发生触电故障。

三、典型工作案例

1. 案例一

某转油站5月对1#四合一加热炉检修完成后备用,9月准备投运,班长和当班人对加热炉进行启炉前的全面的检查,检查并确认燃烧器、燃烧道(管)、烟囱绷绳和挡板、进出口阀门、气液分离筒、排污阀等齐全合格,定压排气阀(安全阀)校验合格,在校验有效期内,清除设备和烧火间内杂物,却没有检查防爆门,当进行点炉操作时,发现点火间内出现爆燃现象,同时防爆门已经被弹开,点火间内的窗户玻璃破碎,飞溅的玻璃碎片划伤了正在点火间附近的当班工人,该名员工被及时送往医院。班长带领其他员工进行事故原因排查,发现防爆门周围都是铁红色的碎末,检查烟箱内发现烟管出口已被腐蚀脱落的铁屑等杂物堵塞了的痕迹,在启炉时,由于该台炉子为自动点火装置,炉膛内的可燃气体不能被抽出,在点火时发生了爆燃事故。

【原因分析】

该站违反了 Q/SY DQ1567—2013《加热、沉降、分离、缓冲合一装置操作规程》中"2.2 检查燃烧器、燃烧道(管)、防爆门、烟囱绷绳和挡板、进出口阀门、气液分离筒、排污阀等应齐全合格,定压排气阀(安全阀)应校验合格,在校验有效期内,清除设备和烧火间内杂物"的规定,在对停运了4个月的检修备用1#四合一加热炉进行启炉前的巡回检查时,没有检查防爆门和烟箱内部,铁削和杂质堵塞烟管出口,在自动点火启炉时,首先燃烧器进行自检,自检过程中供气电磁阀打开排入火管内天然气,由于烟管口被堵塞,可燃气体充满了烟管和火管,在自检后的自动点火时,发生了爆燃事故。

2. 案例二

某转油站四合一加热炉在运行过程中,由于当班员工操作失误,将主燃烧器燃料阀门关得过小,造成加热炉燃烧器炉火熄灭,但是阀门并没有被关闭,当班人怕温度降低影响生产,于是立即回到库房取出电子点火棒,在没有通风的情况下直接将点燃后的点火棒插入了燃烧器点火孔内,在刚刚插入一半的时候,炉膛突然发生爆燃事故,喷出的火焰将点火员工的头发烧焦,脸部烫伤。

【原因分析】

该站违反了 Q/SY DQ1567—2013《加热、沉降、分离、缓冲合一装置操作规程》中"3.2 点火:b)手动点火部分:1)对炉膛强制通风3~5min,打开燃烧器上的点火罩"的规定,在停炉后没有关闭主燃烧器燃料阀门,也没有检查通风的情况下就进行点炉操作,造成炉膛爆燃伤人事故。

3. 案例三

某转油站运行1#四合一加热炉,2#四合一加热炉备用,进入冬季安全生产后,接到生产调度,通知再启一台四合一加热炉,班长和当班人按要求将备用的炉子启动后,小火烘炉24h,当加热段温度升高到65℃时,倒通流程进行掺水和外输工作。1h后各计量间发现总掺水温度降低,造成计量间单环温度低而停井,与转油站联系,站内当班人巡检未发现异常。

【原因分析】

该站违反了Q/SY DQ1567—2013《加热、沉降、分离、缓冲合一装置操作规程》中"3.5 当沉降段油水界面建立后,油水室温度达到掺水及外输温度要求时开始掺水、外输"的规定,在启炉过程中没有按要求观察油水室温度,只是看加热段的温度达到了65℃,而油水室内还有新进的液体和停运时的余液,温度没有达到要求。这种情况下打开掺水和外输,掺水温度过低,直接输送至计量间,造成大面积停井,而计量间与站内联系的时候,站内这部分低温液体已经完全排到了计量间,所以当班人巡检未发现异常。

4. 案例四

某转油站在一次双排突然停电事故中,当班人将燃料总阀门关闭后,发现机械浮球液位计上升速度快,由1.8m上升至3m后马上冒罐,当班人立即将四合一进口阀门关闭,打开越站流程,将井口来液输送至下站。计量间打来电话反映计量间回油压力升高,压力表均已超压损坏。

【原因分析】

该站违反了Q/SY DQ1567—2013《加热、沉降、分离、缓冲合一装置操作规程》中"4.2.1 先停用燃烧器,应立即关闭燃料总阀门。倒通事故流程,打开进出口连通阀。有下列情况之一时应紧急停炉:a)烟管、火管发生裂纹、鼓包、变形、渗漏等危及安全的缺陷;b)壳体发生裂纹、渗漏;c)安全附件失效;d)燃烧设备损坏、耐火砖脱落;e)燃料泄漏;f)紧急停电;g)其他危及安全的情况"的规定,在双排突然停电时,未按规定先倒通事故流程,在关闭进口阀门时,造成系统内压力表憋压及不同程度的损坏。

5. 案例五

某转油站运行1#四合一加热炉,2#四合一加热炉备用。由于每年清理烟箱工作都是在4月和10月,而且每次烟箱内的东西都不多,所以今年就没有清理烟箱,进入冬季生产后,加热炉负荷越来越大,这时候,加热炉出现温度烧不上去,而且供气阀门开大就会出现回火的现象,点火间噪声特别大。班长检查加热炉,发现是烟箱内烟管出口部分被腐蚀物堵塞,烟道抽力不够,造成回火现象。

【原因分析】

该站违反了Q/SY DQ1567—2013《加热、沉降、分离、缓冲合一装置操作规程》中"5.1.4 每年春季和秋季,清理烟箱内的烟尘各一次"的规定,一年内两次的烟箱清理检查都没有进行,当冬季负荷大的时候,加热炉效率下降。

6. 案例六

某转油站在夏季停炉检修时,没有检查耐火砖有无错位、脱落、倒塌情况,重新启动后在小班的提醒下班长想起来了,因为已经运行了,所以班长只是在点火间燃烧器在燃烧的情况下,通过观火孔和一次、二次合风进风通道观察了一下,没有发现问题,但是在该炉运行了两个月左右的时候,靠近燃烧器处炉管发生鼓包现象。

【原因分析】

该站违反了 Q/SY DQ1567—2013《加热、沉降、分离、缓冲合一装置操作规程》中"5.2.3 检查燃烧道(耐火砖)有无错位、脱落、倒塌"的规定,在检修时,没有检查燃烧道(耐火砖)有无脱落。

第六节　五合一装置的操作与维护

五合一装置主要应用在大庆外围分散小区块油田的集油脱水处理,该装置全称为五合一多功能组合处理装置,具有气液分离、沉降、加热、电脱水、缓冲功能。可以直接接收井排或计量间来液进行气液分离、原油净化脱水处理,相当于将转油站与原油脱水站整合为一体,其主要特点是采用了卧式容器,使油气有足够的分离空间;五合一装置出口油中含水小于0.3%,污水含油小于1000mg/L。与同等规模的原油集输处理站相比,该装置可节省工程投资约38%,减少占地约69%,减少建筑面积约76%;同时,还可大幅度减少操作管理人员及维护费用,获得显著的经济效益和社会效益。该装置已经在大庆油田、海拉尔等多个油田推广应用,成为外围新建油田的主要原油集输处理设备。

一、工作过程知识

1. 五合一装置的结构

五合一装置共分为五部分:加热段、缓冲段、电脱段、油室、水室,如图2-38所示。

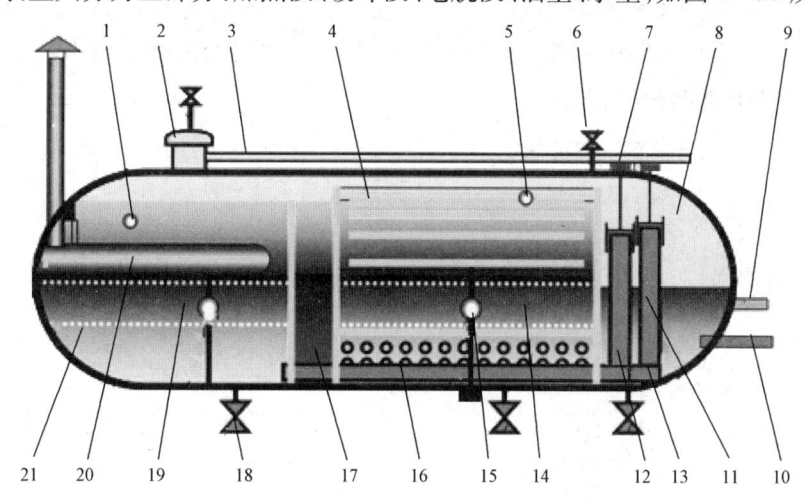

图2-38　五合一装置结构示意图

1—低液位报警仪;2—进液口;3—气液平衡管;4—电极板;5—低液位保护装置;6—排气阀;7—水室堰管调节阀;8—油室、水室;9—油室出口;10—水室出口;11—脱水段水室堰管;12—加热段水室堰管;13—脱水段排水管;14—电脱段;15—浮球界面仪;16—加热段排水管;17—缓冲段;18—排污阀;19—过渡带;20—火管;21—加热段

2. 五合一装置工作原理

五合一装置正常工作时，来液（油水两相混合液或油气水三相混合液）由进口进入五合一装置分气包进行气液的一级分离，分离后的混合液经过火管及烟管进行加热，在重力、化学药剂、加热等综合作用下，将高含水原油中的游离水脱除；脱除的水靠压力平衡从底部排水管线经水室堰管进入水室，又经出口自动调节阀排出；脱水后的低含水原油从上部隔板进入缓冲段，混合液缓冲沉降后经缓冲段底部进入脱水段；气在加热段分离后，经捕雾器进入除油器，再经干燥器干燥后供加热炉使用。加热段相当于油气水三相分离器，并且带有加热功能。

经加热缓冲沉降后的低含水原油由脱水段底部进入底部的进液箱，从进液箱四周的孔板进入脱水段，经水洗后的原油在电场力的作用下，将低含水油进一步分离，分离后的原油含水率在 0.3% 以下，脱水后的合格原油从上部收油槽进入五合一装置油室，经出口的自动控制阀排出；在脱水段中脱除的水靠压力平衡从底部排水管线经水室堰管进入水室，又经出口自动控制阀排出。

五合一装置加热段的火管位于加热段的油层内，这样保证只给油加热，不给水加热，水的热容比油的热容大近两倍，这样可实现节能。

五合一装置加热段和脱水段油水界面的控制是利用 U 形管的原理来实现的，当 U 形管内一侧为一种介质，而另一侧为两种介质时，由于介质的密度不同，两侧的液位高度也不相同；脱水段内的介质由原油与水组成，水室堰管内只有水一种介质，水室堰管通过排水管与脱水段底部水层连通，这样脱水段与水室的堰管就形成了连通器，由于来油的密度是恒定的，水的密度也是恒定的，脱水段内的油水界面就相对稳定，并且脱水段与水室堰管保持相对恒定的高度差，当来液含水量大时，水室堰管的排水量就大些，反之排水量就小些，这种工作原理的利用，改变了电脱水器利用高中低水位指示来控制油水界面，油水界面的变化与来液含水量的多少无关，只与来液中原油的密度有关。

3. 五合一装置附件及控制参数

1）五合一装置附件

五合一装置的附件有捕雾器、脱水变压器、温度变送器、油水界面仪、压力变送器、液位报警器等。

2）五合一装置控制参数

(1) 出口温度控制在 50~70℃。

(2) 压力控制在 0.15~0.25MPa。

(3) 燃烧器供气压力为 0.05~0.25MPa。

(4) 液位：油室液位控制在 1.8m，水室液位控制在 2.0m。

(5) 界面：加热段和脱水段油水界面控制在中水位，即 1.5m。

(6) 脱水控制柜电流不应大于 50A，电压控制在 360~380V。

二、技能训练

1. 五合一装置的操作

1)投运五合一装置的操作

(1)准备工作:

① 正确穿戴劳动保护用品:工服、工鞋、工帽穿戴正确、规范。

② 设备、工用具、材料准备:500mm"F"型阀门扳手1把,300mm 防爆活动扳手1把,"运行、停运"牌1块,ES2000T可燃气体检测器1把,放空桶1个,绝缘手套1副,500V试电笔1支,擦布0.2kg。

③ 与相关岗位联系。

(2)操作程序:

① 投产前的准备工作:

(a)检查燃烧器、火管、定压排气阀是否完好,烟囱绷绳有无断股、松脱;挡板、防爆门是否灵活,烧火间内有无杂物。

(b)检查进出口阀门、排污阀是否灵活好用,应无渗漏并处于关闭状态。

(c)检查可调堰管转动是否灵活。

(d)检查压力表、液位报警器、油水界面指示仪、温度指示仪、液位指示仪等应齐全好用并校验合格。

(e)检查供电系统、脱水变压器、整流装置、可控硅装置、高压绝缘棒,各连接处插头接地、熔断器等,将脱水变压器调整到空挡,进行空送试验,检查脱水变压器及控制柜运行是否正常。

(f)检查安全阀是否校验合格,是否在校验有效期内,安全阀下控制阀门完全开启。

(g)缓慢打开燃气控制阀,检查来气及调压后压力在燃烧器的允许范围内;阀门、管线无渗漏。

(h)检查加药泵及工艺流程是否正常。

(i)工艺流程全部倒通,达到投运条件。

② 投产操作:

(a)打开气平衡阀和容器顶部排气阀,置换空气并建立气平衡。

(b)侧身缓慢打开进液阀,观察压力和液位变化情况。

(c)启动加药泵,进行加药。

(d)当水室液位在达到容器中心线时,即现场一次表指示在1/2处、二次表显示为2m时,打开水室出口阀门,倒通进污水沉降罐流程。

(e)点火运行:当加热段低液位报警解除后即可进行点火,点火后先进行小火运行,进行烘炉,1h后逐渐调整至正常火焰运行;新投产的五合一装置要小火烘炉48h,检修后的五合一装置要小火烘炉24h,再缓慢升至所需温度。

自动点火操作步骤:侧身打开燃烧器的供气阀门,调整减压阀达到设定压力值,检查有无渗漏;对烧火间进行通风3~5min;戴绝缘手套侧身给燃烧器配电柜送电;在控制面板上根据需要进行温度设定；点火器自动打火，引燃燃烧器；调节风门及烟道挡板开度直至火焰燃烧正常。

手动点火操作步骤：对炉膛强制通风 3~5min，打开燃烧器上的点火罩；将点火棒点燃后，立即插入燃烧器点火孔；确认点火棒插在副燃烧器前面时，缓慢打开副燃烧器的燃料阀门；副燃烧器点燃后，缓慢打开主燃烧器的燃料阀门，关闭副燃烧器的燃料阀门；调节风门及烟道挡板开度直至火焰燃烧正常。

(f) 油室液位达到容器中心线以下 0.2m 时，即现场一次表指示在 1/2 处、二次表显示为 1.8m 时，打开油室出口阀门，将含水油导入故障流程。

(g) 送电及运行：当油水界面稳定后，脱水段低液位报警解除后即可进行送电运行；合上电源供电刀闸，合上脱水控制柜上的空气开关；打开控制柜面板上的电源开关，电源显示正常后，调整电压调节旋钮缓慢增加输出电压；取样化验油中含水达到 0.3% 以下时，将故障流程切换为正常生产流程。

(h) 五合一装置正常运行后，每 2h 检查一次，注意控制压力、温度、油水界面、油室及水室液位。

(i) 填写投产、运行记录。

③ 清理场地，收工具。

(3) 注意事项或安全风险提示：

① 五合一装置进液前必须进行空气与天然气的置换，防止五合一装置送电时发生爆炸故障。

② 五合一装置点火时，加热段低液位报警必须解除，防止发生火管干烧情况。

③ 五合一装置点火前，必须进行通风，排除烧火间内的可燃气体，按点炉规程进行操作。

④ 五合一装置送电时，脱水段低报警必须解除，防止电极板露出液位，发生闪爆故障。

⑤ 当油出口含水合格后，方可进行正常输油，防止外输油含水超标。

⑥ 流程切换时，要侧身开关阀门。

⑦ 送电合闸操作时，必须戴绝缘手套侧身操作。

2) 停运五合一(沉降、分离、缓冲、加热、电脱水)装置操作

(1) 准备工作：

① 正确穿戴劳动保护用品：工服、工鞋、工帽穿戴正确、规范。

② 设备、工用具、材料准备：500mm "F"型阀门扳手 1 把，300mm 防爆活动扳手 1 把，"运行、停运"牌 1 块，ES2000T 可燃气体检测器 1 把，放空桶 1 个，绝缘手套 1 副，500V 试电笔 1 支，擦布 0.2kg。

③ 与相关岗位联系。

(2) 操作程序：

① 正常停运：

(a) 关闭燃烧器的燃料阀门，将火焰熄灭。

(b) 缓慢调整电压调节旋钮归零。

(c) 断开脱水控制柜电源，取下保险并挂上"有人操作严禁送电"警示牌，确认脱水变压器

无电。

(d) 关闭容器的进口阀,再关闭油室和水室的出口阀,关闭气出口阀门。

(e) 当炉膛温度低于进口来液温度后,关闭烟道挡板。

(f) 长期停运,需要进行扫线操作,打开加热段、脱水段、油室和水室的排污阀门,把容器内的液体压到故障罐(收油池)内。

(g) 容器扫净后,关闭排污阀。

(h) 填写停运记录。

② 紧急停运:

(a) 拉下电源开关。

(b) 关闭加热炉火。

(c) 打开进出口连通阀,倒通故障流程。

(d) 向上级领导汇报,查明原因,填写记录。

③ 清理场地,收工具。

(3) 注意事项或安全风险提示:

① 关闭燃烧器的燃料阀门,将火焰熄灭后,应打开门窗进行通风,排除可燃气体。

② 流程切换时,注意要先倒通,后切断,防止憋压。

③ 操作电气设备时,必须戴绝缘手套侧身操作。

2. 五合一装置常见故障

1) 五合一装置电脱段送不上电

(1) 现象:送电时电流高、电压低,当继续调节调整旋钮时,控制柜跳闸,并报警。

(2) 原因:

① 控制柜可控硅烧坏。

② 控制柜集成电路板烧坏。

③ 脱水变压器内变压器油过脏,不绝缘。

④ 脱水变压器故障。

⑤ 污水系统回收老化油集中,致使五合一装置脱水段破乳效果不好,有絮状杂物附着在绝缘挂板上,使极板间导电。

⑥ 加药系统不正常,加不进药。

(3) 处理方法:

① 更换控制柜可控硅。

② 更换控制柜集成电路板。

③ 更换脱水变压器内变压器油,检查或更换脱水变压器高压引线。

④ 检修脱水变压器。

⑤ 平稳回收污水系统原油,按操作规程停运五合一装置,清罐合格后清除五合一脱水段内绝缘挂板及电极间的杂物。

⑥ 检查并处理加药系统,保证加药正常,符合要求。

(4) 清理场地,收工具。

(5)注意事项或安全风险提示:

① 检修五合一装置脱水控制柜及变压器应由专业人员完成。

② 检修五合一装置脱水控制柜及变压器时,应断电,并挂好检修牌,防止误操作送电。

③ 维护保养五合一装置,严格执行受限空间作业管理规定,清罐必须达到要求,进行强制通风,人员穿戴好防护用品,气体检测合格后方可进入容器内检修。

2)五合一装置油水界面异常形成混层

(1)现象:

① 五合一装置运行过程中,油室不进油。

② 水室排出的为油水混合物,含油严重超标。

③ 脱水段油水界面过低。

(2)原因:由于污水处理后回收的老化油稳定性强,不易破乳,进入五合一装置后在油水界面处形成过渡带,当过渡带累积到一定高度后,就会占据脱水段的水相空间,当达到脱水段排水出口时,过渡带混液会进入水室堰管内,由于过渡带混液密度比水轻,起不到压力平衡的作用,净化油无法从收油槽进入油室,就会造成油室不进油,造成净化油从水出口排出。

(3)处理方法:

① 将水出口调节控制阀更改为手动控制,并将其关闭,提高水室液位。

② 当水室液位升至超过脱水段水出口堰管高度时,水室内的水从脱水段水室堰管返回到脱水段内,致使混油通过压力平衡进入油室;将油出口调节阀改为手动控制。

③ 当油出口出油后,对油出口应加密做样,当含水超0.3%时,可将油出口倒进故障流程。

④ 当脱水段内的油水界面达到1.5m左右时,将水出口调节阀手动控制打开,使水室内的污水缓慢排出。

⑤ 五合一装置混层处理完毕,当五合一装置油室正常进油、水室液位正常后,将五合一装置全部投运,自动控制。

(4)清理场地,收工具。

(5)注意事项或安全风险提示:

① 处理脱水段混层需要很长时间,人不能离开操作台,需随时掌握五合一装置的运行状况。

② 处理过程会出现水室液位快速上长,加热段低液位报警,当出现这种情况时,应将五合一装置的炉火关小,防止五合一装置火管露出液位,发生干烧故障。

③ 当脱水段出现低液位报警时,应将脱水控制柜断电,防止电极板露出液位。

④ 油室液位快速增长时,应联系化验岗及时做样,防止含水超标。

3)五合一装置气管线冲油

(1)现象:

① 压力低,液位高。

② 气管线温度高。

③ 严重时,加热炉冒黑烟,炉膛内有流淌火。

(2)原因:

① 主要原因是系统压力控制过低,油无法进入缓冲罐内,使油室液位快速升高,进入气管

线内,严重时进入加热炉供气管线内。
② 油室液位控制过高,油进入气管线内。
③ 油室液位计失灵。
④ 油出口自动调节阀失灵。
⑤ 自动控制系统失灵。
(3)处理方法:
① 关闭气平衡控制阀。
② 按操作规程启动收油泵对除油器进行收油。
③ 立即查明原因,根据具体原因采取相应的处理措施:
(a)系统压力低、油室液位高:关小气出口,开大油出口阀,降低油室液位。
(b)液位计失灵:开大油出口阀,降低油室液位,维修液位计。
(c)油出口自动调节阀失灵:开大油出口直通阀,关闭调节阀的控制阀,降低油室液位,维修自动调节阀。
(d)自动控制系统失灵:开大油出口直通阀,降低油室液位,检查自动控制系统。
④ 如油进入燃气管线内,应及时停炉,对燃气管线放空,清理加热炉供气管线内的油。
(4)清理场地,收工具。
(5)注意事项或安全风险提示:
① 当发生气管线冲油时,首先应关闭气出口阀,并立即收油,防止油进入供气管网。
② 当加热炉冒黑烟时,说明原油已经进入加热炉内,应及时切断加热炉的供气阀,防止发生加热炉着火。
③ 开大油出口阀后,应密切观察五合一装置油室液位,防止油室液位过低,气从油出口排出,再次出现五合一装置系统压力过低现象。

三、典型工作案例

1. 案例一

某联合站有三台五合一加热炉,冬季全部运行,在春季停1#五合一加热炉检修时,将烟道挡板关闭,检修完毕后作为备用加热炉。在冬季启炉检查时,班长和当班人分别对1#五合一进行了检查,以确认燃烧器、燃烧道、防爆门、烟囱绷绳、定压排气阀、进出口阀门、排污阀等应齐全好用,清除设备和烧火间内杂物,两个人均认为对方检查了烟道挡板,在没有核实对方检查的部位时,就进行了点炉操作,在操作过程中点火间内天然气气味大,炉子回火并轰轰地响,点火间铁皮房子颤动严重,一会儿的工夫就自动熄火了。最后经排查发现烟道挡板没有打开,造成排烟不畅,炉子自动调节大火时回火。班长将烟道挡板打开后,重新按启炉操作规程启炉,恢复正常生产。

【原因分析】

该站违反了Q/SY DQ1112—2006《加热、分离、沉降、电脱水、缓冲原油处理组合装置操作规程》中"2.2 检查燃烧器、燃烧道、防爆门、烟囱绷绳和挡板、定压排气阀、进出口阀门、排污阀等应齐全好用,清除设备和烧火间内杂物"的规定,没有检查烟道挡板开启情况,并且在没有核实对方检查部件及部位时就进行了点炉操作,造成加热炉燃烧器打火时自动熄火。

2. 案例二

某联合站在进入冬季安全生产,对 1#五合一加热炉进行启炉检查时,检查温度指示仪时,只检查了外观完好,并没有检查接线部位,而且在没有检查校验合格证是否合格的情况下就进行点炉烘炉操作,12h 后,发现加热炉汽化了,经过检查,温度指示仪线路虚接,显示的温度与实际不符。

【原因分析】

该站违反了 Q/SY DQ1112—2006《加热、分离、沉降、电脱水、缓冲原油处理组合装置操作规程》中"2.4 检查压力表、液位报警器、油水界面指示仪、温度指示仪、液位指示仪等应齐全并校验合格"的规定,在对温度指示仪检查时,没有检查到位,在没有核实校验合格的情况下就进行了启炉,造成加热炉温度显示仪显示不准确,致使加热炉发生汽化事故。

3. 案例三

某联合站在启动 1#五合一加热炉前检查时,小队电工对室外的供电系统、脱水变压器、整流装置、可控硅装置、高压绝缘棒,各连接处插头接地可靠进行了检查。室内只是检查了三相电压和仪表柜外观,安装好熔断器,并没有检查熔断器是否完好,接触面是否有氧化现象,就直接与岗位员工交接检修完成。当岗位员工在进行五合一电脱水投运时,检查三相电压正常,合闸运行后,缓慢调节电位控制器,当电流值上升到 12A 时,保护器自动跳闸。经过检查发现熔断器接触面出现氧化层,接触不好。在电流逐渐增大的过程中,三相电压虚接的一项与其他两项电压差值超过额定范围,造成保护停机不能正常运行。停运电脱电路系统,将熔断器接触面处理干净后,重新安装熔断器,合闸投运电脱系统后运行正常。

【原因分析】

该站违反了 Q/SY DQ1112—2006《加热、分离、沉降、电脱水、缓冲原油处理组合装置操作规程》中"2.5 检查供电系统、脱水变压器、整流装置、可控硅装置、高压绝缘棒,各连接处插头接地可靠,各熔断器接触良好"的规定,电工在检查过程中,检查熔断器不仔细,造成五合一电脱水系统合闸后,因电压差值大而自动保护跳闸,不能正常启动。

4. 案例四

某联合站在进入冬季生产,投运 2#五合一加热炉时,由于操作人疏忽,忘记调整烟道挡板了,点火烘炉 24h,达到投产需要温度时,按操作规程投运五合一加热炉电脱系统,运行 1h 后,发现加热炉出口温度过低,电脱系统不能正常运行,油出口含水超过规定值,经过检查发现是烟道挡板未开大,燃烧器温度上不去,造成进入电脱系统的介质温度过低,达不到分离的效果,含水上升,电脱电场维持不住。倒事故流程后,重新调整加热炉烟道挡板,提高加热炉温度,达到要求后重新投产电脱系统,收净事故罐内的介质后恢复正常生产。

【原因分析】

该站违反了 Q/SY DQ1112—2006《加热、分离、沉降、电脱水、缓冲原油处理组合装置操作规程》中"2.9 打开烧火间的门窗、烟道挡板,应充分通风,排净炉内易燃气体,自然通风 30min 以上"的规定,在投运前没有按操作规程检查烟道挡板,使加热炉打火时温度烧不上去,进入电脱系统的介质温度不够,分离不好,介质含水过高,影响了正常生产需要。

第七节　天然气除油器的操作与维护

油井混合物经过气、液初步分离,天然气中含有少量的油、水,影响天然气的输送,一般天然气外输前要经过天然气除油器,脱除天然气中的油和水。

一、工作过程知识

1. 天然气除油器的结构

天然气除油器的结构如图 2-39 所示。

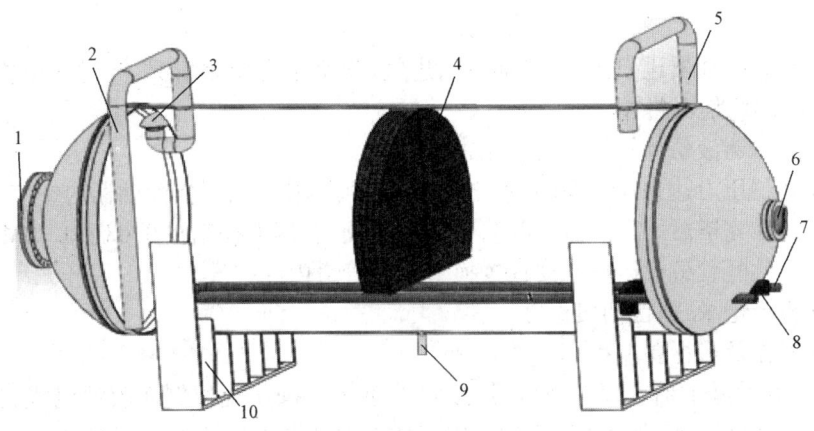

图 2-39　天然气除油器的结构示意图
1—人孔;2—进气管线;3—进气折流碗;4—捕雾丝网;5—出口管线;6—机械浮球液位计;
7—伴热管线;8—收油管线;9—底部排污管线;10—鞍式底座

2. 天然气除油器工作原理

天然气由进气管进入罐内,喷在挡板上,天然气返回光滑弓形封头上,经折流碗杂乱无章的气体变为层流状态,又经捕雾丝网及出气管排入气管线中,挡板、校直板表面具有一定的吸附液滴的作用,从校直板到捕雾丝网之间有一定长度为沉降段,可沉降 100μm 以上直径的液滴,捕雾丝网可捕捉 10μm 以上直径的液滴,沉降到罐底部由出液管排入油管线中,罐内液量少,可定期排放。

二、技能训练

1. 天然气除油器的操作

1)投产前的准备工作

(1)新建或检修后的天然气除油器,按设计要求进行强度试验和严密性试验,确定合格。
(2)检查进出口阀门、排污阀、收油阀门等应齐全好用。
(3)检查安全阀,应校验合格,并在校验有效期内,安全阀开启压力达到安全标准要求,安全阀下面的截止阀应保持全开状态。

(4)检查压力表、液位计、液位报警器等应齐全并校验合格。

(5)检查容器内部清洁无杂物。

(6)检查防腐保温情况,确保保温层完好无缺。

(7)检查系统工艺流程和工艺伴热流程,满足投产要求。

(8)检查接地电阻阻值,符合标准要求。

(9)关闭进口阀门、出口阀门、罐底排污阀门、收油阀门,倒通伴热流程。

(10)按除油器收油操作规程做好收油前的准备工作。

(11)检查各工艺流程应满足投产需要。

(12)与有关单位或岗位联系,倒通来气流程,准备进气。

2)投产及运行

(1)缓慢打开除油器进口阀,向除油器内进气,观察压力变化情况,同时注意检查仪表、阀门、人孔法兰等部位是否漏气。

(2)检查除油器液位计及报警是否正常。

(3)当除油器压力达到 0.10MPa 时,打开除油器放空阀门,置换除油器内空气。

(4)空气置换完毕后,打开出口阀门,关闭放空阀门,压力控制在 0.08~0.20MPa。

(5)按照天然气管道投运操作规程置换天然气管道内的空气。

(6)做好投产记录,保留档案。

(7)收油操作及运行要求:

① 液位计显示除油器内存有液体时,按收油泵运行操作规程倒通收油流程,打开除油器收油阀门,启动收油泵,回收天然气除油器内液体至除油器液位计显示无液位。

② 关闭除油器收油阀门,切换至正常生产流程。

(8)除油器正常运行时,每 2h 检查一次,注意观察压力、液位等情况,如异常,及时调整和处理,并按时录取除油器压力、温度和液位等参数,填写生产日报。

3)停运操作

(1)正常停运:

① 正常停运时,如液位计显示除油器内存有液体,按收油泵运行操作规程倒通收油流程,打开除油器收油阀门,启动收油泵,回收天然气除油器内液体至除油器液位计显示无液位。

② 收油完毕后,关闭除油器收油阀门,打开除油器进出口连通阀,依次缓慢关闭进口阀口、出口阀门,然后打开放空阀泄压至压力表显示为零,达到备用或检修状态,挂好警示标志。

③ 打开人孔法兰,自然通风。

④ 用可燃气体检测仪进行检测罐内气体浓度,达到安全要求后方可进行检修操作。

⑤ 冬季运行时,伴热系统应正常运转。

⑥ 做好停运及检修记录。

(2)紧急停运:打开除油器进出口连通阀,依次关闭进口阀口、出口阀门,按收油泵运行操作规程倒通收油流程,打开除油器收油阀门,启动收油泵,回收天然气除油器内液体至除油器液位计显示无液位。

以下三种情况采取紧急停运措施:

① 安全阀动作。
② 附件发生泄漏。
③ 其他危及安全的情况。
以上情况应向上级汇报,查明原因,填写记录。

4) 异常情况处理

(1) 除油器在运行中可能出现以下异常情况:
① 下游误操作造成的憋压。
② 压气站突然停机造成的憋压。
③ 除油器出口压力和外输压力超出日常管理范围。
④ 液位计失灵造成除油器液位过高使得液体外溢,冻堵管线。
⑤ 停电或误操作造成分离缓冲游离水脱除器液位过高,使液体进入除油器,造成管线冻堵。
⑥ 加热装置燃烧不好,烟囱冒黑烟,可能存在除油器液位过高或跑油情况。

(2) 发现以上所列异常情况应采取以下措施:
① 立即向上级主管部门汇报。
② 检查仪器、仪表是否灵活好用。
③ 打开放空阀门。
④ 如发现除油器跑油,立即关闭燃料气阀门,加热装置停火。
⑤ 启动收油泵进行收油。
⑥ 对外输管线和燃料气管线解堵扫线。
⑦ 通知下游注意观察来气含油情况,有问题及时处理。

2. 天然气除油器的检查及维护

(1) 每月对罐体的保温、外腐蚀情况进行一次检查,并做好记录。
(2) 每年 4 月中旬对罐壳体的接地状况进行一次检测,检测报告存档。
(3) 每年入冬前对有盐水包、玻璃管液位计保温箱的除油器进行盐水量和保温检查,有问题及时处理。
(4) 每年入冬前做好罐底排污阀的保温工作,确保排污畅通。
(5) 每年 3 月和 10 月对除油器所属仪器、仪表进行检修。
(6) 每年对除油器的整体腐蚀情况检查一次,并做好记录。
(7) 每两年应对除油器开罐清淤检查一次,并做好记录。
(8) 安全设施按照安全管理相关标准、规程、制度检修或检定,并做好记录。

三、典型工作案例

1. 案例一

某转油站天然气除油器浮球连杆由于腐蚀穿孔,造成液位计显示不准确。发生高液位报警后,当班人立即汇报队值班领导和相关部门。值班领导到现场后发现现场液位计显示为最低量程(-0.65),但是液位计已经出现高液位报警。值班干部对除油器进行收油工作,共收到 4.7m³ 的液体。收净容器内液体后,值班干部组织人员对除油器进行液位计的更换工作,更换后,立即启用除油器,当时没有发现泄漏就直接投入运行了。次日8:00,当班人巡检时发现外输伴生气气量比正常的气量少了2200m³左右,经过巡查发现除油器底部排污阀门损坏,关不严,一直在漏气。虽然没有引起人员伤亡事故,但外输伴生气量减少了2200m³,影响了产气量,增加了生产成本,造成了环境污染。

【原因分析】

该事故违反了Q/SY DQ1105—2006《除油器操作规程》中"2.1 新建或检修后的天然气除油器,按设计要求进行强度试验和严密性试验,确定合格"的规定,维修后没有及时进行严密性试压。

2. 案例二

某转油站除油器5月13日检修合格后,进行投运工作。当班员工对除油器的外观进行了检查,并检查各部位阀门均处于关闭状态,但是在投运过程中,打开进口阀门,当压力上升至0.1MPa时,打开放空阀门进行置换除油器内空气操作,在放空阀门开到最大后,却没有任何气体排出,经判断确认是阀门闸板脱落。

【原因分析】

该事故违反了Q/SY DQ1105—2006《除油器操作规程》中"2.2 检查进出口阀门、排污阀、收油阀门等应齐全好用"的规定,没有检查确认各部位阀门是否好用。

3. 案例三

某转油站按规定于9月21日校验安全阀,在更换新校验的安全阀后,由于阀门保养不到位,开关不灵活、费力,当班人只将安全阀下面的截止阀开了一点就觉得太累而没有开到最大,后期1月进入冬季生产运行,由于除油器出口含水过多而且没有伴热,致使管线冻堵除油器压力升高,超过安全阀启动压力0.4MPa后,上游的分离器安全阀启动大排量排气,而除油器安全阀排气量却很小。

【原因分析】

该事故违反了Q/SY DQ1105—2006《除油器操作规程》中"2.3 检查安全阀,应校验合格,并在校验有效期内,安全阀开启压力达到安全标准要求,安全阀下面的截止阀应保持全开状态"的规定。

4. 案例四

某转油站在1月23日除油器维修完成合格后,于16:00进行除油器投运前的准备工作,经过检查,发现除油器出口铠装损坏变形不能恢复,保温材料脱落并未掉落。合上除油器液位计报警器电源后,发现除油器液位计报警器低液位报警灯闪烁两下后熄灭,当班人立即进行了全面检查,发现除油器内没有液位,班长按下试验钮后,发现除了低液位报警灯不亮外,其他的报警灯都亮了,然后对当班人说:"没事的,就是灯坏了,还有高液位报警器呢!",要求当班人立即运行该容器,按操作规程运行除油器后,17:45时发现除油器进口管线有流水的声音。当班人没有在意,当22:00巡检时发现除油器和分离器憋压,液位处于满罐而报警系统高液位报警器没有报警。

【原因分析】

该事故违反了Q/SY DQ1105—2006《除油器操作规程》中"2.4 检查压力表、液位计、液位报警器等应齐全并校验合格;2.6 检查防腐保温情况,确保保温层完好无缺;3.8 除油器正常运行时,每2h检查一次,注意观察压力、液位等情况,如异常,及时调整和处理,并按时录取除油器压力、温度和液位等参数,填写生产日报。"的规定,液位计报警器未校验合格,在除油器高液位时未能及时报警,并且保温层有破损处,未能修复就投运,并且当班人没有按要求时间巡回检查。

5. 案例五

1996年,某转油站除油器检修后,由于是秋季,没有及时打开伴热阀门,进入冬季生产时,班长及员工均没有按照冬季安全生产制度进行检查系统流程,最后除油器伴热冻裂,由于供热加热炉是敞口无压的炉,除油器内气体及少量轻烃在压力的作用下进入伴热管线,随着水流回到锅炉岗室内炉区,可燃气体遇到明火后发生爆炸事故。

【原因分析】

该事故违反了Q/SY DQ1105—2006《除油器操作规程》中"2.7 检查系统工艺流程和工艺伴热流程,满足投产要求;2.9 关闭进口阀门、出口阀门、罐底排污阀门、收油阀门,倒通伴热流程;4.1.5 冬季运行时,伴热系统应正常运转"的规定。

6. 案例六

某转油站投运天然气除油器,打开进气管线阀门,当压力上升至0.10MPa后,打开放空阀门进行置换空气,然后按规定步骤关闭放空阀,打开容器出口阀门,关闭直通阀门,看压力表上升稳定没有下降,就回值班室填写报表了,1h后听到罐区有特别大的漏气声音,值班人员检查后,发现是除油器顶部出口法兰垫片损坏漏气,立即按操作规程采取紧急停运除油器,待压力卸掉后,检查发现法兰垫片被气体刺掉10mm左右,法兰螺栓压偏。

【原因分析】

·该事故违反了Q/SY DQ1105—2006《除油器操作规程》中"3.1 缓慢打开除油器进口阀,向除油器内进气,观察压力变化情况,同时注意检查仪表、阀门、人孔法兰等部位是否漏气"的规定,未检查是否漏气就进行投运。

7. 案例七

某转油站预计4月7日对除油器进行检修,4月3日在停运过程中,当班人发现容器内有液体,但是由于往年都是7月进行检修,天气温度高不用立即收油,都是什么时候检修什么时候排净容器内的介质,所以按照惯例只是倒好了流程,并没有进行收油工作,当4月7日进行检修时,发现罐内的介质已经凝堵在了容器里,不能被排出。只好启动加热炉倒通伴热管线,待温度升高后,将液体收净。

【原因分析】

该事故违反了Q/SY DQ1105—2006《除油器操作规程》中"4.1.1 正常停运时,如液位计显示除油器内存有液体,按收油泵运行操作规程倒通收油流程,打开除油器收油阀门,启动收油泵,回收天然气除油器内液体至除油器液位计显示无液位"的规定,由于气温低,容器内的介质凝堵后,堵塞了容器出口收油管线,不能及时排出。

8. 案例八

某转油站在进入冬季生产时,没有对除油器管底的排污阀门进行保温工作,由于阀门是截止阀,容器内的水流入阀门的阀瓣底部,第二年春天的某一天,发现伴生气产量突然下降了 3000m³,经过排查发现是排污阀门损坏漏失造成的。

【原因分析】

该事故违反了 Q/SY DQ1105—2006《除油器操作规程》中"6.4 每年入冬前做好罐底排污阀的保温工作,确保排污畅通"的规定,没有进行保温工作,使得容器内的水冻成了冰,冰膨胀后将阀门的丝杠与阀瓣处顶举出间隙。

第八节 游离水脱除器、压力沉降罐的操作与维护

含水原油通过游离水脱除器、压力沉降罐的脱水主要依靠重力沉降法。含水原油经破乳后,需要把原油同游离水、杂质等分开。在沉降罐中主要依靠油水密度差产生的下部水层的水洗作用和上部原油中水滴的沉降作用使油水分离,此过程在油田常被称作一段脱水。20 世纪 80 年代以来,我国开发出了一些聚结床式脱水器(根据油、水对固体物质的亲和状况不同,利用亲水憎油的固体物质制成各种聚结床),用于一段脱水,提高了脱水效果。

一、工作过程知识

1. 游离水脱除器的结构及工作原理

1)游离水脱除器的结构

游离水脱除器主要用于从高含水油水混合物内脱出游离水,使后续原油脱水设备的负荷减小,节省设备的建设及运行费用,因而游离水脱除器常作为多级脱水工艺的初级脱水设备。

游离水脱除器有立式和卧式、两相和三相之分。由于立式脱除器的油水分离效率低,使用量很少,仅适用于空间受限或经常需从脱除器底部清污的情况。脱除器脱出的游离水含油量应小于 1000mg/L,原油内含水一般不超过 30%。

游离水脱除器结构如图 2-40 所示,主要由壳体、分液板、金属波纹板聚结器、集油槽和集水槽组成。

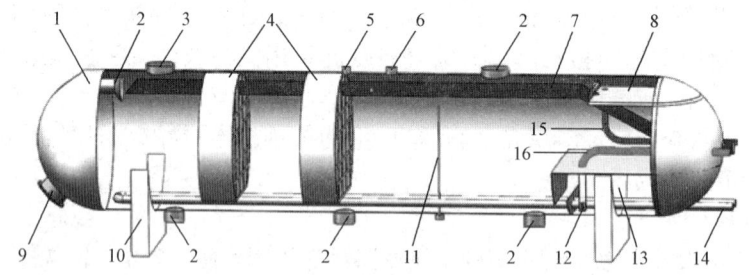

图 2-40 游离水脱除器结构示意图

1—壳体;2—折流碗;3—人孔;4—金属波纹板聚结器;5—放空阀接口;6—安全阀接口;7—进油管;8—集油槽;9—封头人孔;10—鞍式支座;11—油水界面仪;12—破涡板;13—集水槽;14—伴热管线;15—油出口;16—水出口

2)游离水脱除器的工作原理

高含水原油从进油管进入游离水脱除器内。在分液板的防冲板和稳流作用下,高含水原

油通过分液板上的圆孔进入沉降环境相对比较宁静的区域,并依次通过两道金属波纹板聚结器,油水沉降分离。在油水界面处油水进行交换,油中的游离水从油中逐渐下沉到油水界面以下;粒径较大的乳化水通过金属波纹板聚结时,金属波纹板的亲水憎油特性使水滴不断地在金属波纹板的表面湿润聚结成更大的水滴下沉到油水界面以下;水中的浮油向上浮升到油水界面以上。脱水后的原油进入集油槽中,从出油管排出;分离出的含油污水进入集水槽,从出水管排出。油水界面测量仪可随时监测油水界面的位置,并自动调节放水阀的开启度,控制油水界面的位置。

3) 游离水脱除器的控制参数

(1) 游离水脱除后的原油进入电脱水器时,其含水率应不大于30%。

(2) 油水总沉降时间不宜大于15min,处理含聚合物的原油,沉降时间不宜大于30min。

(3) 脱除的含油污水其含油量一般不大于1000mg/L,污水含聚合物时,其含油量一般不大于3000mg/L。

(4) 设计压力为0.3~0.4MPa,设计温度为35~60℃。

2. 压力沉降罐的结构与工作原理

1) 立式沉降罐的结构与工作原理

立式沉降罐的结构如图2-41所示。它是目前常用的一种立式原油脱水沉降罐。

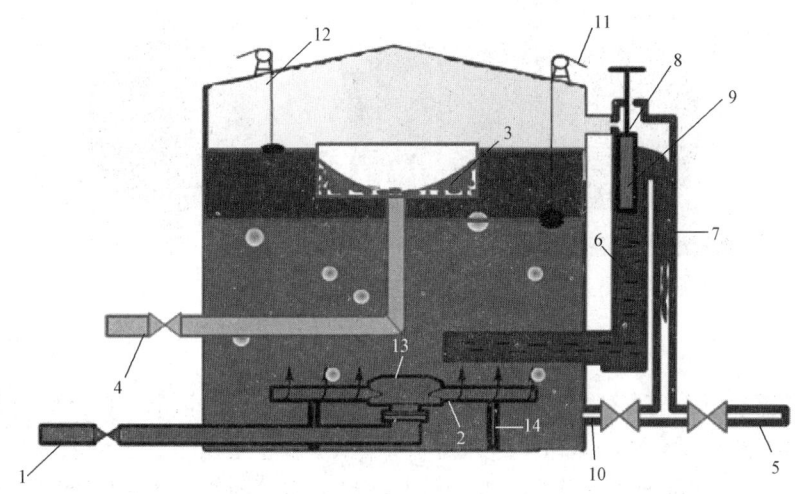

图2-41 立式沉降罐结构示意图

1—油水混合物入口;2—辐射状配液管;3—中心集油槽;4—出油管;5—排水管;6—虹吸上行管;7—虹吸下行管;
8—液力阀杆;9—液力阀柱塞;10—排空管;11,12—油水界面和油水浮子;13—配液管中心汇管;14—配液管支架

这种沉降罐适合于含气量很少、工作压力接近常压的情况。工作时,油水混合物经配液管中心汇管通过辐射状配液管进入罐底部的水层内,其中的游离水、破乳后粒径较大的水滴、盐类和亲水固体杂质等在水洗的作用下并入水层;原油及其携带的粒径较小的水滴在密度差的作用下,不断向上运动,且水分不断从油中沉降出来;当原油上升到沉降罐上部液面时,其含水率大为减少,经中心集油槽通过排出管排出。沉降罐底部的污水,经由液力柱塞阀控制高度的上行虹吸管吸至一定高度后,通过下行虹吸管与排水管排出。

油气集输

辐射状配液管离罐底高度一般为0.5~0.6m,在管底沿长度方向开有若干小孔,为了在罐截面上进料均匀,开孔的直径从罐中心向罐壁方向逐渐增大。

为了充分发挥破乳剂的作用,通常将沉降罐内排出的部分污水回掺到入口管线内,并要求从回掺点流至沉降罐的时间不少于15min。

根据原油性质的不同,有的需要增加底水层的高度,以增强水洗作用;有的需要减小底水层的高度,以增强重力沉降作用。这就需要调节和控制油水层界面的位置。底水层的高度由装在上行虹吸管顶端的液力柱塞阀调节控制。当液力柱塞阀的柱塞向上运动时,污水流经柱塞和上行虹吸管间隙处的阻力减小,水层高度减小,油层高度增加;当液力柱塞阀的柱塞向下运动时,污水流经柱塞和上行虹吸管间隙处的阻力增大,水层高度增大,油层高度减小。这样,调节液力柱塞阀的柱塞位置,就可在较大范围内调节沉降罐内油水界面的位置。

当混合物中含有一定量的天然气时,可在沉降罐旁设置由大直径立管构成的简式油气分离器,使混合物沿切线方向进入立管中上部,天然气从立管上部分出,油水混合物从立管底部进入沉降罐。这样,既避免了天然气对罐内油水混合物的搅拌,又避免了油气水不均匀液流对沉降罐的冲击,使沉降效果增强。

2)卧式沉降罐的结构与工作原理

目前常用的卧式沉降罐的结构如图2-42所示。

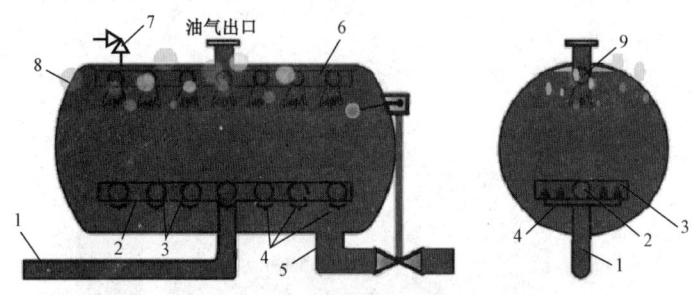

图2-42 卧式沉降罐结构示意图

1—油水混合物入口;2—配液汇管;3—配液管;4—槽形板;5—排水管;6—集油汇管;7—泄压阀;8—壳体;9—孔口

这种沉降罐常用于含有一定量的气体、具有一定工作压力的情况,其工作原理和过程与立式沉降罐类似。油水混合物经入口1进入配液汇管2,经过配液管3,到达槽形板。油水混合物经沉降开始分离,并逐渐充满整个容器。油水继续上升,沉降分离出的油和溢出的气体,经集油汇管流出沉降罐;同时浮子随着油水界面上升,直到其预定位置后,发出指令使污水排出管线的阀门打开,排污。

二、技能训练

1. 游离水脱除器、压力沉降罐的操作

1)投产前的准备工作

(1)新建或检修后的游离水脱除器、压力沉降罐应符合设计要求,内部清扫干净,试漏、试

压合格后,方可使用。

(2)检查仪表即附件应达到使用条件。

2)投产操作

(1)打开游离水脱除器进液放气阀,倒通进油系统流程。

(2)在游离水脱除器进液放气阀见油后,关闭放气阀,打开出口阀,同时打开压力沉降罐放气阀和进口阀,根据水位打开放水阀,调整放水量。

(3)在压力沉降罐进液放气阀见油后,关闭放气阀,打开出口阀进含水油缓冲罐。根据游离水脱除器和压力沉降罐的油水界面,打开放水阀,调整放水量。

(4)根据具体流程倒通含水原油进入原油脱水器,进行原油脱水操作。

(5)调整游离水脱除器压力,控制在 0.25~0.35MPa,压力波动范围小于 ±0.05MPa,工作温度为 35~40℃,比原油凝点高出 5~10℃为宜;压力沉降罐压力控制在 0.15~0.3MPa。

(6)记录投产时间,保管档案。

3)运行巡检

(1)游离水脱除器正常运行时,应做到"三勤""五平稳",即勤检查、勤分析、勤调整和排量平稳、压力平稳、温度平稳、水位平稳、加药量平稳。

(2)按规定录取游离水脱除器和压力沉降罐运行参数,游离水脱除器出口原油含水量小于50%,压力沉降罐出口原油含水量小于25%。

4)单台停产

(1)缓慢降低游离水脱除器和压力沉降罐进液量,调整运行容器的处理量,确认运行容器正常后,关闭备用容器进口阀、出口阀、放水阀。

(2)打开被停容器放水阀和排污阀。

(3)使用扫线风扫净容器内液体,关闭排污阀或放水阀。

(4)打开放气阀,排出被停容器内气体。

(5)打开被停容器人孔通风、清污、检修或停运备用。

(6)被停容器的阀门加铅封或挂警示标志,以防误操作。

(7)做好停产记录。

5)清洁和回收工具、用具

清洁和回收工具、用具,清理现场。

6)技术要求

(1)游离水脱除器和压力沉降罐的安全阀必须每年校检一次。

(2)游离水脱除器和压力沉降罐的油水界面高度根据进料原油的油水体积比来确定。

(3)游离水脱除器和压力沉降罐放水阀放出的水中含油量小于0.5%。

(4)游离水脱除器和压力沉降罐停产检修应由取得资质的单位担任。

7)安全要求

(1)对游离水脱除器和压力沉降罐进行检修时,容器内介质要清除干净,人孔全部打开,

油气集输

切断与容器有关的电源。

(2)需要动火作业时,首先打动火报告,经有关部门同意后,方可由持压力容器焊接证的人员动火。

(3)操作游离水脱除器和压力沉降罐的过程中,如果工作压力超过设计值,主要受压元件发生裂变、泄漏,安全附件失效等现象发生时,应立即停止运行并实施相应的应急预案。

(4)使用扳手紧固螺栓时,要拉动扳手而不要推动扳手,防止扳手滑脱伤人。

(5)开关阀门时,人应侧身操作,避免丝杠飞出伤人。

2. 游离水脱除器常见故障处理

1)游离水脱除器运行时压力异常

(1)现象:游离水脱除器运行时压力高于或低于设定值。

(2)处理方法:

① 检查来油汇管压力,判断检查转油站来液是否正常。

② 如果压力高,油水界面高,可适当开启放水旁通阀恢复压力及油水界面。

③ 如果压力高,油水界面低,可适当开大油出口汇管调节阀旁通阀恢复压力及油水界面。

④ 如果压力低,油水界面高,可关小油出口阀,恢复压力及油水界面。

⑤ 如果压力低,油水界面低,可控制放水排量,恢复压力及油水界面。

⑥ 如果油水界面正常,压力异常,可同时适当调整放水及油出口排量。

⑦ 生产正常后,恢复原流程。

2)游离水脱除器的放水调节阀失灵

(1)现象:油水界面下降,污水含油升高,污水沉降罐油位不断上升。

(2)原因:游离水脱除器的放水调节阀失灵,岗位人员监测不及时。

(3)处理方法:

① 关闭游离水脱除器放水调节阀前后控制阀门,适当开启游离水分离器放水调节阀旁通阀门,逐步恢复游离水脱除器的油水界面至2/3处。

② 控制污水泵出口阀门,降低污水泵流量。

③ 等污水沉降罐的液位至收油槽高度时,打开沉降罐的收油阀门,按操作规程启收油泵进行收油。

④ 收油完毕后,按操作规程停运收油泵,关闭污水沉降罐收油阀门。

⑤ 查找原因,修复故障调节阀。

⑥ 恢复生产,倒回原流程。

⑦ 做好记录。

3)游离水脱除器油出口含水超高

(1)现象:油出口含水超高。

(2)原因:

① 油出口调节阀失灵,岗位人员监测不及时,造成油水界面过高。
② 油水界面正常,但化验油出口含水超高,原因是来油油质不好或形成老化油。
(3)处理方法:
① 调节阀失灵的处理:
(a)缓慢打开并控制游离水脱除器油出口汇管调节阀旁通阀门,关闭调节阀前后控制阀。
(b)开大游离水脱除器放水调节阀的旁通阀,加大放水。
(c)通知加热岗提升脱水温度。
(d)查明原因,处理油出口调节阀故障。
(e)恢复生产,倒回原流程。
② 油质不好的处理:
(a)加大一段破乳剂的用量。
(b)提高来液温度,降低原油黏度。
(c)查明原因,减少污水沉降罐及污水岗的污油回收量。
(d)通知加热岗提升脱水温度。
③ 做好记录。

三、典型工作案例

××联合站有四台游离水脱除器,两台压力罐,且全部运行。4月12日13:00时左右,当班人在值班室内听到几声闷响,立即跑出值班室查看,发现1#游离水脱除器上部的安全阀动作,从安全阀连接管线内淌出黑色原油,覆盖了整个基座底部。随即跑到游离水脱除器操作间内查看,此时来液压力为0.42MPa,于是马上开大游离水脱除器放水阀,并通知电脱水岗,汇报队值班领导,值班领导到站里询问后,发现游离水脱除器的压力已经恢复到正常生产控制参数。随后与值班工人处理现场,回收落地污油后恢复正常生产。

【原因分析】

该故障违反了Q/SY DQ0080—2013《游离水脱除器、压力沉降罐操作规程》中"3.5 调整游离水脱除器压力,控制在0.25MPa~0.35MPa,压力沉降罐压力控制在0.15MPa~0.3MPa"的规定,系统压力上升,没有及时发现,严重时超过安全阀启动压力,安全阀启动,造成跑油冒罐事故。

第九节　电脱水器的操作与维护

原油电脱水器作为原油处理的重要设备,在陆上和海上油田得到了广泛应用。电脱水器是至今效率最高、处理能力最强、依靠电场的作用对原油进行脱水的先进设备。电脱水器的形式有很多种,如管道式、储罐式、立式圆筒形、球形等。随着石油工业的发展,经过不断地实践与总结,趋向于大批采用卧式圆筒形电脱水器。它的处理规模与生产质量均已达到较高水平,净化油含水率可降到0.3%以下。

一、工作过程知识

1. 电脱水器的结构

交直流复合电脱水器主要是由进油管、预沉降室、进油槽、布油孔、电极、悬挂绝缘子、出油管、排水管和油水界面测量仪等组成,如图 2-43 所示。

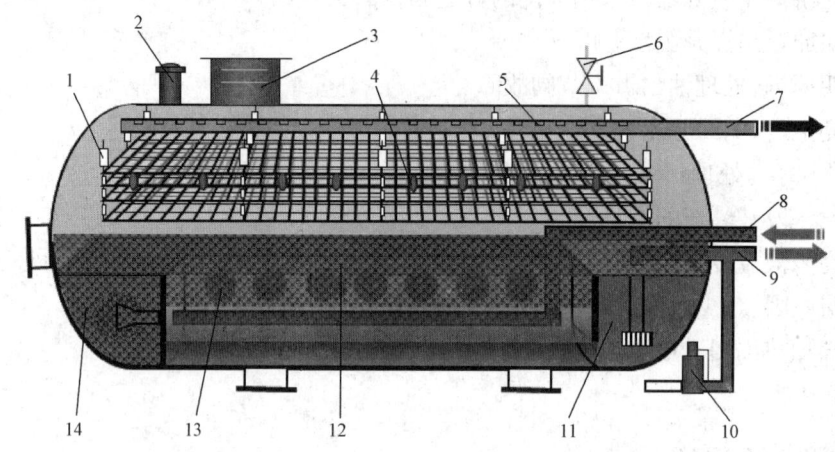

图 2-43　交变、直流复合电脱水器结构示意图

1—悬挂绝缘子;2—电极接线绝缘棒;3—升压和整流电器;4—电极;5—进油孔;6—放空阀;7—出油管;
8—进油管;9—水出口;10—安全阀;11—排水室;12—进油槽;13—布油孔;14—排砂口预沉降室

2. 电脱水器的脱水原理

1) 电泳聚结

把原油乳化液置于通电的两个平行电极中,水滴将向同自身所带电荷电性相反的电极运动,即带正电荷的水滴向负电极运动,带负电荷的水滴向正电极运动,这种现象称为电泳。由原油乳化液的性质可知,原油中各种粒径水滴的界面上都带有同性电荷,故在通直流电的平行电极中乳化液的全部水滴将以相同的方向运动。在电泳过程中,水滴受周围原油的阻力产生拉长变形,并使界面膜机械强度削弱。同时,因水滴大小不等、所带电量不同、运动时所受阻力各异,各水滴在电场中运动速度不同,导致水滴发生碰撞,使削弱的界面膜破裂,水滴合并、增大,从原油中沉降分出。未发生碰撞合并或碰撞合并后还不足以沉降的水滴将运动至与水滴极性相反的电极区附近。由于水滴在电极区附近密集,增加了水滴碰撞合并的概率,使原油中大量小水滴主要在电极区附近沉降分离。电泳过程中水滴的碰撞、合并称为电泳聚结,如图 2-44 所示。

2) 偶极聚结

在高压直流或交流电场中,原油乳化液中的水滴受电场的极化和静电感应,使水滴两端带上不同极性的电荷,即形成诱导偶极。因为水滴两端同时受正负电极的吸引,在水滴上作用的合力为零。水滴除产生拉长变形外,在电场中不产生像电泳那样的运动,但水滴的变形削弱了界面膜的机械强度,特别是在水滴两端界面膜的强度最弱。原油乳化液中许多两端带电的水滴像电偶极子一样,在外加电场中以电力线方向呈直线排列形成"水链",相邻水滴的正负偶极相互吸引,电的吸引力使水滴相互碰撞,合并成大水滴,从原油中沉降分离出来,这种聚结方式称为偶极聚结,如图 2-45 所示。显然,偶极聚结是在整个电场中进行的。

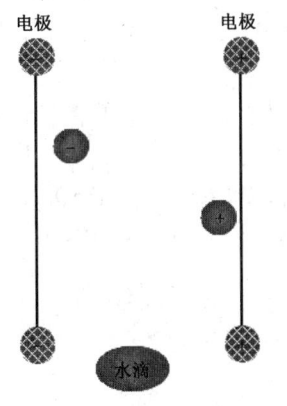

图 2-44　电泳聚结原理图

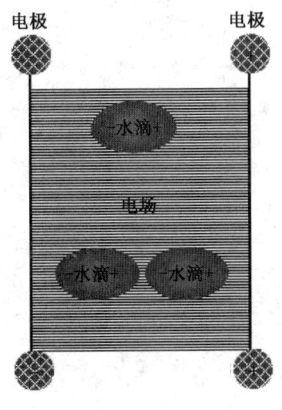

图 2-45　偶极聚结原理图

3) 振荡聚结

水滴中常带有酸、碱、盐的各种离子。在工频交流电场中,电场方向每秒改变 50 次,水滴内各种正负离子不断地做周期性的往复运动,使水滴两端的电荷极性发生相应的变化。离子的往复运动使水滴界面膜不断地受到冲击,使其机械强度降低至破裂,水滴聚结沉降,这一过程称为振荡聚结,如图 2-46 所示。显然,水滴越大,离子对界面膜的冲击作用越大,振荡聚结的效果越好。

对原油乳化液在电场中破乳过程的观察表明,在交流电场中破乳作用是在整个电场范围内进行的,这说明在交流电场内,水滴以偶极聚结和振荡聚结为主;直流电场的破乳聚结主要在电极附近的有限区域内进行,故直流电场以电泳聚结为主,偶极聚结为辅。

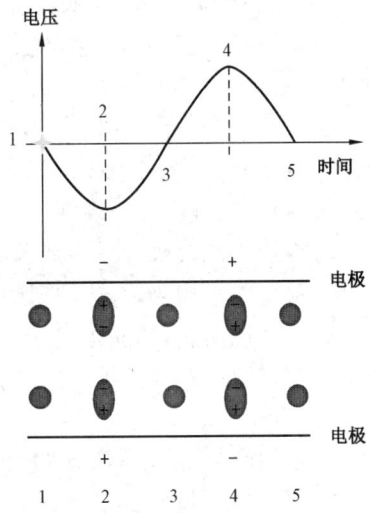

图 2-46　振荡聚结原理图

4) 电脱水器的工作原理

原油从进油管进入预沉降室,沉降泥沙和部分游离水后,在预沉降室分左右两路进入进油槽,从进油槽上的布油孔均匀进入油水界面下部的水相空间进行水洗,脱除原油中的残余游离水。水相空间水的浮力使水洗后的原油自下而上经过油水界面进入最下层与壳体之间的交变电场。在交变电场的作用下,乳化原油中粒径较大的乳化水发生振荡聚结和偶极聚结,与原油分离。粒径较小的乳化水与原油一起进入直流电场,在直流电场的作用下发生电泳聚结,与原油分离。脱水后的净化油汇集在脱水器顶部,经出油管排出电脱水器。分离出的水沉降到脱水器底部,从前端板的底部进入排水室,通过出水管排出电脱水器。

3. 电脱水器技术参数

(1)电脱水器进料原油较适宜的含水率为 15%~30%。

(2)电脱水器的操作压力应比操作温度下的原油饱和蒸气压高 0.15MPa 左右,以免有气体析出破坏电场的稳定性。电脱水器的操作压力一般为 0.2~0.28MPa,压力波动应小于 0.01MPa,压力小于 0.1MPa 时,不送电。

(3)根据原油乳状液脱水的难易程度,确定原油乳状液在脱水器中的停留时间,一般为 40~60min。

(4)脱水器的操作温度应根据原油黏度特性确定,原油运动黏度应低于 $50mm^2/s$。

(5)进料原油经电脱水器处理后,净油含水率小于 0.3%,污水含油率小于 0.5%。

二、技能训练

1. 原油电脱水器的操作

1)投产前的准备

(1)新建(改造)的电脱水器投用前应有合格检验报告。

(2)按照设计参数调整好电极间距,在投产前进行空载送电调试,检查电极接线是否正确。

(3)检查安全阀,应校检合格,并在检验有效期内,安全阀下面的截止阀应保持全开状态。

(4)油水界面仪一次仪表、二次仪表调试完好。

(5)检查容器内、外防腐保温层完好无缺。

(6)检查接地线符合标准要求。

(7)检查脱水加热炉,达到启炉要求。

(8)检查加药装置完好。

(9)检查脱水器进口阀、出口阀、放水阀、排污阀关闭,打开脱水器罐顶部排空阀。

(10)空载送电:

① 确认原油电脱水器达到送电要求。

② 送电按照《除油罐设计规范》的规定进行操作。

③ 检查原油电脱水器控制柜电压表、电流表数值在设计要求范围值内。

④ 原油电脱水器电极无放电现象,断开电源,封人孔。

⑤ 检查上下游系统流程满足投产要求。

2)投运

(1)缓慢打开脱水器进口阀。

(2)脱水器排空阀见油后,立即关闭排空阀。

(3)当脱水器压力上升至 0.25MPa 时,打开脱水器放水阀,调整脱水器压力在 0.15~0.25MPa,稳压 5min,检查绝缘棒高压绝缘套筒压力表显示值为零。

(4)打开排空阀门,进行第二次排气。

(5)送电时按照《除油罐设计规范》的规定进行操作。

(6)脱水器电场稳定后,缓慢打开脱水器油出口阀,调整处理量。

(7)油水界面控制在设计范围内,通过油出口阀、放水阀来调整油水界面。

(8)启动脱水加热炉时,按照《火筒式原油加热炉操作规程》的规定进行操作。

(9)启动加药泵,按要求投加药剂。

(10)脱水器进油含水控制在30%以内,脱水后原油含水控制在0.3%以下。

(11)填写报表。

(12)每2h进行巡回检查,检查及录取脱水器的压力、进口温度、出口温度。

3)停运

(1)调整上下游系统流程满足停运要求。

(2)临时停运:

① 停电时按照《除油罐设计规范》的规定进行操作。

② 缓慢关闭进口阀、出口阀,脱水器内压力维持在0.15~0.25MPa。

(3)检修停运:

① 停电时按照《除油罐设计规范》的规定进行操作。

② 缓慢关闭进口阀、出口阀,脱水器内压力维持在0.15~0.25MPa。

③ 调整放水阀开度,排空脱水器内液体,关闭放水阀,打开排空阀泄压。

2. 电脱水器的检修及维护

(1)打开人孔,进行通风。

(2)检测原油电脱水器内可燃气体浓度,合格方可进行检维修。

(3)使用防爆工用具,清除原油电脱水器淤积物。

(4)检查吊板、绝缘棒及绝缘棒高压绝缘套筒内绝缘油完好,调整好电极的间距,检查原油电脱水器内防腐层完好,做好记录。

(5)按仪表检定的周期对原油脱水器的各种仪表进行检验。

(6)每半年对原油电脱水器进行清淤。

(7)每半年检查原油电脱水器内防腐。

(8)每半年检查原油电脱水器电极、绝缘吊板的紧固螺杆及螺母,检查电极及间距。

3. 电脱水器常见故障及处理

1)电脱水器电场波动

(1)现象:脱水器电压表指针突然上下摆动,从脱水器内连续发出"啪啪"的放电声。

(2)原因:

① 操作不平稳。

② 水位过高。

③ 油温过低。

④ 原油含水变化。

⑤有老化油或回收落地油进站。

(3) 故障处理：

① 平稳操作。

② 加强放水。

③ 提高电脱炉温度。

④ 查明含水变化原因，加大破乳剂用量或浓度。

2) 电脱水器电场破坏

(1) 现象：脱水器电流急剧上升，电压迅速下降，关闭脱水器进出口阀门停止送电时，电压也迟迟不能恢复，有时上去后又落下来。

(2) 原因：

① 水位升高或排量增加过快。

② 高含水油进入电脱水器内。

③ 集中来老化油或回收的落地油。

(3) 处理：

① 加大放水量。

② 关小油出口阀门。

③ 加大破乳剂浓度和用量，提高脱水温度。

3) 电脱水器绝缘棒击穿

(1) 现象：电流突然上升，电压下降到接近零的程度，严重时脱水器根本送不上电。

(2) 原因：

① 安装时绝缘棒台阶处有裂痕，被高压击穿。

② 高压绝缘棒表面闪络造成。

③ 绝缘棒上附着水分。

(3) 处理：

① 停运电脱水器，更换绝缘棒。

② 防止水位过高，降低顶部净化油含水。

③ 使用材质好的聚四氟乙烯绝缘棒。

4) 脱水器电极损坏

(1) 现象：脱水器电流突然升高，电压归零，送不上电，检查绝缘棒与外部电路均无损坏。

(2) 原因：乳化油中含水高，水滴在电极间形成水链，引起放电电极丝局部腐蚀，被高压打断落到下层，形成高压短路。

(3) 处理：

① 平稳操作，避免流量过大、水位过高、温度过低引起严重放电。

② 选择耐腐蚀、强度高、导电好、不易熔解的金属材料做电极丝，把电极丝绕成网状结构。

5) 脱水器沉砂与放水管线结垢

(1) 现象:脱水器水位经常高,放不出去水,必须降低排量才能生产。

(2) 原因:

① 泥沙沉降堵塞放水管线。

② 放水管线中由于盐类和矿物质形成垢物而堵塞。

(3) 处理:

① 沉沙严重时,需要停运电脱水器清扫泥沙。

② 酸洗垢物,先用50%的稀盐酸洗垢,待反应与金属接触时再加0.02%的缓蚀剂,反应停后用水冲洗。

6) 电脱水器常见故障处理技术要求

(1) 对沉降放水罐要定时巡回检查,严禁把底部水打入脱水器内,以免电场波动。

(2) 处理长期存放的乳化原油或落地油时,首先用一台脱水器处理,无问题后方可逐个用其他脱水器进行电脱水,以免电场波动。

(3) 在脱水器检修过程中,要清洗绝缘棒表面的污物,在绝缘棒的上部套管瓷瓶中灌入沥青等绝缘材料,防止雨天或空气潮湿时,在绝缘棒表面附着水分,以免电场破坏。

(4) 电极安装要水平,如极间距离差异过大要进行调整,一般要求极间距离误差不超过10mm。把电极极丝缠绕成网状结构,并尽量拉紧拉直,这样即便局部电极极丝腐蚀烧断,也不会脱落造成高压短路。

7) 电脱水器常见故障处理安全要求

(1) 检修后的脱水器如需要空载送电试验,必须经安全部门检测合格后方可进行。

(2) 无焊接证的人员不允许进行动火操作。

(3) 室内要备齐各种灭火器。

(4) 脱水器需要停运处理故障时,先将主电路盘上大小熔断器拔掉,顶部才可以上人。

(5) 使用扳手紧固螺栓时,要拉动扳手而不要推动扳手,防止扳手滑脱伤人。

(6) 开关阀门时,人应侧身操作,避免丝杠飞出伤人。

(7) 对停运脱水器进行进罐处理故障时,应搞好以下操作:

① 打开抽空阀,同时打开排气阀抽空。

② 用热水或蒸汽清洗脱水器。

③ 打开排污阀和顶部放气阀,放掉冷凝水。

④ 打开人孔,进行强制或自然通风。用瓦斯测定仪检测可燃气体浓度在允许范围内。

三、典型工作案例

××联合站有三台电脱水器,运行两台,备用一台。××月××日××时,化验岗工人接外输原油样品和脱后原油样品,化验发现脱后原油样品含水超标,及时通知脱水岗员工让其进行处理。脱水岗员工未发现电脱水器电流、电压、温度、油水界面有任何改变,再经仔细排查,发现进入电脱水器前进料含水超标,经重新调整加药量后,脱水器脱后原油含水恢复正常生产指标。

【原因分析】

该事故违反了 Q/SY DQ0063—2013《原油电脱水器操作规程》中"4.9 启动加药泵,按要求投加药剂"及"4.10 脱水器进油含水控制在 30% 以内,脱后原油含水控制在 0.3% 以下"的规定,脱后含水超标没有及时发现,造成外输原油含水超标,发生质量事故。

第十节 原油缓冲罐的操作与维护

原油缓冲罐的主要作用是将脱后净化原油密闭、储存、缓冲,并将油中游离气体分出,保持一定压力、液面,给外输油泵供油外输。

一、工作过程知识

1. 原油缓冲罐的结构

原油缓冲罐的结构如图 2-47 所示。

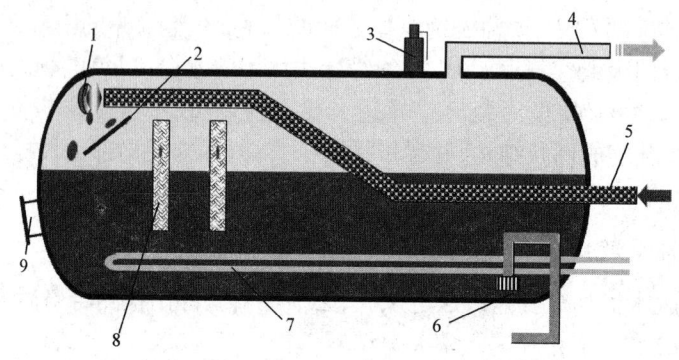

图 2-47 原油缓冲罐结构示意图

1—蝶形板;2—斜板;3—安全阀;4—气出口;5—进液口;6—油出口;7—伴热管线;8—筛板;9—人孔

2. 原油缓冲罐的工作原理

当油气混合物进入缓冲罐后,利用油气分离的原理使油气充分分离,由于密度的差异,油处于罐的底部,气处于罐的顶部,从排气管线排出,在正常的工作中,由于连续进油,罐的压力始终相对平稳,油就通过缓冲罐底部的集油筛管均匀地进入泵的进口,从而给输油泵制造一个平稳的工作条件。

二、技能训练

1. 原油缓冲罐的操作

1) 投运前的准备

(1) 新建(或检修后)原油缓冲罐投产前根据设计图纸或检修技术要求检查各附件,确认各附件完好。

(2)按照相关标准或设计要求对原油缓冲罐及伴热系统进行试压、试漏,经相应资质部门出据证明,确认合格。

(3)安全阀校准合格,灵活好用。

(4)液位计及监测仪表通过检定,确认合格。

(5)检查接地电阻阻值符合标准要求。

(6)倒通伴热流程。

(7)检查系统工艺流程,满足投产要求。

(8)与相关单位或岗位联系,倒通来油流程,准备进油。

2)投运

(1)缓慢打开原油缓冲罐进口阀门,值班人员密切监视进油并监测液位变化。

(2)打开原油缓冲罐排气阀。

(3)进油过程中检查各种仪表、液位计是否准确,并进行相应调试。

(4)原油缓冲罐进油液位在 1/2~2/3 时,关闭排气阀,压力控制在 0.08~0.20MPa。

(5)缓慢打开原油缓冲罐出口阀门,倒通输油流程,启泵输油,调整输油量。

3)正常运行

(1)原油缓冲罐正常运行应做到液位、压力平稳。

(2)液位控制通过输油泵排量调节,压力控制通过气平衡阀门调节。

(3)安装自动控制装置的系统,在手动控制正常后切入自动控制。

(4)按时录取原油缓冲罐压力、液位等参数,填写报表。

4)停运操作

(1)停产前倒通事故流程,或切换备用设备。

(2)缓慢关闭原油缓冲罐进口阀门。

(3)在抽净原油缓冲罐内原油后,停输油泵。

(4)缓慢关闭原油缓冲罐出口阀门。

(5)关闭气平衡阀门。

(6)用扫线风扫净罐内液体,然后打开排气阀使罐内压力为零,挂警示标志。

(7)做好停运及检修记录。

2. 原油缓冲罐的检查维护

(1)每月对原油缓冲罐罐体的保温、外腐蚀状况进行一次检查,并做记录。

(2)每年 4 月中旬对原油缓冲罐壳体的接地状况进行一次检测,检测报告存档。

(3)每年 3 月和 10 月对原油缓冲罐所属仪器、仪表进行检修。

(4)每两年对原油缓冲罐的整体腐蚀情况检查一次,并做记录。

(5)每五年应对原油缓冲罐开罐清淤检查一次,并做记录。

(6)原油缓冲罐安全设施按照安全规程检修或检定。

3. 原油缓冲罐异常情况处理

（1）发生放气管线充油时,应立即关闭气平衡阀,观察压力变化情况,防止憋压,通知上游减少来液量,并提高输油泵排量。

（2）自动系统失灵时,应及时切换到手动。

（3）发生下列情况之一,应采取紧急停运措施：

① 原油缓冲罐体发生穿孔造成跑油或气体泄漏。

② 原油缓冲罐体附件意外损坏造成跑油或气体泄漏。

③ 原油缓冲罐出口阀门、管线堵或输油泵不能正常运行造成无法出油的。

④ 其他危及安全的情况。

（4）紧急停运操作：

① 打开进出口连通阀门,并导通事故流程。

② 先关闭进口阀门,再关闭出口阀门、气平衡阀门,打开排污阀门。

③ 挂停运警示标志,并做好记录。

4. 原油缓冲罐常见故障及处理

原油缓冲罐原油含水超标故障。

（1）现象：外输泵出口汇管取样,经化验分析原油含水超过0.3%（水驱）。

（2）原因：

① 原油缓冲罐长时间未放底水。

② 原油缓冲罐内采暖伴热有泄漏。

③ 脱后原油含水超标,未能及时化验,导致高含水原油进入缓冲罐内,造成原油停水超标故障。

（3）处理：

① 及时排放原油缓冲罐内的底水。

② 清罐时应检查采暖伴热,如遇泄漏应及时清罐处理。

③ 应及时准确做出原油含水分析。

三、典型工作案例

××联合站油岗有一台原油缓冲罐并且一直处于运行状态。××月××日14时,岗位员工巡检时,原油缓冲罐液位处于2/3位置,16时再次巡检时液位处于3/4位置,员工控制外输泵出口阀门,准备降低液位。待到18时25分又再次巡检,发现原油缓冲罐液位已经冒罐,高液位未报警,同时发现外输泵偷停,未发出任何警报。当班员工随即启动备用外输泵,同时汇报值班干部到场进行处理,4h后恢复生产。

【原因分析】

该事故违反了Q/SY DQ1106—2006《原油缓冲罐操作规程》中"3.4 原油缓冲罐进油液位在1/2~2/3时,关闭排气阀,压力控制在0.08MPa~0.20MPa"的规定。当原油缓冲罐处于高液位运行的情况下,员工未能及时将液位控制下来,同时由于高液位报警及离心泵故障报警未能响应,员工巡检不及时,最终导致冒罐的严重后果。

第十一节　污水沉降罐的操作与维护

含油污水处理设备是实施高效污水处理工艺流程的关键。采用高效含油污水处理设备,不但能保证污水处理质量,而且使用较少的设备就能实现同样的污水处理能力,从而减少工程量,降低工程投资。

一、工作过程知识

1. 污水沉降罐的结构

污水沉降罐主要是利用油和水的密度差,使油从水中上浮,达到油水分离的目的。结构如图2-48所示,其上部是集油区,中上部是分流配水区,中部是沉降区,中下部是集水区,底部是排污区。

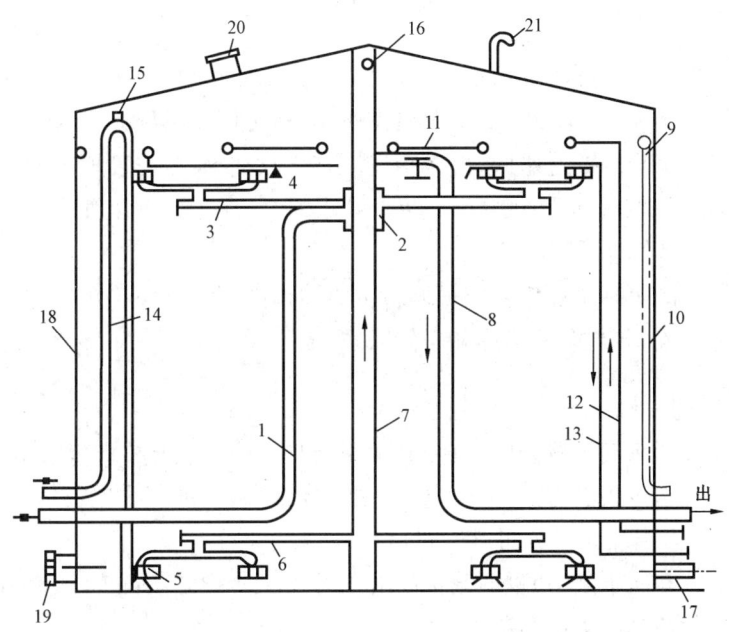

图2-48　立式沉降罐结构示意图

1—进水管;2—配水室;3—配水管;4—配水头;5—集水头;6—集水管;7—中心管柱;8—出水管;9—集油槽;
10—出油管;11—盘管;12—蒸汽管;13—回水管;14—溢流管;15—通气管;16,21—通气孔;
17—排污;18—罐体;19—人孔;20—透光孔

2. 污水沉降罐的工作原理

含油污水从进水管流入配水室,然后通过配水室的配水支干管和喇叭形配水头流入除油罐,靠油、水及固体悬浮物的相对密度不同做重力沉降。水中粒径较大的油粒在油水相对密度差的作用下,首先上浮到油层,粒径较小的油粒随水流向下流动。在此过程中,水流以速度 $v_{水}$ 向下流动,污水中的油粒以速度 $v_{油}$ 向上浮升。当 $v_{油} > v_{水}$ 时,油粒即可浮升到油层而被除掉;当 $v_{油} = v_{水}$ 时,油粒被截留在水中;当 $v_{油} < v_{水}$ 时,油粒就被水流带走。这样,有的油粒上浮,有的油粒下降,油粒之间就增加了碰撞的机会,不断碰撞使油粒发生凝聚作用,粒径变大,浮升速度也就加快,从而使无上浮能力的部分小油粒也浮至油层而被除掉。水面的油层进入集油槽内,经出油管流入回收油罐;污水经集水头、集水管、中心柱管、出水槽和出水管流出罐外,污水在罐内的停留时间为4h,水的下沉流速为0.5～0.8mm/s。在油层部位和集油槽内设有加热盘管,防止原油温度过低而凝固。罐内还有倒 U 形溢流管,防止溢罐。溢流管和中心柱顶部均开有小孔,防止虹吸。在罐壁外加出水槽和可调堰板,调节堰板高度可控制油层厚度。

二、技能训练

1. 含油污水沉降罐的操作规程

1) 投运前的准备

(1)新建及大修后的沉降罐在投运前,应经验收合格后,方可使用。

(2)检查消防设施完好,按设计要求对防雷接地电阻进行现场测试,并确认合格。

(3)检查并关闭沉降罐的进水阀、出水阀、排污阀、收油阀、排泥装置进出口阀。

(4)冬季投运沉降罐时,应将沉降罐预热24h以上。打开加热盘管进口、出口阀门,然后关闭加热盘管进口、出口连通阀门。

(5)有调节堰板的沉降罐还应将堰板调整至收油槽高度的 －5cm 处。

(6)倒通工艺流程,并与有关单位和岗位联系,准备投运。

2) 投运沉降罐

(1)缓慢打开沉降罐的进口阀门,沉降罐开始进水。进水时密切观察沉降罐的液位高度。

(2)在沉降罐进水过程中,要对人孔盖、法兰连接处、罐底部和罐壁进行检查,发现问题应停止操作并进行处理,直至正常方可继续投运。

(3)对于脱水站和放水站,当罐内液位高度上升到沉降罐高度的1/2左右时,打开出水阀门,按离心泵的操作规程启动外输泵。

(4)在脱水站或放水站启泵后,沉降罐的液位应保持在收油槽高度的5cm或－5cm。

(5)根据脱水站或放水站放水量的大小及时调整污水外输泵运行数量。

(6)做好各项记录。

3) 污油回收

(1)新建及大修后的沉降罐在投运后的第二天,应进行试收油运行。

(2)日常运行时,当沉降罐内的污油厚度大于20cm时,应进行收油。

(3)收油前,应调整沉降罐内油水界面的水位高度,使之保持在收油槽高度的 ±5cm。

(4)打开沉降罐的污油出口阀门和收油泵的进口阀门,按离心泵的启泵操作启动收油泵。

(5)间歇收油时,应根据仪表显示,查看沉降罐内污油厚度,当厚度降为0cm时,停止收油。

(6)水位及油厚显示采用双浮球式仪表的沉降罐,在冬季收油时,当油厚降至20cm时,停止收油。

(7)若无仪表显示油层厚度时,应上罐量取油层厚度,确定是否收油。在收油时,可根据收油泵放空阀查看收油泵是否见水,若见水,停止收油。

(8)间歇收油时停运收油泵后,若日常收油较为频繁,允许不关闭收油泵进口阀门和沉降罐污油出口阀门,若收油不频繁,应关闭收油泵进口、出口阀门和沉降罐污油出口阀门。

(9)对于脱水站和放水站,当条件允许时应小排量连续收油。

(10)连续收油时,对于采用收油泵收油工艺的,当收油泵放空阀处已见水,则将收油泵降至最小排量,并保持收污水状态。

(11)对于采用其他收油工艺的,应根据本站收油工艺,制定相应的收油操作规程。

4)排泥清淤

(1)排泥条件:有排泥装置的沉降罐,应每半年排泥一次,并可根据本站罐底淤泥沉积情况,增加排泥次数。可用手感法判断淤泥沉积厚度,罐底淤泥沉积厚度达到50cm左右时,应进行排泥。

(2)射流冲洗泵冲洗,排泥泵抽吸排泥流程:

① 排泥前的准备工作:

(a)检查沉降罐液位计是否灵活准确。

(b)将回收水池内液位降至最低液位。

(c)脱水站和放水站应检查站外排泥池是否已清理且无大量积水,若站外无排泥池,则不能进行排泥操作,以免造成环境污染。

(d)与上下游各站(或岗位)取得联系。

(e)关闭需要排泥的沉降罐的进水阀门,将液位降到最低液位。

(f)按照启泵前检查内容对排泥泵和射流冲洗泵机组进行检查。

(g)保持给射流冲洗泵供水的沉降罐的液位,做好启动射流冲洗泵的准备工作。

(h)检查射流冲洗和排泥流程是否正确,阀门开关是否灵活,排泥管线是否畅通。

(i)准备相应的取样瓶,预备取样监测。

② 排泥操作:

(a)打开回收水池(排泥池)进口阀门,打开射流冲洗总控制阀门,打开沉降罐射流冲洗阀门,打开射流冲洗泵进出口阀门,按启泵操作要求启动射流冲洗泵,听到有进水声音(证明流程正确,否则需要检查流程),控制射流冲洗泵排量,泵压控制在1.0~0.6MPa。

(b)对于射流冲洗泵用外输污水泵代替的,泵压控制在外输污水泵的额定扬程内。

(c)每隔10min检查一次沉降罐液位,当液位达到启动排泥泵的高度后,打开沉降罐排泥出口阀门和排泥泵进口阀门,按启泵操作要求启动排泥泵。

(d)严密监测回收水池内液位高度,当液位高度距回收水池顶部1.0m时要停止射流冲洗泵向沉降罐内进水冲洗,当液位高度距回收水池顶部0.5m时停止向回收水池排泥。

(e)对于脱水站或放水站,当液位高度距站外排泥池上沿0.5m时要停止射流冲洗泵向沉降罐内进水冲洗,当液位高度距排泥池上沿0.2m时停止向排泥池排泥。

(f)打开排泥管线的取样阀门,用取样瓶接出少量液体进行观察,液体见清,无混浊现象时停止操作。

(g)排泥操作完成后,先停运射流冲洗泵,再停运排泥泵,并依次关闭射流冲洗泵进出口阀门、沉降罐射流冲洗管线进口阀门、射流冲洗总控制阀门、回收水池(排泥池)进口阀门、沉降罐排泥出口阀门、排泥泵进口阀门。

(h)按沉降罐投产操作规程进行投产操作,恢复正常生产。

(3)负压吸泥盘排泥流程:

① 排泥前的准备工作。

② 排泥操作:

(a)打开泥池进口阀门,打开第一组射流管线进口阀门,打开射流泵进出口阀门,按启泵操作要求启动射流泵,泵压控制在1.5~0.6MPa。

(b)打开排泥管线的取样阀门,用取样瓶接出少量液体进行观察,液体见清,无混浊现象时停止操作(停运射流泵)。

(c)本组操作完毕后,关闭本组射流管线进口阀门,打开第二组射流管线进口阀门,进行第二组排泥操作。

(d)严密监测沉降罐及回收水池(排泥池)内液位高度,回收水池(排泥池)内液位高度距回收水池(排泥池)顶部0.5m时停止向回收水池排泥。

(e)当最后一组排泥操作完成后,先停运射流泵,再依次关闭射流管线进口阀门、射流泵进出口阀门、回收水池(排泥池)进口阀门。

(f)按沉降罐投产操作规程进行投产操作,恢复正常生产。

(4)穿孔管正压排泥流程:

① 排泥前的准备工作:将需要排泥的沉降罐液位提高,增加罐底压力。

② 排泥操作:

(a)打开回收水池进口阀门,打开排泥管总控制阀门,打开第一组排泥管出口阀门,听到有出水声音(证明流程畅通,否则需要检查流程)。

(b)打开排泥管线的取样阀门,用取样瓶接出少量液体进行观察,液体见清,无混浊现象时停止操作。

(c)操作完毕后关闭本组排泥管阀门,打开另一组排泥管出口阀门,依次进行排泥操作。

(d)监测沉降罐及回收水池内液位高度,液位高度距回收水池顶部0.5m时停止向回收水池排泥。

(e)当最后一组排泥管排泥操作完成后,依次关闭排泥管出口阀门、排泥管总控制阀门、回收水池进口阀门。

(f)恢复沉降罐的正常液位,进行正常运行。

(5)排泥记录:做好沉降罐的排泥记录,并填写在工作记录中。

(6)排泥后清淤：

① 等待回收水池（排泥池）内淤泥自然沉降，液体沉淀明显分层后，启动污水回收泵，对回收水池（排泥池）上部污水进行回收处理。

② 回收水池（排泥池）底部沉淀后的污泥和泥浆用人工清出，并送往指定地点处理。

③ 清淤完成后，管线的排泥口要清理干净并保持畅通。

5）停运沉降罐

(1)沉降罐停运前，应先通知上游、下游岗位及有关部门，当上游、下游岗位生产工艺允许停运时，方能停运。

(2)沉降罐停运前，先将沉降罐内污油收净，然后关闭污油出口阀门和污水进口阀门。

(3)降低沉降罐内液位，若无仪表显示液位，可用手感法判断沉降罐内液位高度。

(4)当沉降罐内液位高度达到出水管顶部 30cm 左右时，停污水外输泵，关闭沉降罐污水出口阀门。

(5)打开沉降罐的排污阀，将罐内余水放尽。

(6)关闭加热器进口、出口阀门。

(7)打开沉降罐的侧人孔和顶部人孔，进行充分通风，用可燃气体检测仪检测合格后，人员方可进入罐内。

(8)进入沉降罐内，打开中心反应筒的人孔盖，将中心反应筒内的污水放尽。

2. 污水沉降罐的检查维护

(1)沉降罐在冬季运行时，要定时检查罐顶呼吸阀是否灵活，防止呼吸阀发生冻堵事故。

(2)沉降罐宜每三年停运检查一次，并清除罐内的沉积物。

(3)沉降罐内部的清淤工作由专业施工人员进行施工。

(4)检查内容包括内防腐层是否脱落，加热盘管是否腐蚀穿孔，呼吸阀是否腐蚀失灵。

(5)由专业人员检查仪表情况。

(6)沉降罐宜每六年检测一次腐蚀情况，由专业人员对罐壁、罐底板、罐顶板、中心反应筒的壁厚进行检测。

3. 污水沉降罐的紧急情况处理

(1)当脱水站、放水站紧急停电（或事故停电）时，应关闭外输泵出口阀门，倒通自压放水至污水站流程，将污水自压到污水站。

(2)若无自压放水流程，应根据沉降罐水位，打开沉降罐紧急排污阀门，并通知有关的污水处理站和向厂、矿有关部门汇报，待来电后检查并恢复正常流程，重新启动外输泵。

(3)当污水处理站紧急停电（或事故停电）时，应立即通知脱水站（或放水站）减少来水量，并向厂、矿有关部门汇报。

(4)根据污水站沉降罐水位，打开沉降罐紧急排污阀门，待来电后检查并恢复正常流程，再关闭沉降罐的排污阀门。

4. 安全及环保要求

(1)上罐量油和检查时，应穿工服，严禁穿带铁钉铁掌的鞋，严禁在罐顶使用不防爆手电及工用具。

(2)遇有雷电、五级以上大风天气,禁止上罐量油和检查。

(3)排泥清淤时,观察回收水池(排泥池)液位的人员要站在回收水池(排泥池)的上风向,避免硫化氢中毒。

(4)排泥清淤时,为防止硫化氢气体引起的火灾,应按易燃易爆场所进行施工。

(5)对回收水池(排泥池)清淤时,要避免造成二次环境污染。

5. 污水沉降罐常见故障及处理

污水沉降罐污水含油超标。

(1)现象:污水沉降罐出口管线上取出水样品上层漂浮着的一层厚厚的油花,经化验分析,污水含油量超过300mg/L(水驱)。

(2)原因:

① 含油污水沉降罐液位控制过低。

② 含油污水沉降罐长时间未收油。

③ 含油污水沉降罐收槽处采暖盘管有堵塞,失去保温效果,导致收油效果不好。

④ 游离水脱除器及电脱水器放水含油持续超标。

(3)处理:

① 平稳操作,合理控制含油污水沉降罐液位。

② 及时收油。

③ 及时处理采暖盘管处堵塞。

④ 查明污水含油变化原因,加大破乳剂用量或浓度。

三、典型工作案例

××联合站油岗有一座污水沉降罐并且一直处于运行状态。×月×日×时,发生全站停电事故,岗位工人将所有运行泵出口关闭后汇报队干部,同时询问电所停电原因及来电时间。回答结果是因电路异常故障,来电时间不详。此时污水沉降罐液位处于高液位状态,在随后的几个小时里,在井排未能及时停井的情况下,液位持续上涨,接近冒罐危险边缘,此时队干部与岗位员工未能及时倒通自压越站流程,最终导致污水沉降罐发生冒罐事故。待来电后,岗位员工按规程启运污水泵,随后恢复正常生产。

【原因分析】

该事故违反了 Q/SY DQ1145—2007《含油污水沉降罐操作规程》中"8.1 当脱水站、放水站紧急停电(或事故停电)时,应关闭外输泵出口阀门,倒通自压放水至污水站流程,将污水自压到污水站""8.3 当污水处理站紧急停电(或事故停电)时,应立即通知脱水站(或放水站),减少来水量,并向厂、矿有关部门汇报""8.4 根据污水站沉降罐水位,打开沉降罐紧急排污阀门,待来电后检查并恢复正常流程,再关闭沉降罐的排污阀门"的规定,在含油污水沉降罐处于高液位且又遇到全站停电的情况下,由于未能及时采取有效措施,最终导致冒罐的严重后果。

第十二节　计量仪表的操作与维护

油田生产过程中,要时刻对流体的温度、压力、流量、液位等进行计量,以保证安全、有效的生产。计量工具称为计量仪表。计量仪表就是将被测量值转换成直接可以观察的示值或等效信息的器具,如压力测量仪表、温度测量仪表、流量测量仪表、液位测量仪表等。

一、工作过程知识

1. 液位测量仪表

输油生产中液位计主要用于各种储罐和锅炉液位控制。所采用的液位计种类有很多,按其工作原理分为直接式、浮力式、静压式。在此仅介绍输油生产中常用的几种液位计。

1) 玻璃液位计

如图 2-49 所示,玻璃液位计的上端通过阀门 1 与被测容器中的气体相连接,下端经阀门 2 与被测容器中的液体相连接。由于液位计中的液体与被测液体相同,按照连通器液柱静压平衡原理,只要被测容器内和玻璃管内液体的温度相同,两边的液柱高度必然相等,据此,在玻璃管 3 旁竖一标尺 4,从标尺上可直接读出液位的高度。

若两者介质温度不同,可按下式进行修正:

$$H = \frac{\rho_0}{\rho}h \tag{2-34}$$

式中　H——容器内液位高度;
　　　h——液位计读数;
　　　ρ_0——液位计中介质在温度 t_0 时的密度;
　　　ρ——容器中介质在温度 t 时的密度。

玻璃液位计有玻璃管式和玻璃板式两种。玻璃管液位计中,玻璃管装在具有填料函的金属保护管中,玻璃管旁有带刻度的金属标尺。玻璃管液位计与液罐连通管上有特殊隔断阀,以便在清洗更换玻璃管时将其与液罐隔开。图 2-50 所示为玻璃管液位计结构。玻璃管液位计主要由玻璃管 7、上下阀门 4、玻璃管两端连接密封件 5、标尺 8、玻璃管保护罩 6 等组成。在上下阀上有接头 2,将与被测容器连接用的法兰 1 焊接在该螺纹接头上。在上下阀门内装有小钢球 3,其作用是当玻璃管因意外事故破碎时,钢球在容器内压力的作用下自动密封,以防止容器内的液体外流。在上下阀端部还装有堵塞螺钉 9,可供取样之用。玻璃液位计使用应注意以下几点:

(1) 为了保证玻璃管一旦打碎时,上下阀内的小钢球能自动密封,要求介质压力不得小于 0.2MPa。

(2) 定期清洗玻璃管,使液位显示清晰。

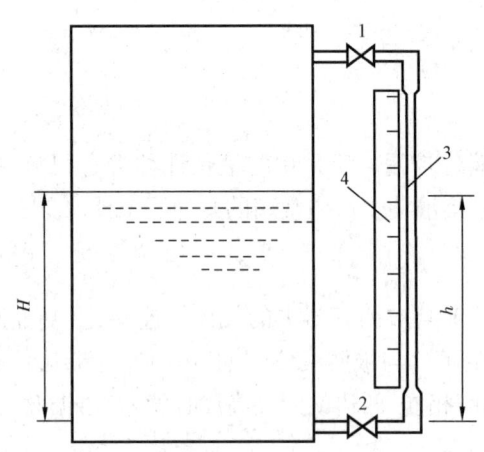
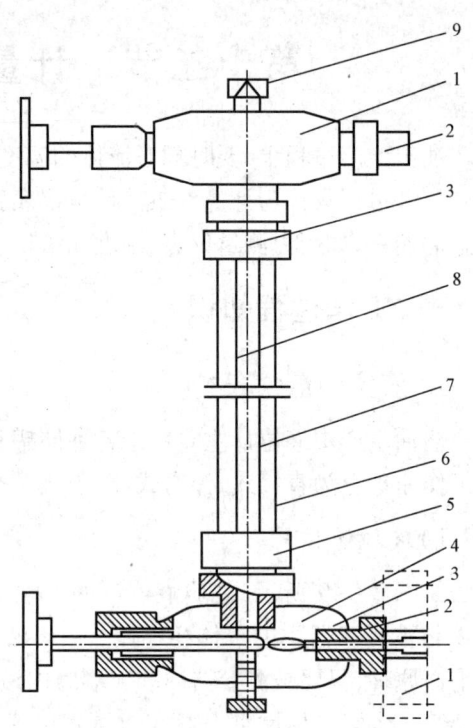

图 2-49 玻璃液位计的工作原理
1,2—阀门;3—玻璃管;4—标尺

图 2-50 玻璃管液位计结构示意图
1—连接法兰;2—螺纹接头;3—小钢球;4—阀门;
5—密封件;6—保护罩;7—玻璃管;8—标尺;9—堵塞螺钉

(3)应根据被测介质的压力和温度合理选用液位计,不得超压使用玻璃液位计。玻璃液位计结构简单、读数直观、影响因素少,但玻璃易碎、易受污染,一般用于压力、温度较低的透明介质。

2)磁翻转液位计

磁翻转液位计如图 2-51 所示。翻板 1 用很轻很薄的磁化钢片制成,装在摩擦很小的轴上,翻板两侧涂以醒目的红、白颜色的漆,封装在透明塑料罩内,旁边装有标尺。连通器由非导磁材料(如铜、不锈钢)制成,连通器内有一个浮漂,浮漂内装有磁钢。由于连通器内液位与被测液罐内液位相同,当浮漂带动磁钢随液位变化而升降时,磁钢吸引翻板翻转。当液位计上升时,红的一面翻向外面;液位下降时,白的一面翻向外面。从 A 向看,浮子以下的翻板为红色,浮子以上的翻板为白色,容器中的液位分界十分醒目,液位数据一目了然。

有的磁翻板液位计翻板用红白指示球代替,球内嵌有小磁铁,由磁性浮漂带动着翻转。磁翻转液位计翻板数量随测量范围及精度而定,使用时应垂直安装,并应定期清洗。若翻板翻转不正常时,可以用磁铁校正。

3)机械式就地指示浮子液位计

浮子液位计的原理如图 2-52 所示。浮子 1 用钢丝绳 3 连接并悬挂在滑轮 4 上,钢丝绳的另一端挂有平衡锤 2,使浮子所受的重力和浮力之差与平衡锤的拉力相平衡,保持浮子可以停留在任一液面上,这样浮子跟随液面变化而变化。这种结构液位计的指针位移与被测液位变化相同,从而达到了检测目的。

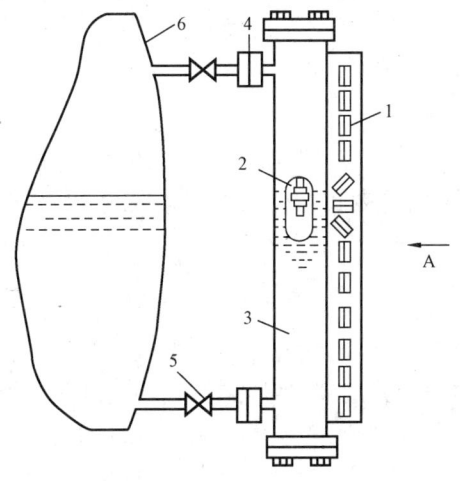

图 2-51 磁翻转液位计示意图
1—翻板;2—带磁钢的浮子;3—连通器;
4—连接法兰;5—阀门;6—被测液罐

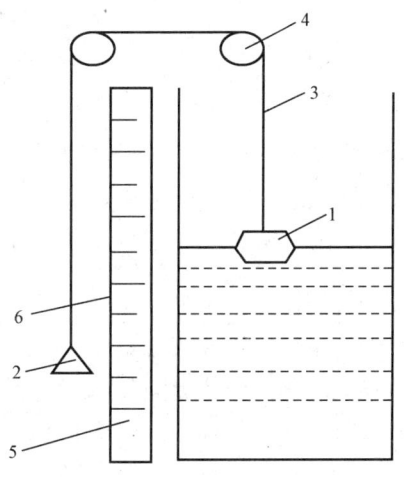

图 2-52 机械式就地指示浮子液位计示意图
1—浮子;2—平衡锤;3—钢丝绳;
4—滑轮;5—标尺;6—指针

4) 钢带式液位计

浮标式钢带液位计如图 2-53 所示,由浮标、导向滑轮、齿孔钢带、传动系统、就地指示部分、恒力盘簧、远传变送器等组成。

钢带液位计也是根据力平衡原理工作的,只是钢带对浮标的拉力不是由重锤提供,而是由一个类似于钟表用发条的恒力盘簧产生。当浮子在液体中处于某一平衡位置时,浮子重力、浮力及盘簧拉力相平衡。若罐内液位变化时,浮子上的浮力变化,使浮子跟踪液位变化,带动钢带上下移动,使仪表指示值变化。

钢带缠绕在钢带轮 8 上,钢带轮 8 及盘簧轮 10 上绕有恒力盘簧 9。浮子下移时,钢带使盘簧卷在钢带轮 8 上,并拉紧盘簧;而浮子上升时,盘簧收卷回盘簧轮 10 上,并带动钢带轮 8 收卷回钢带。钢带上均匀地开有一列小孔,钢带上的孔与链轮 6 啮合,钢带上下移动时,带动链轮转动,并通过传动齿轮系 7 带动指针转动,将浮子随液位的变化传到显

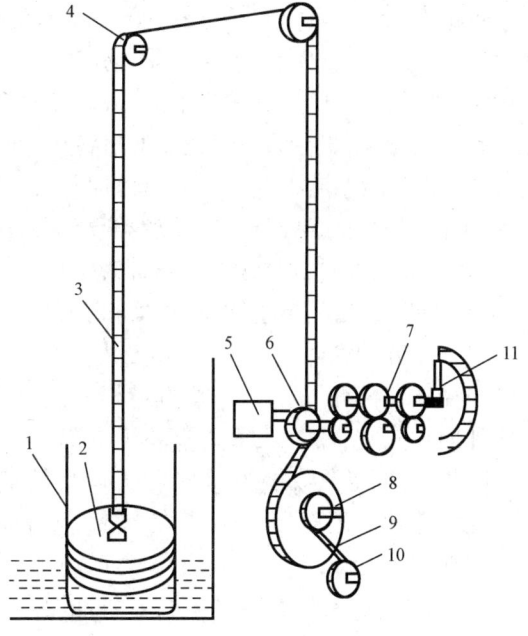

图 2-53 钢带式液位计示意图
1—导向钢丝;2—浮标;3—测量钢带;4—导向滑轮;
5—光电变送器;6—链轮;7—传动齿轮系;8—钢带轮;
9—恒力盘簧;10—盘簧轮;11—指针

示表头指示出来。

浮标由不锈钢壳焊接而成,两侧焊有两个耳环,穿在导向钢丝中起导向作用。

钢带式液位计不但可以就地显示,而且可以配用光电变送器,把齿轮的转动转换成数字编码,送给二次仪表远传显示。

2. 流量测量仪表

测量管道输送的流体流量的仪表品种有很多,有容积式流量计、速度式流量计、质量流量计、差压式流量计、面积式流量计等。目前原油输送管道主要使用的是容积式流量计中的腰轮流量计、椭圆齿轮流量计、刮板流量计和速度式流量计中的涡轮流量计。

1) 腰轮流量计

腰轮流量计又称罗茨流量计,属于容积式流量计。容积式流量计是利用机械测量元件将流经流量仪表内的流体分隔(隔离)为单个的固定容积部分连续不断地排出,而后通过计数单位时间或某一时间间隔内经仪表排出的流体固定容积 V 的数目来实现流量计量的。假定某一时间间隔内经仪表排出流体的固定容积数目为 C,则被测流体的体积流量(总量)Q 可用下式表示:

$$Q = CV \tag{2-35}$$

上式为容积式流量计测量流量的基本方程。

腰轮流量计是由一对腰轮的旋转次数来测量流经圆筒形容室的气体或液体体积总量的流量计,是应用容积法测量流体流量的流量计,它们主要是用于流体累计流量,即总量的计量。腰轮流量计是用于原油流量测量的首选仪表。由于其测量高黏原油具有很高的计量精度,可显示累计流量,因而在原油管道和油田各计量间、联合站及油库等处得到了广泛的应用。腰轮流量计与原油含水分析仪、微型计算机配合,可实现对原油总量、净油量等指标的自动测试与计量,为提高管道和油田集输系统的管理水平提供了先进的手段。

(1)腰轮流量计的结构及工作原理:

腰轮流量计由测量主体、联轴器和表头三大部分组成,如图 2-54 所示。

测量部分的壳体内,有一对截面呈"8"字形的柱状转子——腰轮,腰轮上下盖一隔板。腰轮与壳体及两侧隔板间形成的封闭空间就是"计量室"。与腰轮同轴的两个驱动齿轮在隔板外面相互啮合,以保持两腰轮反向转动。腰轮在转动过程中,两腰轮之间及腰轮与壳体和隔板之间,始终保持准接触状态。腰轮把进出口流体分隔开来,所形成的计量室随腰轮转动而移动。因而,只有腰轮转动时,才能把流体从进口排到出口去。腰轮流量计的工作过程如图 2-55 所示。

流体通过流量计时,受腰轮的阻挡,从而产生进出口压力差(p_1-p_2),在此压差作用下,将对腰轮产生作用力矩,使之转动,动作过程如下:

在图 2-55(a)位置,腰轮 A 两侧所受进出口压力 p_1 和 p_2 的作用力在其上对称分布,产生的力矩为零;在腰轮 B 上,计量室一侧压力产生的作用力对称分布,不产生力矩,但与 A 接触的一侧则不然,进口端受压力 p_1 作用,而出口端受压力 p_2 作用,由于 $p_1>p_2$,两边作用力对 B 产生一个顺时针方向的合力矩,在此力矩作用下,腰轮 B 顺时针转动,并通过外驱动齿轮带

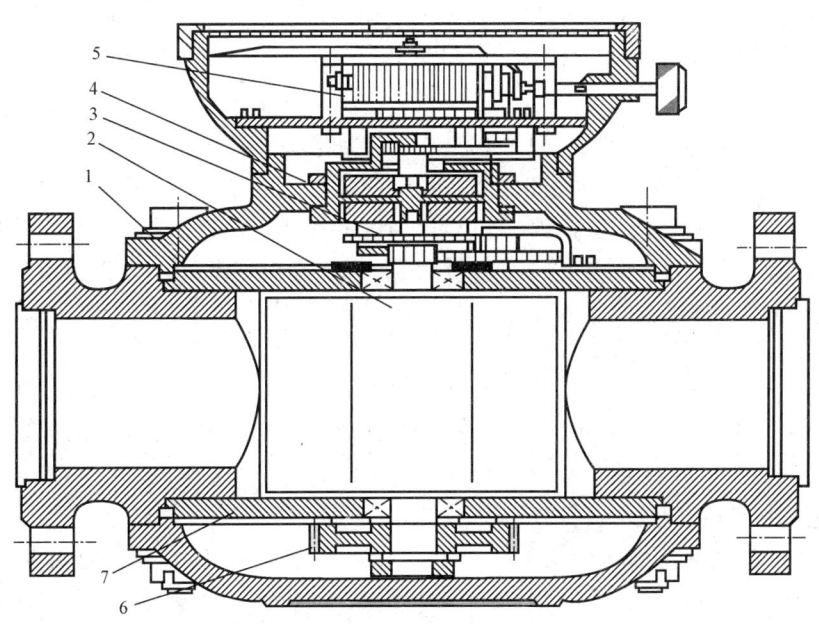

图 2-54 腰轮流量计的结构
1—外壳；2—腰轮；3—减速齿轮系；4—磁性联轴器；5—显示部分；6—驱动齿轮；7—隔板

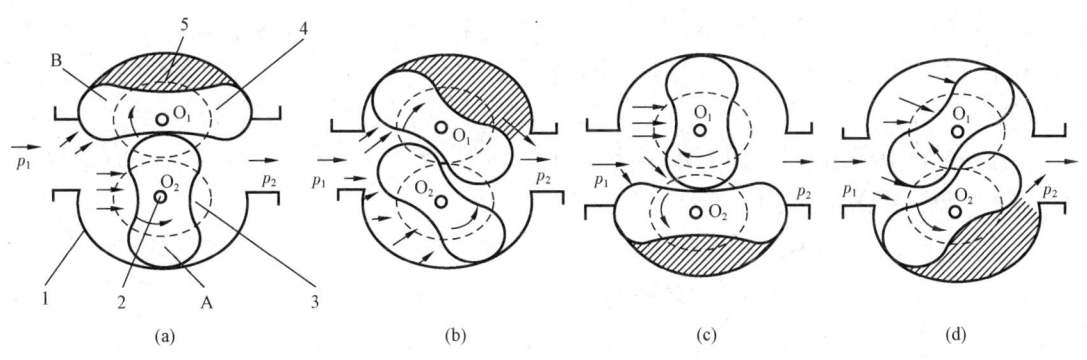

图 2-55 腰轮流量计的工作过程
1—壳体；2—转动轴；3—驱动齿轮；4—腰轮；5—计量室

动 A 逆时针转动。

到图 2-55(b) 位置时，腰轮 A 所受入口侧压力 p_1 的受压面积增大了一段，出口侧受压力 p_2 作用的面积则减小了相同一段，压力差 (p_1-p_2) 在这段面积上的作用力使 A 有一逆时针转向的力矩。腰轮 B 受力情况与 A 相似，其上仍有一顺时针转向力矩，只是比图 2-55(a) 位置有所减小。在这两个力矩作用下，A 逆时针转动，吸入一部分流体，B 顺时针转动，开始把计量室内流体排出。

到图 2-55(c) 位置时，腰轮 A 受力与图 2-55(a) 位置时腰轮 B 相似，逆时针转向的力矩达到最大，而 B 在此时与图 2-55(a) 位置时 A 相似，作用力矩减小为零。在 A 上力矩作用下，A 逆时针转动，通过驱动齿轮，使 B 仍顺时针转动，继续排出液体。

油气集输

到图 2-55(d)位置时,A 上力矩减小,仍有逆时针力矩作用,B 上顺时针力矩增大,不再为零。A 仍逆时针转动,开始排出流体,B 仍顺时针转动,开始吸入流体,下一步转子又转动回图 2-55(a)位置。

这样,A 和 B 两腰轮交替产生作用力矩,相互推动着旋转,周而复始,连续转动下去,同时把腰轮与外壳、隔板间形成的计量室内的流体,不断地从入口吸入、分隔、排出到出口。

如上分析,从图 2-55(a)位置到(d)位置再到(a)位置时,流量计排出两个计量室体积的流体。因而腰轮每转一周,可将四个计量室体积的流体排出流量计。只要测出腰轮的转数 N 就可以确定流过流量计体积总量的大小,即:

$$Q = 4NV_0 \qquad (2-36)$$

式中,V_0 是计量室体积。转数 N 经过传动齿轮送到积算机构,就可由机械累加计数器进行流体总量显示。

(2)腰轮流量计的特性:

腰轮流量计是采用直接累加流体体积的方法测量流体总量,其测量精度较高。流量的大小、流体的性质(密度、黏度)、工作状态对其测量的精度影响较小。但是,由于腰轮和外壳内壁之间总是存在一定的间隙,必然会引起流体泄漏,造成泄漏误差。腰轮流量计的泄漏误差与流体的流量、温度、黏度有关。在小流量下,流量计腰轮转速较低,泄漏量相对被测总量来说比较大,其相对误差较大,尤其对于低黏度流体更为严重;随着流量的增大,泄漏误差相对减小。在一定的流量范围内,泄漏误差变化也很小,这一流量范围即为该流量计的测量范围,超过此范围,流量太小时泄漏误差较大;流量太大时,将加剧转动部分的振动与磨损,降低使用寿命。

流体的黏度对泄漏误差的影响也较大。流体黏度越大,其泄漏量越小,泄漏误差也越小。所以容积式流量计比较适合测量高黏度介质。

另外,由于腰轮流量计的腰轮是靠流量计前后的压力差来驱动的,所以腰轮流量计的压力损失是比较大的。压力损失除了与流体流量有关外,还与流体的黏度有关,同一流量下,流体黏度越大,其压力损失越大。

(3)腰轮流量计在安装和使用过程中应注意以下几个问题:

① 应根据被测流体的瞬时流量、工作温度、介质压力、管道直径、黏度大小及腐蚀性,合理选择流量计的规格和材料。

② 安装流量计之前必须彻底清洗上游管道以防止杂物进入流量计。

③ 流量计多以水平安装,但必须有旁通管道和阀门,以便拆洗和维修。流体流向应和流量计上箭头标志所示方向相同,不得装反。

④ 流量计前必须安装过滤器,防止固体颗粒杂质进入流量计。当被测液体含有气体时,则应在流量计前加装气体分离器,以保证测量精度。

图 2-56 表示一种典型的油品计量用流量计安装流程。过滤器安装在靠近流量计进口处,它可防止流体夹带的铁屑、砂石等杂物进入流量计,防止损伤测量室和一次元件,以保证流量计的正常运行。过滤器由筒体和过滤网组成,过滤网做成与筒体同心的圆筒,流体经过滤网

时,杂物被留在过滤网内。定期打开上盖,就可取出过滤网进行清洗。过滤网网目的大小应根据流量计测量室内转动部分和壳体之间的间隙,以及转动部分相互间的间隙和油品性质(黏度、杂质粒径等)而确定。

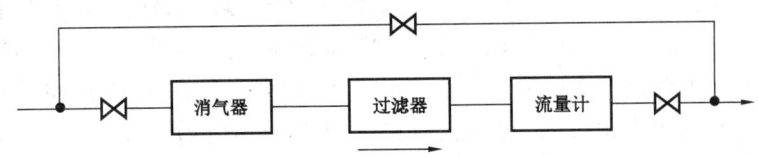

图 2-56　流量计安装流程

⑤ 被测流体的瞬时流量,应在流量计额定流量范围内。流量太小,泄漏误差较大;流量太大,则会加剧转动部件磨损。

⑥ 被测流体的温度不准超过规定使用温度,以免转动部件热膨胀造成流量计转子卡死现象。

⑦ 腰轮流量计应定期检验标定,以保证流量计的测量精度,同时应对各转动元件定期注润滑油,表前过滤器也应定期清洗。

⑧ 调节流量的阀门应安装在流量计的下游,以便使被测介质总充满流量计内部腔体,并在流量计的下游有足够背压,以保证流经流量计的介质全部为液体状态。

2) 椭圆齿轮流量计

如图 2-57 所示,椭圆齿轮流量计是一种测量液体总量的容积式流量计,其测量精度很高(可以达到 ±0.5%,有的更高一些),它对被测流体的黏度变化不敏感,特别适合测量高黏度的流体(如石油、重油、润滑油、沥青等),甚至糊状物的流量。但是由于流体内存在转动部件,要求介质纯净,不含机械杂质。

(1) 椭圆齿轮流量计的工作原理:

图 2-57　椭圆齿轮流量计

椭圆齿轮流量计的测量部分是由两个相互啮合的椭圆形齿轮 Ⅰ 和 Ⅱ、轴及壳体组成。各齿轮可各自绕自己的轴相对旋转,它们与外壳构成一密封的月轮 Ⅰ 和 Ⅱ 牙形空腔,进出口分别位于两个椭圆齿轮轴线构成平面的两侧的测量室上。椭圆齿轮流量计的工作过程如图 2-58 所示。

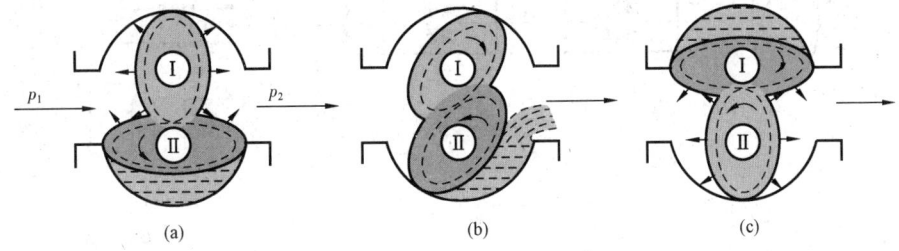

图 2-58　椭圆齿轮流量计工作过程

流体流过椭圆齿轮流量计时,由于要克服阻力,将会引起阻力损失,从而使进口侧压力 p_1 大于出口侧压力 p_2,在此压力差的作用下,产生作用力矩使椭圆齿轮连续转动。

处在图2-58(a)位置时,由于上游压力 p_1 大于下游压力 p_2,轮Ⅰ将受到一个顺时针的扭矩,而轮Ⅱ虽然也受到 p_1 和 p_2 的作用,但合力矩为零,此时,轮Ⅰ将带动轮Ⅱ旋转,于是,将外壳与轮Ⅰ之间标准测量室内的液体(阴影部分)排入下游。当齿轮转至(b)位置时,轮Ⅰ受到一个顺时针力矩,轮Ⅱ受到一个逆时针力矩,其结果是两个齿轮在 p_1 和 p_2 的作用下均存在扭矩,同为主动轮。当两个齿轮转至(c)位置时,类似图(a)位置轮Ⅱ,只不过此时轮Ⅱ成为主动轮,轮Ⅰ靠轮Ⅱ带动,此刻上游流体已被轮Ⅱ封入测量室2内(阴影部分)。如此往复循环,Ⅰ、Ⅱ两轮交替带动,以月牙形空腔为计量单位,不断把进口处的流体送至出口处。图中所示仅为椭圆齿轮转动1/4周的情况,相应排出的流量为一个月牙形空腔容积。所以椭圆齿轮每转一周所排出流体的容积为月牙形空腔容积 V_0 的4倍。若椭圆齿轮的转数为 n,则通过椭圆齿轮流量计的流量为:

$$Q = 4V_0 n \tag{2-37}$$

由此可知,已知月牙形空腔容积 V_0,只要测出椭圆齿轮的转速 n,便可确定通过流量计的流量大小。

齿轮的转数是由转动轴带动的数轮(在壳外)给出。由于齿轮在一周内受力不均,其瞬时角速度也不均匀,所以利用该仪表直接求瞬时流量不精确,但在齿轮转轴上加入等速化齿轮机构,使后面输出等速脉冲,也可求得瞬时流量。

(2)信号显示和远传:

椭圆齿轮流量计的流量信号(即转速)的显示,有当地显示和远传显示两种。配以一定的传动机构及积算机构,就可记录或指示被测介质的总量。椭圆齿轮流量计可根据需要配置各种功能的表头和二次仪表,图2-59是椭圆齿轮流量计的构成原理图。通过齿轮转轴与传动、积算部分连接,把所排出的月牙形空腔内的流体积算下来,因被测流量是与所排月牙形空间内的流体的次数成正比,所以仪表的指示就是被测流量的示值,累积出被测流量的总量。例如,椭圆齿轮旋转一周所排出的介质体积为0.5L,则在经过转速比 $i = 200$ 的系列齿轮转动减速之后,仪表面板上指示针每转一周将显示出100L,并经过机械式计算器进行总量的显示。

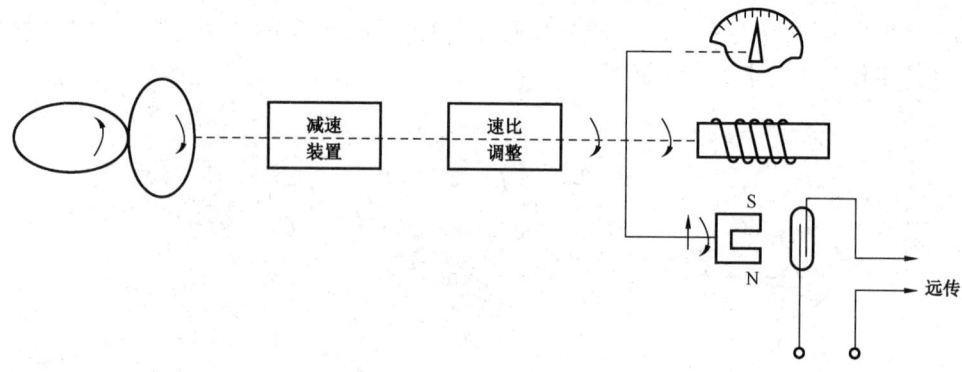

图2-59 椭圆齿轮流量计构成原理

流量信号也可以远传显示,通过减速后的齿轮带动永久磁铁旋转,使得干簧继电器的触点与永久磁铁相同的旋转频率同步闭合或断开,从而发出一个个电脉冲远传给另一显示仪表,在远离安装现场的操作室仪表屏上的电磁计数器或电子计数器同时协调地进行流量积算,显示出被测介质的总量。

(3)安装使用注意事项:

选用椭圆齿轮流量计时,应充分注意被测液体的性质、流量大小及操作条件。由于这种流量计是齿轮啮合传动,通过的介质必须清洁。若含机械杂质,可能损伤轮齿,影响测量精度,甚至可能使齿轮卡死。所以椭圆齿轮流量计的入口端必须加装过滤器,被测流量不能接近最大范围,否则磨损和压力损失都较大。另外,椭圆齿轮流量计的使用温度有一定范围,温度过高,就有使齿轮发生卡死的可能。若黏度太小或流量太小,则泄漏影响突出,会降低精度。

安装时应使椭圆齿轮的旋转轴呈水平位置(即表头刻度盘应与地面垂直),这样可以减小齿轮和测量室底盘及盖板的摩擦,从而减少零件磨损,保证测量精度和延长使用寿命。如果仪表安装在垂直管道中,则流量计应装在旁路管道中,以防止杂物落入流量计内。正确的安装如图2-60所示。

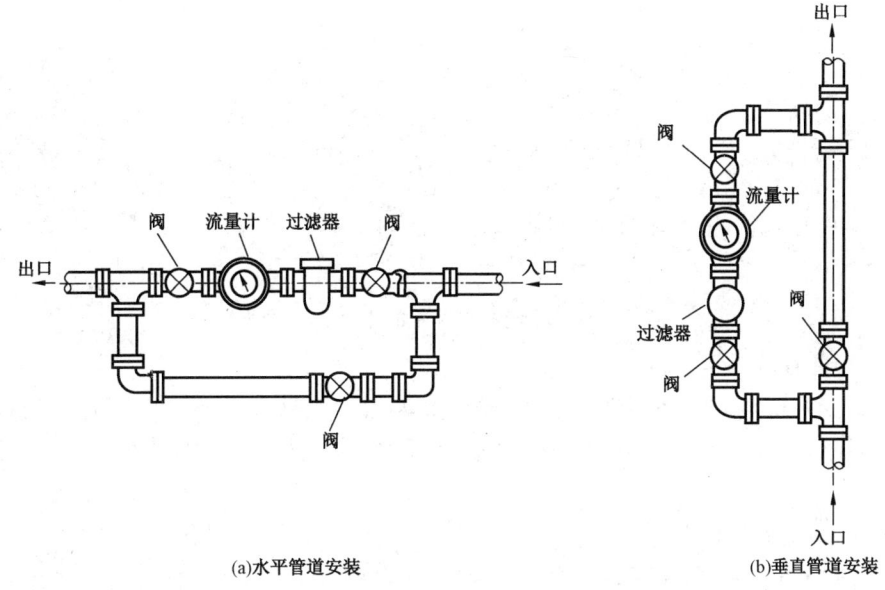

图2-60 椭圆齿轮流量计的正确安装

椭圆齿轮流量计的结构复杂,加工制造较为困难,因而成本较高。如果因使用不当或使用时间过久,发生泄漏现象,就会引起较大的测量误差。若检验发现误差超过允许值,可变换表头部分传动机构齿轮对做精度调整,使其达到合格要求。

3)刮板流量计

刮板流量计也是一种高精度的容积式流量计,适用于含有机械杂质的流体,国内已经研制,并且在输油管道已有应用。从结构特点来分,有凸轮式和凹线式两种。下面简要介绍凸轮式刮板流量计。

油气集输

凸轮式刮板流量计主要由转子、凸轮、凸轮轴、刮板、连杆、滚柱及壳体组成。壳体内腔是一个圆形空筒。转子是一个可以转动的空心薄壁圆筒,筒壁开了4个槽,互成90°,刮板可以在槽内滑动,可伸出或缩进(若采用三对刮板时,则可开互成60°的6个槽)。4个刮板分别由2根连杆连接,互成90°,在空间交叉,互不干扰。刮板的内侧各有一个小滚柱,这4个小滚柱都紧靠在一个固定不动的凸轮上,可沿具有特定曲线形状的凸轮边缘滚动,从而使刮板时而伸出,时而缩进。若一个连杆的某端刮板从转子筒边槽口伸出,则另一端的刮板就缩进转子筒内,因为同一连杆的长度是一定的。

图2-61所示为凸轮式刮板流量计的工作原理。当流体通过时,在流量计进出口压差($p_1 > p_2$)的作用下,推动刮板和转子顺时针转动。状态(Ⅰ)时,刮板A和D与壳体形成一个计量室;由状态(Ⅰ)向状态(Ⅱ)过渡时,刮板D逐渐收缩,刮板A则只是转动而不滑动收缩,这是由于凸轮的对应计量室部分的边缘是一段圆弧之故;当转到状态(Ⅲ)时,刮板A转了90°(整个转子也转了90°),恰好排出一个计量室的液体,由状态(Ⅲ)继续转动时,刮板A才开始收缩。由此可见,转子每转一圈将排出4个计量室的液体体积。同理可知,如果是3对刮板的凸轮式刮板流量计,则每转一圈排出6个计量室体积的液体,即通过的流量为$Q = 4V_0 n$或$Q = 6V_0 n$。将转子的转动传给表头,就可指示、累计或远传。

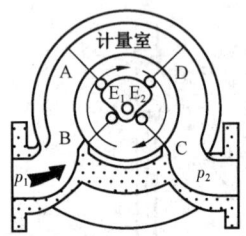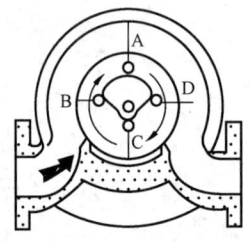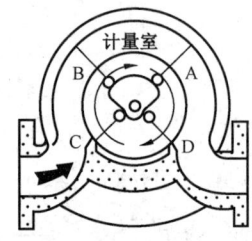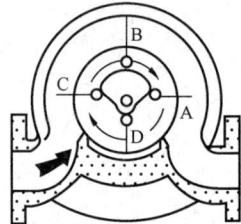

图2-61 凸轮式刮板流量计的工作原理

刮板流量计有以下主要特点:

(1)设计时一般使刮板径向滑动的加速度尽量小,以求转动平稳。由于刮板的特殊运动轨迹,使被测液体在通过流量计时不产生涡流,不改变流动状态,这对提高精度、减小压力损失很有好处。

(2)精度高,可达±0.2%。

(3)结构设计上保证机械摩擦小,所以压力损失较小,一般在最大流量时不超过0.03MPa。

(4)由于结构特点,对于不同黏度和带有细粒固体杂质的液体都能适用,能保证计量精度,且不易发生转子卡住现象。

(5)振动和噪声很小。

4)涡轮流量计

流体通过涡轮时,流体的动能使涡轮旋转。流体的流速越高,动能就越大,涡轮转速也就越高。在规定的流量范围和一定的流体黏度下,转速与流速成线性关系,因此,测出涡轮的转速或转数,就可确定流过管道的流体流量或总量,这种仪表称为速度式仪表。涡轮流量计正是利用这种原理制成的。

在油品储运自动化领域,涡轮流量计是一种应用很广泛的速度式流量计。它具有精度高、再现性好、结构简单、运动部件少、压力损失小、体积小、重量轻、维修方便等优点。

和容积式流量计相比,它的体积较小,占地面积小和重量轻的优点是很明显的。有的资料曾指出,同样流量测量范围的容积式流量计的重量比涡轮流量计约重25倍,安装占地面积比涡轮流量计约大3倍。涡轮式流量计通常用于天然气和轻质油等洁净流体的测量。

(1)涡轮流量计的结构与原理:

涡轮流量计由涡轮流量变送器、前置放大器及显示仪表组成,其基本组成如图2-62所示。

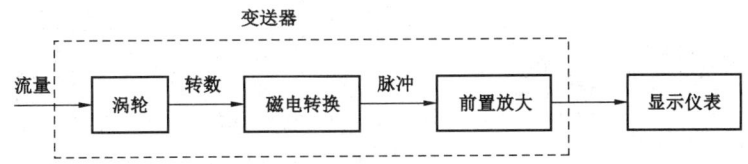

图2-62 涡轮流量计的组成

涡轮流量变送器如图2-63所示。主要由涡轮组件、导流器组件、磁电转换器、前置放大器等组成。前置放大器通常和变送器装在一起,可以看作是一个部分。

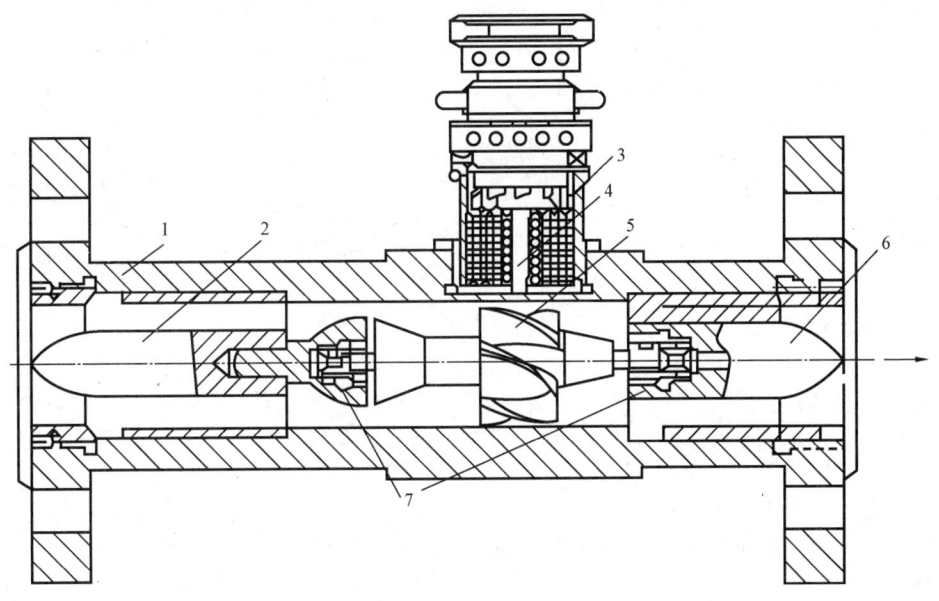

图2-63 涡轮流量变送器
1—壳体;2—前导流器;3—前置放大器;4—磁电转换器;5—涡轮;6—后导流器;7—轴承

涡轮5是由高导磁不锈钢材料制成的,其上的数片螺旋形叶片被置于摩擦力很小的石墨轴承7上,保持和壳体同轴心。由于涡轮转速可能很高,所以轴承必须耐磨,否则影响变送器的精度和使用寿命。在涡轮流量变送器的进口、出口装有导流器,它由导向环(片)及导向座

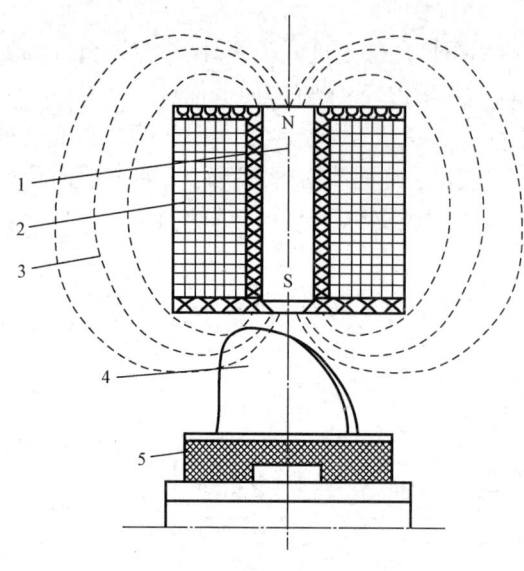

图 2-64 磁电感应转换器原理
1—永久磁铁;2—感应线圈;3—磁力线;4—叶片;5—涡轮

组成,使流体在到达涡轮前先受导向整流作用,以避免因流体的自旋而改变流体与涡轮叶片的作用角使精度降低。导流器是用非导磁性材料制成的,涡轮的支撑轴承就装在前后导流器上。

涡轮流量变送器的壳体是用非导磁性材料制成,它和管道之间采用螺纹连接或法兰连接。由永久磁铁和感应线圈组成的磁电转换器装在涡轮上方不导磁的壳体外,原理如 2-64 所示。感应信号的前置放大器也装在这里。当导磁叶片在流体冲击下旋转时,叶片便周期性地经过磁钢的磁场,使磁路的磁阻发生周期性变化,通过线圈的磁通量也跟着发生周期性变化,从而在线圈中感应出交变电信号,并经前置放大器放大后送给显示仪表。

为了减小流体作用在涡轮上的轴向推力,通过涡轮前轴承处的节流作用,在前轴承上造成一低压区,以产生一个反向静压差作用力抵消轴向推力,减小涡轮轴承的磨损,提高变送器寿命。

经过上述分析,不难理解脉冲信号的频率与被测流体的流量成正比,即:

$$q = \frac{1}{\xi} \cdot f \tag{2-38}$$

$$V = \frac{N}{\xi} \tag{2-39}$$

式中 ξ——仪表常数,$(m^3)^{-1}$;
f——变送器输出信号频率,s^{-1};
q——被测体积流量,m^3/s;
N——传感器输出的脉冲数;
V——被测流体的累积流量,m^3。

值得注意的是:流体物理性质对仪表常数有较大的影响。一般情况下,仪表常数是在常温下用水标定后,由仪表制造厂给出的,因而涡轮流量计适用于测量低黏度紊流流体。当被测介质及工作状态不同时应重新标定,特别是当介质黏度变化大于 $5 \times 10^{-6} m^2/s$ 时,应另行标定后确定。

涡轮流量计的显示仪表实际上是一个脉冲频率测量和计数的仪表,涡轮流量变送器将流体流量变成电脉冲信号送给显示仪表,显示仪表通过对其脉冲信号的频率及脉冲个数进行处理及累计,根据单位时间的脉冲数和一段时间的脉冲数分别指示出瞬时流量和累积流量(总量)。

(2)涡轮流量计的使用与维护:

① 涡轮流量计安装无误投入使用时,应首先关闭传感器下游阀门,使流体缓慢充满传感器内,再打开下游阀门,使流量计投入正常运行。严禁传感器在无流体的状态下受高速流体的冲击,以确保其测量准确度。

② 被测流体的瞬时流量,应在流量计额定流量范围内。流量太小,泄漏误差较大;流量太小,则会加剧转动部件磨损。被测流体的温度不准超过规定使用温度,以免转动部件热膨胀造成流量计转子卡死现象。

③ 当被测流体的特性参数与标定时的参数发生明显变化时,应对其按修正公式进行修正。

④ 传感器在工作时,叶轮的速度很高,因而在润滑情况良好时,也仍有磨损情况发生,所以,在使用一段时间后,因磨损而致使涡轮传感器不能正常工作,就应更换轴或轴承,并经重新标定后才能使用。

⑤ 传感器在连续使用一定时间后,按其检定周期进行周期检定。同时应对各转动元件定期注润滑油。表前过滤器也应定期清洗。当在使用中明显发现仪表测量准确度达不到要求时,应随时检修,并重新进行标定方可使用。

⑥ 原油流量计停运时应放空流量计内存油,必要时应用蒸汽冲洗,防止下次启动时流量计内原油凝结。传感器从管路上拆下暂时不用时,应将其内部清洗干净,并封好置于无腐蚀干燥处保存,以免再次使用时影响其测量精确度。

5)干式水表

(1)干式水表的结构:

水表是配水间内对各注水井的注水量进行计量及调整的主要设施之一,现场上最常见的是高压干式电子水表。高压干式电子水表由两大部构成,水表主体和电子表头,应用时水表主体用法兰连接在注水管线上,其壳体内装有可拆卸式旋翼流量计,即俗称的"水表芯子",水表主体上方装有电子表头,用来显示瞬时流量和累计注水量。干式水表的外形及组成如图2-65所示。

(a)干式水表装置图

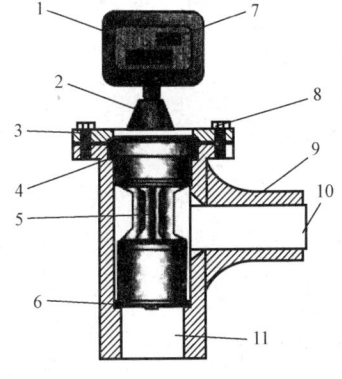
(b)干式水表组成示意图

图2-65 高压干式电子水表

1—(电子式)表头;2—信号传递(机构);3—压盖;4—上密封圈;5—水表芯子;6—下密封垫;
7—水表头显示屏;8—压盖螺栓;9—水表壳;10—下流出水孔;11—上流进水孔

干式水表适用技术规范主要有:最大流量(m^3/d)、瞬时流量(m^3/d)、精度(误差)等级、最高压力(MPa)、安装方式、适用管径(mm)、适用介质(油、水、混合液)等。

(2)干式水表的工作原理:

当水流在水表的腔体内通过时,流体的动能推动水表芯子的叶轮产生旋转,叶轮上的磁钢产生一个旋转磁场,触发电磁元件发出脉冲信号。在测量范围内,叶轮的转速与流量成正比,信号脉冲数与叶轮的转数同步,则输出到表头的电脉冲信号是与流量成一定比例的,经过仪表自身预设的换算,最后显示出来的就是真实的流量数值。

(3)上下限注水量及相互间的压力关系:

注水井的配注量是指根据地下油藏的地质状况、油田开发现状及注采设备运行等条件由上级主管部门设计出的合理的注水量。设计配注量时要综合考虑下列因素:保持地层压力,要使地层压力保持在原始地层压力附近,总压差保持在 0.5MPa 以下,抽油井流压大于饱和压力,在注采调整过程中,避免猛注猛采,防止压力猛升猛降。油井产量稳定或缓慢上升,采油速度符合要求,合理发挥各类油层的作用。含水上升速度缓慢,不超过油田规定的界限,要保持注采平衡。

上下限注水量是指注水井在正常生产过程中,单井日注入量在配注量上下允许波动的范围,一般规定波动量为该井配注量的±20%(各油田的数值可能有所不同):

上限注水量 = 配注量×120%

下限注水量 = 配注量×80%

在进行注水量调整时,要尽可能地接近该井的配注量,不能超出上下限水量的范围。

根据注水井指示曲线可知,每一个注水量对应着一个注入压力,把上下限注水量对应的注入压力叫上下限压力,如图 2 – 66 所示。

当在上下限注水量之间进行注水量调整时,注入压力也应在上下限压力之间对应地变化,若压力变化超出了范围,说明注水出现异常,要采取其他措施进行处理。注水上限压力应以小于地层破裂压力 0.5MPa 为上限。

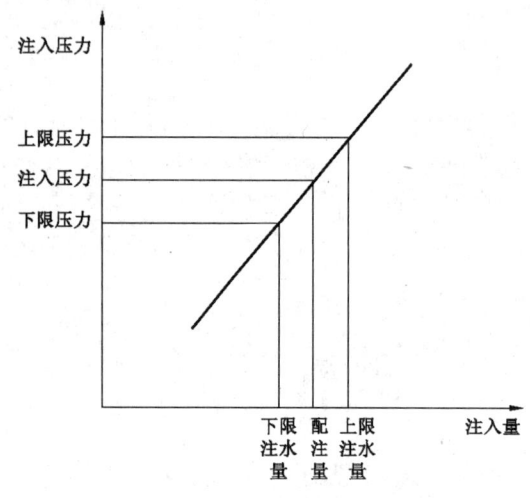

图 2 – 66 上下限注水量对应压力示意图

在实际工作中,常把配注量、上下限注水量、上下限压力等数据做成定压定量注水指示牌,放在配水间单井计量水表附近,以便操作人员随时查看。

3. 压力测量仪表

压力表是计量压力,观察压力变化,掌握生产动态的仪表。压力表的种类有很多:按其应用大致分为精密压力表、普通压力表;按其指示压力的基准不同,分为一般压力表、绝对压力表、差压表;按其测量范围,分为真空表、微压表、低压表、中压表及高压表;按其结构可分为弹簧管压力表、电子传感式压力表。

1) 弹簧管压力表

采油工在生产中接触的主要是普通弹簧管压力表。

(1) 弹簧管压力表的特点:

测量范围广,品种规格多,具有结构简单、使用方便、精度较高、坚固耐用、价格便宜的特点。因而被广泛地应用于工业生产上的各种压力测量场合,并在长期发展过程中,被附加上各种发信装置,用于进行压力信号报警与远传,如电接点压力表、霍尔远传压力计、光电编码压力表等。

(2) 弹簧管压力表的结构:

弹簧管压力表如图2-67所示,主要由接头、表壳、表盘、弹簧管、拉杆、扇形齿轮、中心齿轮、中心轴、游丝、指针等构件组成。弹簧管敏感元件是弯成圆形,截面显椭圆形的弹性C形管,如图2-68所示。测量介质的压力作用在弹簧管的内侧,这样弹簧管椭圆截面会趋于圆形截面。由于弹性弹簧管头部没有固定,因而它会产生小小变形。其变形的大小取决于测量介质的压力大小,弹簧管的变形通过机芯间接地由指针显示测量介质的压力。大致成250°的C形弹簧管可用来测量大约60bar的压力。当测量压力更高时,一般采用螺纹式弹簧管或螺杆式弹簧管。弹簧管在超压保护方面具有一定的局限性。在测量系统更复杂的情况下,弹簧管压力表可与化学密封结合使用。其使用技术规范主要有:最大量程、精度等级、使用范围等。在压力表刻度盘下部写有0.5、1.5、2.5这些数字,这些数字就是压力表精度的等级。例如,25MPa的压力表,精度等级为0.5,那么它的最大误差是(25×0.5%),即0.125MPa。

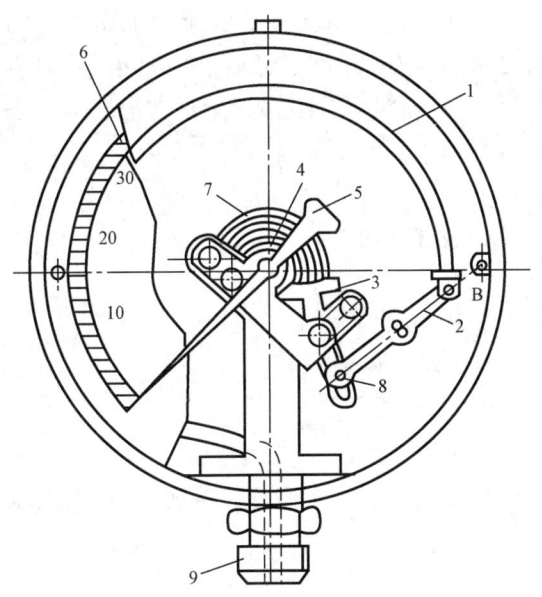

图2-67 弹簧管压力表结构图

1—弹簧管;2—拉杆;3—扇形齿轮;4—中心齿轮;5—指针;6—表盘;7—游丝;8—调整螺钉;9—接头

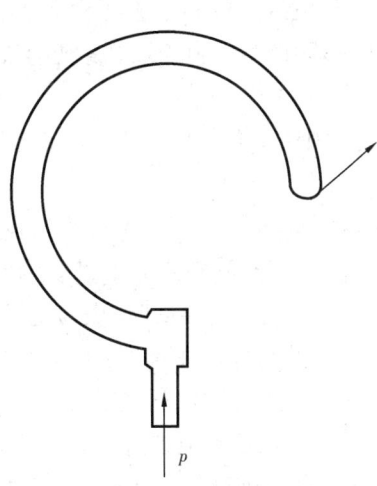

图2-68 弹簧管敏感元件

（3）弹簧管压力表的工作原理：

如图 2-67 所示，被测压力由接头 9 通入，当弹簧管受到介质压力的作用时，迫使弹簧管 1 的自由端 B 向右上方扩展。压力越高，自由端向外移动的幅度越大。自由端 B 的弹性位移由拉杆 2 带动使扇齿轮 3 作逆时针偏转，于是指针 5 在同轴的中心齿轮 4 的带动下作顺时针偏转，从而在表盘 6 的刻度标尺上显示出被测压力 p 的数值。

（4）安装取压点的选取：

① 压力取源部件的安装位置应选在介质流束稳定的地方。

② 测量带有灰尘、固体颗粒或沉淀物等混浊介质的压力时，取源部件应倾斜向上安装。在水平的工艺管道上宜顺流束成锐角安装。

③ 压力取源部件在水平和倾斜的工艺管道上安装时，取压口的方位应符合下列规定：

(a) 测量气体压力时，在工艺管道的上半部。

(b) 测量液体压力时，在工艺管道的下半部与工艺管道的水平中心线成 0°~45°的范围内。

(c) 测量蒸汽压力时，在工艺管道的上半部及下半部与工艺管道水平中心线成 0°~45°的范围内。

（5）压力表的选用方法：

① 选用的压力表，必须与压力容器内的介质相适应（氨介质不能采用铜制压力表）。

② 低压容器（设计压力小于 1.6MPa）使用的压力表精度不应低于 2.5 级，中压及高压容器使用的压力表精度不应低于 1.6 级。

③ 压力表的量程应与承压设备的工作压力相适应，表盘刻度极限值应为工作压力的 1.5~3 倍，最好选用 2 倍。如果选用量程过大，将会影响压力读数的准确性；过小，压力表刻度的极限值接近或等于承压设备的工作压力，又会使弹簧弯管经常处于很大的变形状态下，因而容易引起永久变形，引起压力表的误差增大。

④ 压力表的表盘直径：

选用原则：大小应保证操作人员能清楚地看到压力表指示值。

距离位置：

(a) 距操作平台不超过 2m 时，表盘直径不应小于 100mm。

(b) 当其距离为 2~4m 时，表盘直径应不小于 150mm。

(c) 当其间距超过 4m 时，表盘直径应不小于 200mm。

（6）压力表停止使用情况：

① 有限止钉的压力表，在无压力时，指针不能回到限止钉处；无限止钉的压力表，在无压力时，指针距零位的数值超过压力表的允许误差。

② 表盘封面玻璃破裂或表盘刻度模糊不清。

③ 铅封损坏或超过校验有效期限。

④ 表内弹簧管泄漏或压力表指针松动。

⑤ 指针断裂或外壳腐蚀严重。

⑥ 其他影响压力表准确指示的缺陷。

(7)压力表的定期校验:

① 压力表的校验和维护应符合国家计量部门的有关规定。压力表安装前应进行校验,为了使操作人员随时警惕容器发生超压事故,在刻度盘上应划出指示最高工作压力的红线(不能画在玻璃上),注明下次校验日期。压力表校验后应加铅封。

② 依据《中华人民共和国计量法》第九条的规定,用于安全防护的压力表属于强制检定的计量器具。根据 JJG 52《弹性元件式一般压力表、压力真空表和真空表检定规程》规定,压力表检定周期一般不超过 6 个月。根据 JJG 49《弹性元件式精密压力表和真空表检定规程》规定,精密压力表检定周期一般不超过 12 个月(医用氧舱压力表校验周期为 1 年)。

2)液柱式压力表

液柱式压力表是根据静力学原理,将被测压力转换成液柱高度来进行压力测量的。这类仪表包括 U 形管压力计、单管压力计、斜管压力计等。常用的测压指示液体有酒精、水、四氯化碳和水银。这类压力表的优点是结构简单,反应灵敏,测量准确;缺点是受到液体密度的限制,测压范围较窄,在压力剧烈波动时,液柱不易稳定,而且对安装位置和姿势有严格要求。一般仅用于测量低压和真空度,多在实验室中使用。

3)压力传感器和压力变送器

压力传感器和压力变送器是利用物体的某些物理特性,通过不同的转换元件将被测压力转换成各种电量信号,并根据这些信号的变化来间接测量压力的。根据转换元件的不同,压力传感器和压力变送器可分为电阻式、电容式、应变式、电感式、压电式、霍尔片等形式。这类压力测量仪表的最大特点就是输出信号易于远传,可以方便地与各种显示、记录和调节仪表配套使用,从而为压力集中监测和控制创造条件。在生产过程自动化系统中被大量采用。

二、技能训练

1. 容积式流量计的操作和维护

1)容积式流量计起运前的检查

(1)新装流量计的投运应符合工艺设计要求,原油流向与流量计壳体上箭头所示方向一致。

(2)被计量原油的流量、压力和温度范围应符合流量计铭牌上的规定。

(3)流量计必须具有有效的合格证书和检定证书。

(4)流量计系统的排污阀、放空阀、扫线阀及在线密度计和含水分析仪的进口、出口阀门应关严。

(5)对出轴密封、精修器的圆盘摩擦轮机构按规定加注润滑油。

(6)流量计发送器、表头计数器和铅封完好,仪表接线正确。

(7)压力表、温度计应满足计量要求并具有有效的检定证书。

(8)按规定录取流量计表头计数器的底数。

2) 容积式流量计的投运操作

(1) 对新建工艺流程中流量计的投用,宜采用直管段或加密过滤网清洗管线。

(2) 启动流量计时,先缓慢打开流量计的进口阀,流量计及附属设备不渗不漏。再缓慢打开流量计出口阀,并使进出口阀保持一定压差,表头计数器和仪表正常运行,调节流量计的出口阀,使流量计在所需的流量范围内运行。两台以上流量计并联运行时,应调节流量计的出口阀,保持每台流量计的流量均衡,并在正常的流量范围内运行。

(3) 在任何情况下,利用消气器和放空阀把流量计和系统里的空气缓慢排出,保证原油充满流量计。

(4) 流量计系统的仪表投入运行并录取有关数据。

3) 容积式流量计的停运操作

(1) 停运流量计时,先缓慢关闭流量计的进口阀,待计数器完全停止后,再缓慢关闭流量计的出口阀。在停运过程中应录取有关数据。

(2) 流量计停运后,流量计的进出口阀门及消气器和过滤器的排污阀、扫线阀等应处于关闭状态。

(3) 流量计停运时,如果是高凝、高黏油品,管道内油品由于温度降低可能凝固,则停运后应立即按规定进行扫线处理。一般原油管道,夏季停运超过 24h,冬季停运超过 8h 时,应扫线排污。

4) 容积式流量计的日常管理

(1) 值班人员按时对流量计、压力表、温度计等仪表和设备巡检一次,按规定录取有关数据,发现异常应及时处理。

(2) 注意监听流量计运转的声音,正常运转时,振动与噪声甚小。如果振动与噪声加剧,应查找原因并及时处理。

(3) 保持表头油杯一定数量的润滑油,当油量减少到油杯容量的 1/4 时,应及时添加。对带有直角油杯的表头应每 8h 添加一次。

(4) 应在流量计铭牌规定的流量和压力范围内运行,不要超限。流量计允许的过载能力是 20%,但不得超过 30%。

(5) 严禁液体倒流。当流量计指示器的指针或计数器的字轮反转时,就说明管道内的液体已经倒流,应及时处理。

(6) 流量计由法定检定机构检定,周期为 6 个月。

2. 腰轮流量计的故障和检修

1) 转子转不动

(1) 原因:

① 过滤器堵塞。

② 杂质进入流量计,使转子卡死。

(2)处理:

① 清洗过滤器。

② 检查过滤网有无损坏和清洗流量计内部。

2)转子转动正常而计数器不计数

(1)原因:

① 变速齿轮啮合不良。

② 各连接部分脱铆或销子脱落。

(2)处理:

① 卸下计数器,检查各级变速器和计数器。

② 检查磁性联轴器,或机械密封联轴器传动情况(注意:不要使磁性联轴器承受过大的扭矩,否则,会因产生错极而消磁)。

3)机械密封联轴器泄漏

(1)原因:

① 压盖过松。

② 填料磨损。

(2)处理:

① 拧紧压盖。

② 更换密封填料,加添密封油。

4)误差变负(指示值小于实际值)

(1)原因:

① 流量超出规定范围。

② 介质黏度偏小。

③ 转子等转动部分不灵活。

(2)处理:

① 使流量计在规定范围内运行或换流量计规格。

② 黏度偏小,可重新标定;更换调整齿轮对进行修正。

③ 检查转子、轴承、驱动齿轮等,更换磨损零件。

5)误差变正(指示值大于实际值)

(1)原因:

① 流量有大的脉动。

② 介质内混入气体。

③ 介质黏度偏大。

(2)处理:

① 减少管路中流量的脉动。

② 加装排气器。

③ 重新标定,更换调整齿轮对进行修正。

3. 干式水表的安装及维护

1）干式水表的安装（更换）

(1) 倒流程,关严上流阀和下流阀。

(2) 开放空阀门将表壳内的余压放净。

(3) 取下新水表头,卸掉水表壳盖。

(4) 用拔表器拔出干式水表,并拿掉旧的密封垫圈,记录水表底数。

(5) 装新表要求同时更换密封垫圈,抹上黄油。

(6) 上紧水表壳盖,安装好新水表头,底数归零。

(7) 关放空阀门,开下流阀试压,无渗漏时缓慢打开上流阀,控制压力水量。

2）干式水表的维护

干式水表的维护主要有两点：一是定期检查（包括校检），在拆卸安装时各润滑点和密封点都要加好油脂；二是水质要合格（机械杂质会堵塞损坏表翼），开关调控水量操作要平稳。

4. 更换"水表芯子"

水表的精确程度影响着水井动态分析的准确程度和注水量的计量与调整,水表芯子长期在水流的冲击作用下工作,容易造成损坏和出现偏差,影响注水量计量的精确程度,因此一旦发现水表出现问题,就要及时进行更换。更换水表芯子是配水间设备维护的一项重要工作,也是采油工必须掌握的操作技能之一。

更换水表芯子的操作主要有以下步骤：

(1) 倒流程：先关注水上流阀门,并关严,再关下流控制阀门。

(2) 卸水表头：记录水表头的底数（机械的、电子式的均可）开放空阀门,在确认放净后,用螺丝刀卸掉水表头固定螺栓,取下表头。

(3) 卸水表芯子：用梅花扳手卸下水表压盖法兰螺栓,在 6 条螺栓全部卸下后取下压盖,用螺丝刀从 3 个对称角度轻撬一下,水表芯子就被撬起,用手提起取下,并仔细观察表叶轮情况,有无损伤、机械杂物卡住等,并记录在纸上；水表钢号放好,用螺丝刀取出底部密封垫子；再用棉纱擦干净水表壳内脏物,确认干净后就可更换表芯子了。

(4) 换新表芯子：先把准备好的底部密封垫圈涂少许黄油,放入水表壳内,再把上部密封圈准确套在表芯的磁钢盘下端面,并把表芯子准确平稳放入水表壳内,记录下换上表芯子的钢号,放上压盖,六孔对正后,用手把 6 条螺栓上好,再用梅花扳手各自均匀稍紧几扣,注意法兰四周缝隙宽度要均匀,确认后在对角方向打紧 6 条螺栓。

(5) 上法兰盘和水表表头：确认均匀压紧后,关放空阀门,缓慢打开上流阀,在有水流过后立即暂停一下再开大,此时观察刚装水表法兰处有无渗漏,确认没有渗漏后,装上原表头,并固定。

(6) 调整注水量：开下流注水阀门,在开大后看水表显示的流量是否正常,正常后开大上流注水阀,并按注水指示牌开关下流注水阀门,调整好注水量。

(7) 记录：记录换表后的注水压力、瞬时水量。

5. 压力表的更换

(1) 按规定穿戴好劳保用品,拿好工具用具。

(2) 根据工艺参数选择合适量程的压力表,压力表应满足工作压力在压力表量程的 1/3 ~ 2/3。

(3) 检查所选压力表是否具备更换条件(如表针是否归零、检验标签是否在有效期内、传压孔是否畅通、铅封是否完好、螺纹是否完好)。

(4) 侧身站在需更换压力表的上风向,防止阀门泄漏伤害人身。

(5) 关闭需更换的压力表根部阀,切断压力源。

(6) 用活动扳手和固定扳手将压力表螺栓拧松,同时轻轻晃动压力表,将其里面残留的压力释放干净。

(7) 压力泄完之后,将压力表卸下。

(8) 清除压力表内密封带和杂物,防止堵塞压力表进气孔。

(9) 将检验合格的压力表在螺纹上按逆时针方向缠上密封带,注意不要堵塞进气孔。

(10) 用手将压力表扶正,将螺栓拧紧(注意:压力表垂直于管线,朝向便于观察的地方)。

(11) 缓慢打开压力表根部阀,看是否泄漏。

(12) 清理现场,将工具用具带回。

6. 弹簧管压力表常见故障及处理

1) 指针偏离零点,且示值的误差远超过允许误差值

(1) 原因:

① 弹簧管产生永久变形。

② 固定传动机构或传动件的紧固螺钉松动。

③ 在急剧脉动负荷的影响下,使指针在减压时与零位限止钉碰撞过剧,以致引起其指示端弯曲变形(无零位限止钉者,因剧烈的振动或颠振所致)。

④ 机座上的孔道不畅通,有阻塞现象。

(2) 处理:

① 加以清洗或疏通。

② 拧紧螺钉。

③ 整修或更新指针。

④ 这与负荷冲击过大有关,取下指针重新安装,并调校,必要时更换弹簧管。

2) 指针的指示端处于零位限止钉之后

(1) 原因:指针指示端与其表盘之间的距离过大,或因指针本身的刚性较差以致在振动或颠振的影响下从原来的位置上跳出。

(2) 处理:可将指针指示端适当地提起再安于限止钉之前,将其向下按揿,以适当地减少间距。

3)在增减负荷过程中,当轻敲外壳后,指针摆动不止

(1)原因:

① 游丝的起始力矩过小。

② 长期使用于不良的环境中,或因游丝本身的耐蚀性不佳,以致由于腐蚀而引起弹性逐渐消退,力矩减少。

③ 进油管的阀门开得太大或控制阀接头孔太大。

④ 周围有高频振源。

(2)处理:

① 适当地将游丝放松或盘紧,以增加起始力矩。

② 更换游丝。

③ 适当控制阀门或将其接头孔孔径缩小。

④ 装置减振器。

4)指针运动不平稳,有抖动

(1)原因:

① 扇形齿轮与小齿轮上的齿面积污。

② 指针轴弯曲,使指针靠紧于表盘或表蒙。

③ 扇形齿轮倾斜。

④ 被测介质压力波动大。

⑤ 压力表安装位置有振源。

(2)处理:

① 消除振源或加装减振器。

② 把轴校直,使指针与表盘平面间距合适。

③ 矫正扇形齿轮平面。

④ 关小阀门开关。

⑤ 去掉积污,用汽油或酒精清洗。

5)指针的指示失灵,即在负荷作用下,指针不产生相应的回转

(1)原因:

① 长期振动或颠振的影响使弹簧管的自由端上与拉杆相铰接的销钉或螺钉脱落。

② 机座上的孔道被脏物严重堵塞。

(2)处理:

① 销钉或螺钉重新安在原来的连接位置上。

② 加以清洗或疏通,必要时拆卸弹簧管进行清洗。

6)指针不能恢复零位

(1)原因:

① 指针本身不平衡。

② 游丝盘得不紧。

③ 中心轮轴上没有装游丝。
④ 在未加压时指针就不在零位。
⑤ 指针靠在表盘上或靠玻璃表蒙上。
(2)处理：
① 做平衡校准致平衡。
② 增大游丝转矩。
③ 装上游丝。
④ 调整零位超差。
⑤ 重装指针在适当位置，既不靠玻璃也不靠表盘。

7)指针指示读数误差不同

(1)原因：
① 弹簧管自由端位移与压力不成比例。
② 弹簧管自由端位移与连接杆传动比调整不当。
③ 表盘刻度不均匀(指一般表)。
④ 刻度表盘与中心齿轮不同心。
(2)处理：
① 调整传动比。
② 更换均匀刻度表盘。
③ 做管子弯曲度校正，能校正最好，否则更换。
④ 进行同心度调整(必要时做特殊调整，可以偏心)。

第十三节 阀门的使用与维护

阀门是管路中流体的控制装置，通过改变其内部通道截面积来控制管路内介质的流动。其基本功能是接通或切断管路内介质的流通，改变介质的流向，调节介质的压力和流量，分离、混合或分配介质，保护设备及管路的正常运行。

一、工作过程知识

1. 阀门的类型

阀门的分类方法有很多，根据有关标准规定，把通用阀门分成如下 11 类，即闸阀、截止阀、旋塞阀、球阀、蝶阀、隔膜阀、止回阀、节流阀、安全阀、减压阀和疏水阀。

1)按用途分类

(1)截断阀：又称闭路阀。其作用是接通或截断管路中的介质。截断阀包括闸阀、截止阀、旋塞阀、球阀、蝶阀和隔膜阀等。

(2)止回阀：又称单向阀或逆止阀。其作用是防止管路中介质的倒流。止回阀包括止回阀和底阀。

(3)调节阀:作用是调节管路中介质的流量、压力等参数。调节阀包括调节阀、节流阀和减压阀等。

(4)分流阀:作用是分配、分离或混合管路中的介质。分流阀包括各种形式的分配阀及疏水阀等。

(5)安全阀:作用是防止装置中介质压力超过规定数值,对管路或设备提供超压安全保护。安全阀包括各种形式的安全阀、泄流阀等。

2)按结构特征分类

(1)闸板类:启闭件沿垂直于阀座通道的中心线上下移动。

(2)截止类:启闭件沿阀座通道的中心线上下移动。

(3)旋塞类:启闭件系锥塞或球体,启闭时绕自身轴线旋转。

(4)旋启类:启闭件绕阀座通道外的轴旋转。

(5)蝶形类:启闭件系圆盘形,启闭时绕垂直于阀类底座通道的轴线旋转。

3)按驱动方式分类

(1)手动:最基本的驱动方式,包括靠人力操纵手轮、手柄或扳手直接驱动的阀门。

当阀门启闭力矩较小时,可采用手轮、手柄或扳手直接驱动。伞形手轮主要用于截止阀和节流阀,平形手轮主要用于闸阀,扳手主要用于旋塞阀、球阀和蝶阀。手轮直径或手柄和扳手的长度应根据阀门的启闭力矩的大小来选定。

当阀门启闭力矩较大时,可通过在手轮和阀杆之间设置齿轮或蜗轮传动机构进行驱动,以达到省力的目的,必要时也利用万向接头及传动轴进行较远距离的操作。齿轮传动减速比小,适用于闸阀和截止阀;涡轮传动减速比较大,适用于旋塞阀、球阀和蝶阀。

(2)气动和液动:以一定压力的空气、水或油为动力源,利用汽缸(液压缸)和活塞的运动来驱动阀门的。一般气动的空气压力小于0.79MPa,液动的水压或油压为2.47~24.7MPa。气、液驱动装置又可分为往复型和回转型两种。往复型气、液驱动装置用于驱动闸阀、截止阀或隔膜阀,回转型气、液驱动装置用于驱动球阀、蝶阀或旋塞阀。

(3)电磁驱动:以电磁线圈通电后所产生的磁力来驱动阀门。采用电磁驱动的阀,通常称为电磁阀,它广泛地应用于气动、液动系统中。电磁驱动的特点是行程小,驱动力也小,但可使阀门迅速启闭,用于驱动小口径阀门。

(4)电力驱动:启闭速度快,可大大缩短启闭阀门所需的时间,减轻操作人员的劳动强度,特别适用于高压大口径阀门。电力驱动适于安装在不能手动操作或难于接近的位置,易于实现远距离操纵且安装高度不受限制,有利于整个系统的自动化,同时所用电线的敷设和维护也比压缩空气和液压管线简单得多。

(5)电液联动:电动液压式执行机构不同于单纯的电动执行机构通过电动机及减速器使调节阀定位,它利用一自成体系的液压传输系统作媒介使调节阀定位。

(6)自动:利用介质本身的能量使阀门动作,主要包括止回阀、安全阀、减压阀和自动调节阀。

4) 按公称压力(p_N)分类

(1) 真空阀:$p_N < 0.1\text{MPa}$。

(2) 低压阀:$p_N \leq 0.1\text{MPa}$。

(3) 中压阀:$2.5\text{MPa} \leq p_N \leq 6.4\text{MPa}$。

(4) 高压阀:$10\text{MPa} \leq p_N \leq 80\text{MPa}$。

(5) 超高压阀:$p_N \geq 100\text{MPa}$。

5) 按与管道的连接方式分类

(1) 法兰连接:阀体带有法兰,与管路通过法兰连接在一起。

(2) 螺纹连接:阀体带有外螺纹或内螺纹,与管路通过螺纹连接在一起。

(3) 焊接连接:阀体带有焊口,与管路通过焊接连接在一起。

(4) 卡箍连接:阀体上带有卡箍接头,与管路通过卡箍连接在一起。

具体采用何种连接方式要结合管路内流体的性质、压力、阀门的种类和尺寸,以及施工条件来决定。对于具体的阀门类型及特征可到工程手册中查寻。

2. 阀门的型号

国家标准规定,阀门产品的型号由七个单元组成,分别表示阀门的类别、驱动种类、连接和结构形式、密封面和衬里材料、公称压力、阀体材料,如图2-69所示。

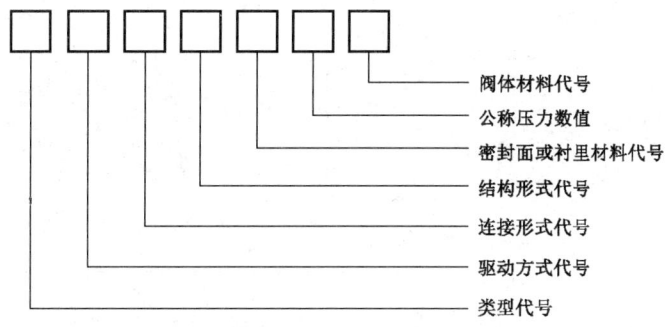

图2-69 阀门型号示意图

第一单元用汉语拼音字母表示阀门类型,见表2-10。

表2-10 类型代号

阀门类别	安全阀	蝶阀	止回阀	截止阀	节流阀	球阀	疏水阀	调节阀	旋塞阀	减压阀	闸阀
代号	A	D	H	J	L	Q	S	T	X	Y	Z

第二单元用阿拉伯数字表示阀门的驱动方式,手轮或扳手驱动省略代号,见表2-11。

表2-11 驱动方式代号

驱动方式	电磁驱动	电磁—液动	电—液动	涡轮	正齿轮	伞齿轮	气动	液动	气—液动	电动
代号	0	1	2	3	4	5	6	7	8	9

油气集输

第三单元用阿拉伯数字表示阀门的连接形式,见表2–12。

表2–12 连接形式代号

连接形式	内螺纹	外螺纹	法兰	焊接	对夹	卡箍	卡套
代号	1	2	4	6	7	8	9

第四单元用阿拉伯数字表示阀门的结构形式,每种类型的阀门都有几种结构形式,可参照表2–13。

表2–13 结构形式代号

类型	结构形式			代号
截止阀和调节阀	直通式			1
	角式			4
	直流式			5
	平衡	直通式		6
		角式		7
闸阀	明杆	楔式	弹性闸板	0
			单闸板	1
			双闸板	2
		平行式	单闸板	3
		刚性	双闸板	4
	暗杆楔式		单闸板	5
			双闸板	6
球阀	浮动	直通式		1
		L形	三通式	4
		T形	三通式	5
	固定	直通式		7

第五单元用汉语拼音字母表示阀门的密封面或衬里材料,见表2–14。如果密封材料与阀体材料相同时为无专用密封材料,用W表示。

表2–14 密封面或衬里材料代号

密封面或衬里材料	铜合金	橡胶	尼龙塑料	巴氏合金	氟塑料	合金钢	渗碳钢	硬质合金	衬胶	衬铅	搪瓷	渗硼钢
代号	T	X	N	B	F	H	D	Y	J	Q	C	P

第六单元用数字表示阀门公称压力数值,见表2–15。

表 2-15 公称压力数值

0.1	0.16	0.25	0.4	0.6	1.0
1.6	2.5	4.0	6.4	10	16

第七单元用汉语拼音字母表示阀体材料,见表 2-16。对 $p_N \leqslant 1.6\text{MPa}$ 的灰铸铁、$p_N \geqslant 2.5\text{MPa}$ 的碳钢阀门本单元省略。

表 2-16 阀体材料代号

阀体材料	HT25-47	KT30-6	QT40-15	H62	ZG25Ⅱ	Cr5Mo	1Cr18Ni9Ti	Cr18Ni12Mo2Ti	12Cr1MoV
代号	Z	K	Q	T	C	I	P	R	V

DN 后面的数字表示公称直径,公称直径与管线的外径有对应关系,与管线的弯头法兰螺纹配件也有对应关系,如 DN50。

常用阀门型号举例:

(1)Z13H-16 DN15 表示闸阀,手动,内螺纹连接,单闸板,密封面材料是合金钢,公称压力为 16MPa,公称直径为 15mm。

(2)A42H-6.4 DN50 表示安全阀,法兰连接,封闭全启式,密封面材料为合金钢,公称压力为 6.4MPa,公称直径为 50mm。

3. 阀门的选用

1)阀门类型的选用

选择阀门时,一般要求阀门的公称压力范围应与管路设备的压力等级相符。

(1)双流向的管道应选用无方向性的阀门,如闸阀、球阀、蝶阀。

(2)要求快速启闭的管道应选用球阀和蝶阀。

(3)要求阀门密封性能好的管道应选用闸阀和球阀。

(4)要求阀门可靠性好的管道应选用平板阀、弹性闸阀和球阀。

(5)要求减少摩擦阻力损失的管道应选用球阀和闸阀。

(6)要求自动控制的管道应选用气动阀、电动阀和电磁阀,电动阀和电磁阀使用时应注意防爆等级不得低于 AT3。

(7)压力管道上应根据具体情况设置安全阀。

(8)蒸汽管道和供热管道上应设置疏水阀。

2)阀门通径的选择

阀门的通径根据设计流量、介质特性和管道通径来决定,即:

$$d = \sqrt{\frac{4Q}{\pi v}} \qquad (2-40)$$

式中 d——阀门通径,m;

油气集输

Q——体积流量,m^3/s;

v——平均流速,m/s。

各种介质的平均流速见表 2-17。

表 2-17 各种介质的平均流速

介质	汽油、煤油、轻柴油、水	重柴油、重油润滑油	低压蒸汽	中压蒸汽	低压空气
平均流速,m/s	2.0~2.5	1.0~2.5	15~20	20~40	10~20

4. 阀门的结构和特点

1) 闸阀

闸阀是一种最常用的截断阀,用来接通或截断管路中的介质,不适合调节介质流量。它的启闭件(闸板)在垂直于阀内通道中心线的平面做升降运动。

(1) 闸阀的特点:

① 流动阻力小。

② 结构长度(与管道相连接的两端面间的距离)较小。

③ 启闭较省力。

④ 介质流动方向不受限制。

⑤ 高度大,启闭时间长。

⑥ 密封面易产生探伤。

⑦ 零件较多,结构较复杂,制造与维修比较困难,成本也比截止阀高。

(2) 闸阀的结构:闸阀主要由阀体、阀盖、阀杆、闸板、密封填料及驱动装置等组成,如图 2-70 所示。

① 阀体与阀盖;多采用法兰连接,小口径的阀体用螺纹连接。

② 闸板:是闸阀的启闭件,闸阀的工作、密封性能和寿命主要取决于闸板。闸阀可以分成楔式和平行式两大类。楔式闸阀采用楔形闸板,其密封面与闸板垂直中心线成一定倾角,称为楔半角。楔半角的大小主要取决于介质的温度和通径的大小。一般介质温度越高,通径越大,所取楔半角越大,以防止温度变化时闸板被卡住。常见的楔形闸板其楔半角只有 2°52′和 5°两种。楔式闸板又有弹性闸板、楔式单闸板和楔式双闸板之分。弹性闸板是一种易于实现可靠密封的闸板形式,目前国内外已广泛采用。楔式单闸板是一种整体的楔式闸板,其特点是结构简单、尺寸小、使用比较可靠,但闸板和阀座密封面的楔角加工精度要求很高,加工与维修均较困难。启闭过程中密封面易发生擦伤,温度变化时闸板易被楔住。它适用于常温、中温和各种压力的闸阀。楔式双闸板是由两块闸板组合而成,用球面顶心铰接成楔形闸板。

③ 阀杆:闸阀阀杆有明杆和暗杆之分,因而闸阀也分明杆闸阀和暗杆闸阀两类。明杆闸阀的手轮固定在阀杆螺母上。阀杆螺母在阀盖或阀盖支架上可以自由转动,但不允许有上下位移。暗杆闸阀的手轮固定在阀杆上,阀杆螺母固定在闸板顶部。阀杆受阀盖限制,只能做旋转运动,而不能做升降运动。

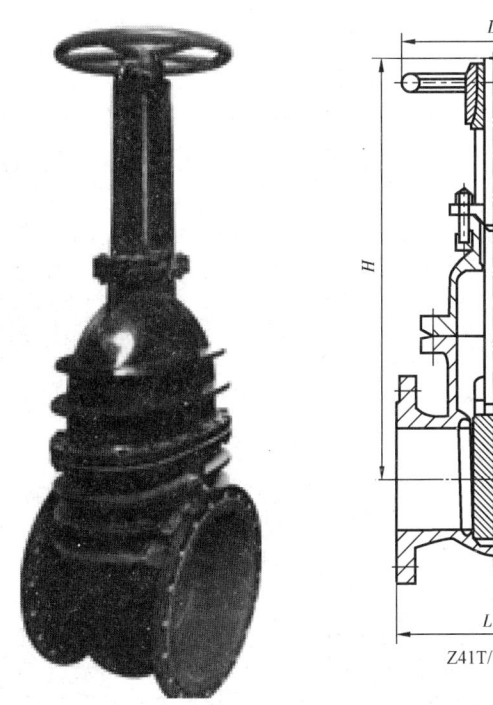

图 2-70　闸阀结构示意图

2) 截止阀

截止阀也是一种常用的截断阀。截止阀的启闭件(阀瓣)沿着阀座通道的中心线上下移动。截止阀主要用于水和蒸气管道上,而在原油管道上使用较少。

(1) 截止阀的特点:

① 与闸阀相比,截止阀结构简单,制造与维修较方便。

② 截止阀启闭时阀瓣与阀体密封面之间无相对滑动(锥形密封面除外),因而磨损与擦伤均不严重,密封性能好,使用寿命长。

③ 启闭时,阀瓣行程小,因而截止阀高度较小,但结构长度较大。

④ 关闭时,因为阀瓣运动方向与介质压力作用方向相反,必须克服介质的作用力,所以关闭力矩大。因此,截止阀通径受到限制,一般公称直径不大于200mm。

⑤ 流动阻力大。阀体内介质通道比较曲折,流动阻力大,动力消耗大。在各类截断阀中,截止阀的流动阻力最大。

⑥ 介质流动方向受限制。介质流经截止阀时,在阀座通道处应保证从下向上流动,所以介质只能单方向流动。

(2) 截止阀的结构:主要由阀体、阀盖、阀杆、阀瓣及驱动装置等组成。

① 阀体与阀盖用螺纹或法兰连接。阀体主要有直通式、角式和直流式三种形式,如图2-71所示。

② 阀瓣是截止阀的启闭件,它与阀座一起形成密封副,接通或截断介质。

③ 阀杆一般都做旋转升降运动,手轮固定在阀杆上端部。顺时针方向旋转手轮,阀杆一

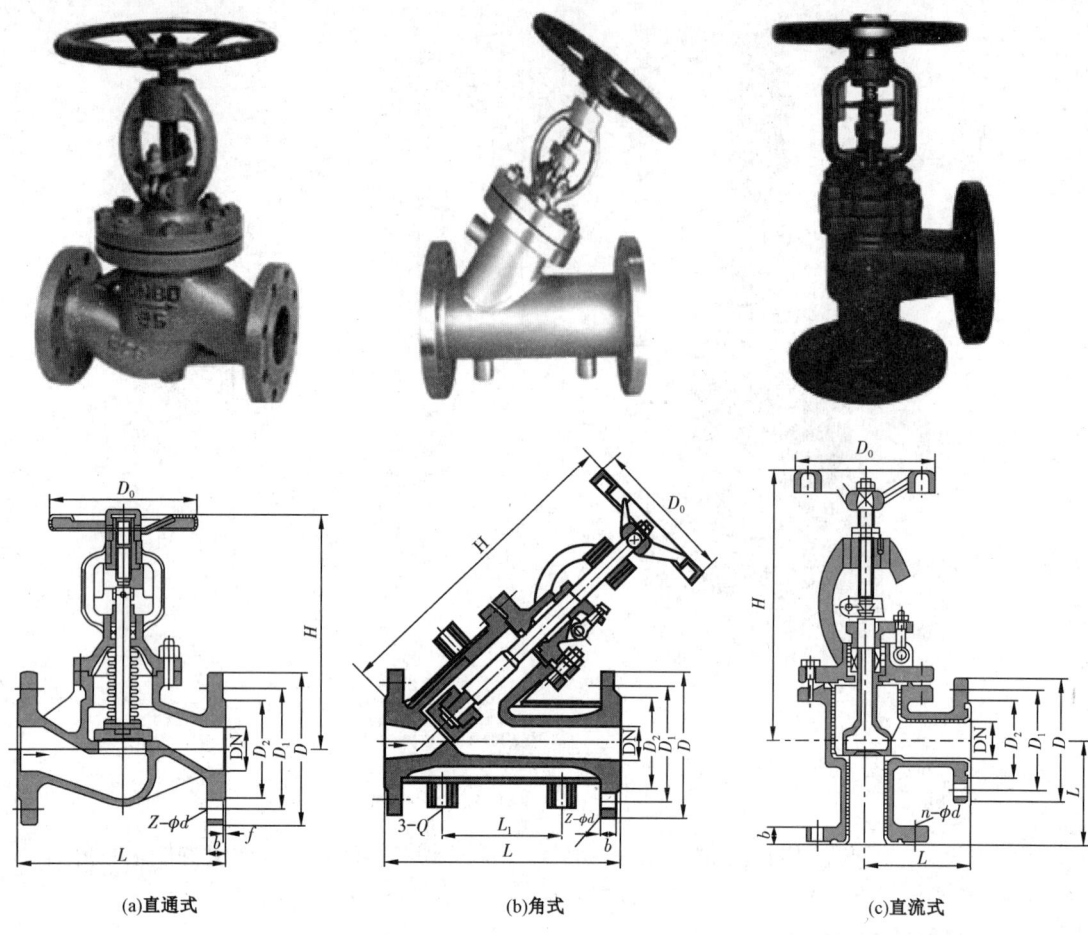

图 2-71 截止阀阀体结构示意图

起旋转并向下运动。当阀瓣密封面与阀座密封面达到紧密接触时,截止阀处于关闭状态;逆时针方向旋转手轮,阀杆一起旋转并带着阀瓣向上运动,使其离开阀座密封面,这时截止阀处于开启状态。

3) 球阀

球阀是在旋塞阀的基础上发展起来的阀门。它的启闭件是一个围绕着阀体的垂直中心线做回转运动的球体,故称为球阀。

(1) 球阀的特点:

① 中、小口径球阀相对而言结构简单,体积小,重量轻。特别是球阀的高度,远小于闸阀和截止阀。

② 流动阻力小,全开时球体通道、阀体通道和连接管道的截面积相等,并且成直线相通,介质流过球阀,相当于流过一段直通的管子,所以在各类阀门中,球阀的流动阻力最小。

③ 启闭迅速,介质流向不受限制;球阀与旋塞阀一样,启闭时只需把球体转动90°,比较方便而且迅速。

(2)球阀的结构：主要由阀体、球体、密封圈、阀杆及驱动装置等组成。

① 阀体内容纳球体和密封圈，并有介质进出口通道。

② 球体是球阀的启闭件，它的表面是密封面，因此要求较高的精度和粗糙度。球体内有圆形截面的介质通道，通道的直径通常等于阀的公称通径。对于直通球阀，球体上的通道是直通的。

按照球体在阀体内的固定方式，球阀可分浮动球式和固定球式两种。

浮动球式球阀如图2-72所示。球体是可以浮动的，在介质压力作用下，球体被压紧到出口侧的密封圈上，从而保证密封。它的特点是结构简单、单侧密封、密封性能较好，但由于球面与出口侧密封圈之间压紧力较大，所以启闭力矩也大，一般适用于较小口径和较低压力的场合。

固定球式球阀如图2-73所示。球体被上下两端的轴承固定，只能转动，不能产生水平位移。为了保证密封性，它必须有能够产生推力的浮动阀座，使密封圈压紧在球体上，因此它的结构复杂，外形尺寸大。由于球体被轴承固定，介质对球体的压力是由轴承来承受的，因而密封圈不易磨损，使用寿命长。密封圈与球体间的摩擦力小，启闭也较省力。一般适用于较大口径、较高压力的场合。

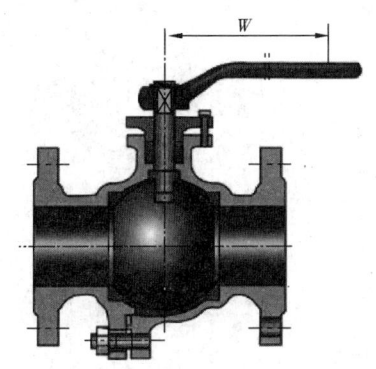

图2-72　浮动球式球阀结构示意图

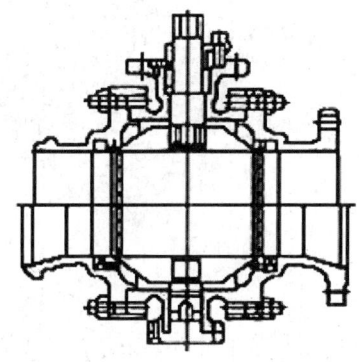

图2-73　固定球式球阀结构示意图

③ 密封结构：密封圈与球体表面必须紧密接触才能保证密封。球阀的密封主要有浮动式和固定式球阀密封。

④ 球阀的阀杆很短，下端与球体相嵌接，带动球体转动。

对于较小口径的球阀，球阀的启闭可采用扳手驱动。而对于较大口径、较高压力的球阀，可采用气动、液动、电动或各种联动系统驱动。

4）蝶阀

蝶阀是截断阀类的一种，它的启闭件呈圆盘状，故称蝶板，它绕其自身的轴线做旋转运动。

(1)蝶阀的特点：

① 结构简单，体积小，重量轻，尺寸最小；其长度甚至可以小于通径，适合于大口径阀门。

② 流动阻力较小。全开时，阀座通道有效流通截面积较大，流动阻力较小。

③ 启阀方便、迅速，而且比较省力。蝶板旋转90°即可完成启闭。由于转轴两侧蝶板受介

质作用力接近相等,而产生的转矩方向相反,因而启闭力矩较小。

④ 低压下,可以实现良好的密封。早期蝶阀都采用金属密封圈,密封性能很差,所以只用于节流。后来采用橡胶等软质密封材料做密封圈,密封性能提高,蝶阀也就越来越多地用于截断。

⑤ 调节性能好。通过改变蝶板的旋转角度可以分级控制流量。

⑥ 受密封圈材料的限制,目前蝶阀的使用压力和工作温度范围很小。

(2)蝶阀的结构:由阀体、阀杆、蝶板、密封圈和驱动装置等组成,如图2-74所示。

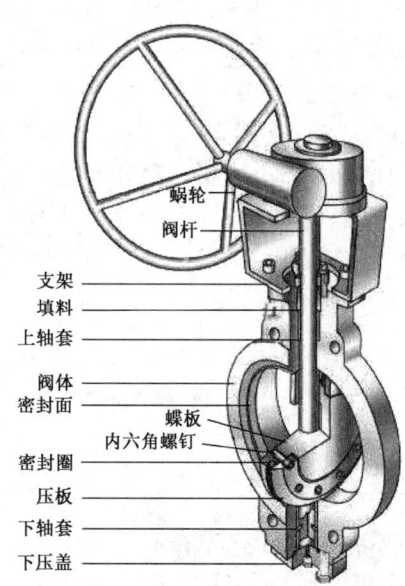

图2-74 蝶阀结构示意图

① 蝶阀的阀体呈圆筒状,它的上部、下部(或两侧)各有一个圆柱形凸台,用来安装阀杆(即蝶板转轴)。为了防止介质外漏,轴端也采用填料函密封结构。

② 蝶板是蝶阀的启闭件。

根据蝶阀在阀体中的安装方式,蝶阀可以分成中心对称板式、斜板式、偏置板式。

5)旋塞阀

利用阀件内所插的中央穿孔的锥形栓塞控制启闭。根据密封面的形式不同,旋塞阀可分为填料旋塞阀、油密封式旋塞阀和无填料旋塞阀。旋塞阀不适用于输送高温、高压介质(如蒸气),而适用于输送一般低温、低压流体,不宜作调节流量用。

(1)旋塞阀的特点:

① 结构简单,外形尺寸小。

② 启闭迅速,操作方便,流体阻力小。

③ 便于制作成三通路或四通路阀门,可作分配换向用。

④ 密封面易磨损,开关力较大,易卡死。

(2)旋塞阀的结构:主要由阀体、塞子、填料、压盖和阀杆等组成,如图2-75所示。按其结构形式可分为紧定式、自封式、填料式和油封式四种,按其通道形式可分为直通式、三通式和四通式三种。

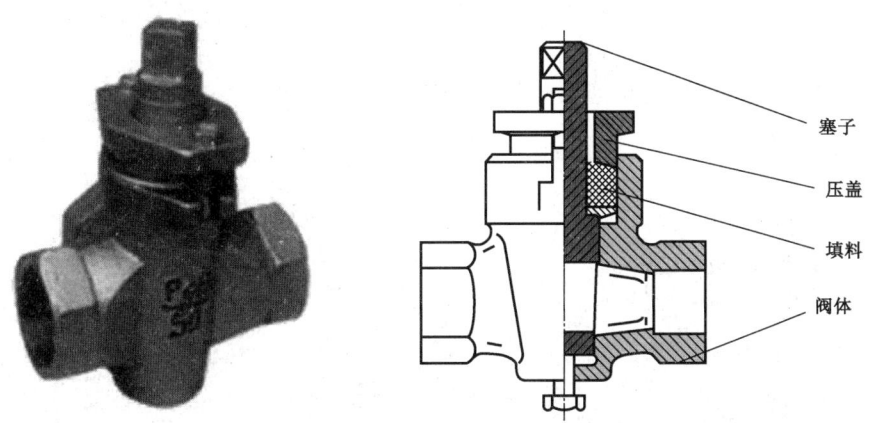

图 2-75 旋塞阀结构示意图

6) 止回阀

止回阀又称逆止阀或单流阀,作用是防止管路中介质的倒流。止回阀属于自动阀类,其启闭动作是由介质本身的能量来驱动的。

止回阀的种类主要有升降式止回阀、旋启式止回阀、蝶式止回阀和底阀。

(1) 升降式止回阀:一种截止型止回阀。它的结构与截止阀有很多相似之处,其中阀体与截止阀阀体完全一样,可以通用。阀瓣形式也与截止阀阀瓣相同,阀瓣上部和阀盖下部都加工出导向套筒,阀瓣导向套筒可在阀盖导向套筒内自由升降,如图 2-76 所示。

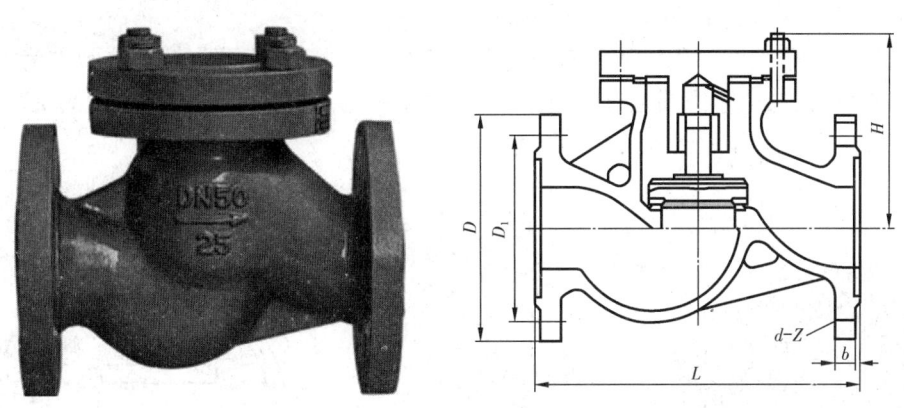

图 2-76 升降式止回阀结构示意图

按照在管路上的安装位置,升降式止回阀可以分成直通式升降止回阀和立式升降止回阀两种。

① 直通式升降止回阀:当介质停止流动时,阀瓣靠自重降落在阀座上,阻止介质倒流,故只允许安装在水平管路上。

② 立式升降止回阀：立式升降止回阀的介质进出口通道方向与阀座通道方向相同，为使阀瓣能靠自重下落到阀体阀座上，必须把它安装在垂直管路上，这种止回阀的流动阻力较小。

（2）旋启式止回阀：阀瓣呈圆盘状，绕阀座通道外的转轴做旋转运动，如图 2-77 所示。旋启式止回阀由阀体、阀盖、阀瓣和摇杆等组成。

根据阀瓣的数目，旋启式止回阀可分成单瓣式、双瓣式和多瓣式三种。

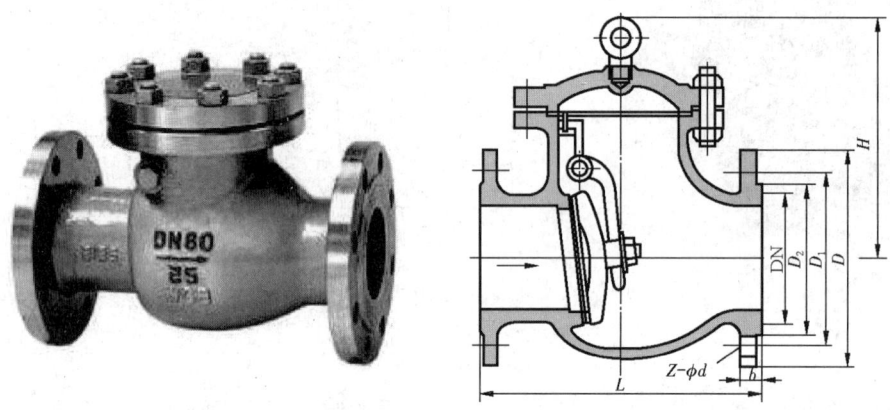

图 2-77 旋启式止回阀结构示意图

① 单瓣式止回阀适用于中等口径旋启式止回阀。
② 双瓣式止回阀适用于较大口径旋启式止回阀，但一般通径不超过 600mm。
③ 多瓣旋启式止回阀公称直径多在 600mm 以上。

较大口径的旋启式止回阀可带有旁通阀。

（3）蝶式止回阀：与蝶阀结构相似，如图 2-78 所示。主要区别在于：蝶阀作为截断阀必须由外力驱动，而蝶式止回阀是自动阀，不需要驱动机构。当介质停止流动或倒流时，蝶板靠自身重量和倒流介质作用而旋转至阀座上。

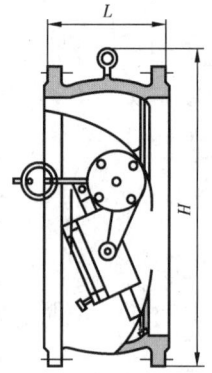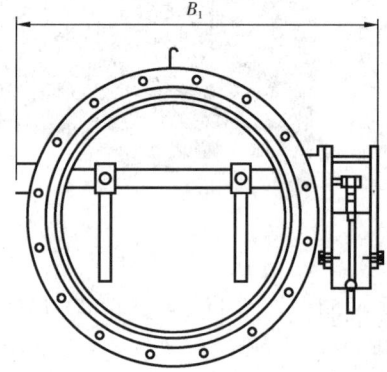

图 2-78 蝶式止回阀结构示意图

(4)底阀:一种专用止回阀,主要安装在不能自吸或没有真空泵抽气引水的水泵吸水管的尾端。底阀必须没入水中,它的作用是防止泵吸水管中的水倒流,保证水泵正常启动。

7)节流阀

节流阀属于调节阀类,它通过改变通道截面积来调节介质流量和压力。各种截断阀都可改变介质通道截面积,因而一定程度上也可以起调节作用,但是它们的调节性能不好。所以,通常都采用专门的结构和启闭形状的节流阀进行调节。

(1)截止型节流阀:通常所说的节流阀指的是截止型节流阀(以下简称"节流阀")。这种节流阀在结构上除了启闭件及相关部分外,均与截止阀相同。阀杆通常与启闭件制成一体。节流阀与截止阀一样,也有直通式和角式之分,分别安装在水平管路和垂直交会的管路上,如图2-79所示。

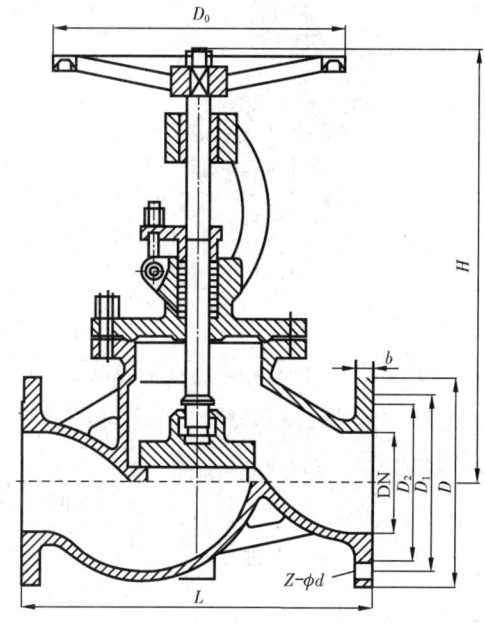

图2-79 截止阀结构示意图

当节流阀的阀瓣在不同高度时,阀瓣与阀座所形成的环形通路面积也相应变化。所以,只要细致地调节阀瓣的高度,就可以精确地调节阀座通道的截面积,从而也就可以得到确定数值的压力或流量。

(2)旋塞型节流阀:也叫节流旋塞。它的结构与旋塞阀基本相同,只是塞子的结构不同。它的介质通道面积变化与塞子旋转角度之间的比例关系近似成直线,因而适宜于调节介质的流量和压力。但是,它调节精度较低,且调节范围也比节流阀小,应用较少。

(3)蝶式节流阀:与蝶阀结构相同,不能做小流量调节。全开时由于蝶板占据了一定空间,而使通道的有效流通面积约减少30%,调节范围也较小。

油气集输

8) 安全阀

安全阀是一种安全保护用阀。它通过向系统外排放介质来防止管路或设备内介质压力越过规定数值。安全阀属于自动阀类,用于锅炉、压缩机、高压容器和管路等因介质压力过高而可能引起爆炸的设施。

安全阀由阀体、密封结构(即阀瓣和阀座)及加于密封结构上的荷载三部分组成,如图 2-80 所示。

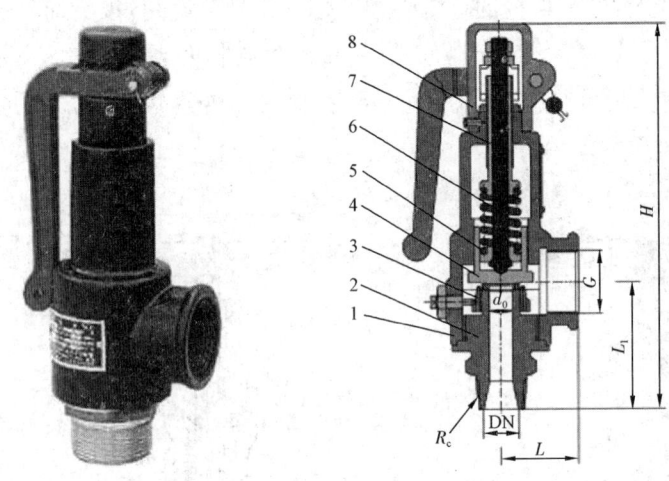

图 2-80 安全阀结构示意图
1—阀体;2—阀座;3—调节圈;4—阀瓣;5—弹簧;6—阀杆;7—调整螺杆;8—保护罩

安全阀阀瓣上方必须施加荷载。在正常介质压力情况下,阀瓣在外加荷载的作用下被压在阀座上。当介质压力上升到开启压力时,介质对阀瓣的作用力大于外力荷载,阀瓣升起,一部分介质被排放出来,从而使系统中的压力下降。当介质压力下降至外加荷载可以克服介质的作用力时,阀瓣又重新压在阀座上,防止介质泄漏。

9) 减压阀

减压阀属于调节阀类,它是一种直接作用式压力调节阀。介质通过减压阀产生节流效应,使阀后压力降低到某一确定范围,并且在阀前压力不断变化的情况下,仍能使阀后压力保持在该范围内。

减压阀与节流阀是不同的。虽然它们都利用节流效应来降压,但是节流阀的出口压力是随进口压力而变化的,而减压阀却能进行自动调节,使阀后压力保持稳定。

二、技能训练

1. 阀门的日常维护

1) 人员要求

本项目所需人数为 1 人。

2)准备工作

(1)工具、用具、材料准备:300mm 活动扳手 1 把,250mm 活动扳手 1 把,200mm 螺丝刀 1 把,200mm 克丝钳 1 把,3#钙基润滑脂 2kg,棉纱布若干,DN50 阀门 1 个。

(2)穿戴好劳保用品。

3)阀门的日常维护

(1)检查阀门各部件应齐全完好无损:

① 检查阀体是否完好。

② 检查阀门手轮开关是否灵活。

③ 检查阀门是否缺件,如果缺件,应及时补全。

④ 检查阀门丝杆是否弯曲,如果丝杆弯曲,应更换阀门丝杆或整体更换阀门端盖。

(2)检查阀门各密封部位应完好不渗漏:

① 检查阀盖是否渗漏。

② 检查密封填料压盖是否渗漏,如果渗漏,及时进行压紧或更换密封填料。

③ 检查阀门法兰连接处是否渗漏,如果渗漏,及时进行压紧或更换密封垫片。

④ 检查阀门内部是否渗漏,如果渗漏,应及时研磨闸板、阀座或更换阀门。

(3)进行清洁、加油保养:

① 擦拭阀体,保持阀门的清洁。

② 清除阀门丝杆上的灰尘、油垢和锈蚀,用带润滑油的抹布擦丝杆,使丝杆上有一层油膜。

③ 清洁油嘴油杯,并向油嘴油杯内加润滑脂。

(4)阀门的操作维护:

① 要缓慢开关阀门,避免过分用力开关阀门,避免用助力工具开关阀门。

② 阀门开至规定的开度后,将手轮倒转 1/2~2/3 圈。

③ 不经常启闭的阀门要定期转动手轮,以防丝杆因锈蚀而咬住。如果丝杆生锈,则可用汽油湿润丝杆,然后慢慢转动手轮。

④ 露天场所的阀门应戴上防雨罩,冬季应采取保温措施。

(5)清洁和回收工具、用具,清理现场。

4)技术要求

(1)阀门应建立技术档案,记录有关数据及维护和故障排除情况。

(2)开关阀门时,要通知相关岗位,切勿造成管线憋压。

5)安全要求

(1)使用扳手紧固螺栓时,要拉动扳手而不要推动扳手,防止扳手滑脱伤人。

(2)开关阀门时,人应侧身操作,避免丝杠飞出伤人。

2. 阀门的更换

阀门是计量间和配水间中频繁使用的设施,发生损坏时要及时更换,下面以更换计量间低压法兰阀门为例来介绍更换阀门的具体操作方法。

1) 制作法兰垫片

用直尺量出法兰密封面的大圆和小圆的直径,计算出半径,在石棉板上确定圆心,用划规分别在石棉板上划出密封面的大圆和小圆,在大圆的外面划出长约 5cm 的手柄,用弯剪子沿着大圆和小圆剪出圆环并剪出手柄。法兰垫片如图 2-81 所示。

图 2-81 制作法兰垫片示意图

2) 操作步骤

(1) 倒流程:视站内流程的具体情况来决定倒流程的方法,有旁通管路的可打开旁通阀门,也可将流动介质导入计量管路等,总的原则是确保更换阀门的管段与有压管路彻底切断。流程倒好后开放空阀泄压。

(2) 拆卸旧阀门:逐个用扳手卸松两侧法兰的螺栓,用手拧下螺母,抽出螺栓,取下旧阀门。

(3) 清理法兰端面:用刮刀和棉纱将法兰端面上的油污、残渣等清理干净;在新法兰垫两侧均匀抹上黄油。

(4) 安装新阀门:两侧法兰对好后,对角穿上螺栓,上螺母固定,用撬杠将法兰对接面撬开足够的间隙,加入准备好的垫片,用手抓住法兰垫的手柄,调整法兰垫的位置至合适为止,将剩余的螺栓穿上并上紧,先将一侧的法兰紧固,再用同样的方法紧固另一侧的法兰螺栓。

(5) 试压:关放空阀,打开下流阀,打开新更换的阀门,检查各部位有无渗漏现象,如有渗漏需重新更换。

(6) 倒回原流程:检查无误后,倒回原流程,转入正常生产。

3) 注意事项

(1) 制作的法兰垫片应边缘整齐,无毛刺,整圈连接,无断裂。

(2) 法兰密封面要处理干净,平整,无杂物。

(3) 紧固法兰螺栓时要均匀用力,使法兰之间保持端面平行。

(4) 试压时要保证不渗不漏。

(5) 拆卸阀门时应先卸下部螺栓,再卸上部螺栓。

(6) 法兰盘螺栓必须全部装满,螺栓螺纹端应在阀门法兰内侧。螺栓齐全、安装正确。

3. 阀门密封填料的更换

闸板阀在使用过程中，由于密封填料老化、磨损等，阀门丝杠处的密封性越来越差，所以在使用一段时间后要添加新的密封填料，以计量间单井下流阀门为例来学习其操作方法。

1）操作步骤

（1）倒流程：打开分离器的进出油阀门，打开单井量油阀门，关闭单井下流阀门，将流程倒至单井进分离器状态。

（2）卸压盖：用扳手交替卸松密封填料压盖螺栓并放平，用螺丝刀撬出压盖并用铁丝挂好。

（3）取出旧密封填料：用一字形螺丝刀挖出旧密封填料，下部的填料可用自制的小钩勾出来，要全部取净不能有残留。

（4）加新密封填料：将新的石棉绳涂抹黄油并右旋上劲，顺时针方向加入闸板阀填料槽内，每加一圈用螺丝刀压实后再加下一圈，直至加满，用剪刀剪去多余的石棉绳。此外也可以使用牛油填料、石墨填料等。

（5）上压盖：松开铁丝，放下压盖，将两个对应的螺栓交替均匀地上好，徒手检查上下压盖平行。

（6）试压：缓慢打开下流阀门试压，观察阀门无渗漏现象，将下流阀门全部打开，开关阀门时要灵活好用。

（7）恢复流程：添加完密封填料后恢复至原正常生产流程。

2）注意事项

（1）倒流程时要注意先开后关，以防其他设备出现故障。

（2）需要添加密封填料的阀门要处于关闭的状态，若阀门不严，应倒流程放空后再操作。

（3）开关阀门时要侧身，平稳操作。

4. 更换法兰钢圈

更换法兰钢圈是采油工必备的日常操作技能之一。下面以更换注水管汇下流阀门法兰钢圈为例来学习更换法兰钢圈的操作方法。

1）准备工作

穿戴好劳保用品，备齐工具用具及新钢圈。

2）操作步骤

（1）倒流程：开注水旁通上流阀门、下流阀门，关注水上流阀门，关注水下流阀门，必要时应关配水间来水总阀门，以确保工作过程中该段管线内压力为零。

（2）开放空阀门：释放管段内的液体及压力。

（3）卸法兰螺栓：用扳手卸松法兰螺栓，用手拧下螺母，摘下螺栓。视具体情况可只摘下一半的螺栓。此过程要用桶接在法兰的下面，以防管线内的残余液体污染地面。

(4)拿出法兰钢圈:用撬杠撬动法兰盘,使两法兰盘分离,拿出损坏的法兰钢圈。

(5)清理法兰端面:用钢锯条和棉纱清理法兰端面及钢圈槽,直到没有残渣和油污,表面光滑洁净为止。

(6)更换新钢圈:在新钢圈表面涂抹一层黄油,将其放入钢圈槽内,合拢法兰端面。

(7)拧紧螺栓:按对角逐个用扳手拧紧螺栓。

(8)开启注水上流阀门:缓慢开启注水上流阀门,使管路内压力逐渐上升,同时观察新换法兰钢圈处有无渗漏,如有渗漏应重新更换,如无渗漏则再开启下流阀门并用其调节注水量,转入正常注水。

3)操作注意事项

(1)必须确保在更换钢圈的管段内的压力全部卸掉,其与来水管路完全切断的情况下,才能开始卸法兰螺栓。

(2)法兰端面和钢圈槽在安装新钢圈前必须清理干净。

(3)新钢圈表面涂抹黄油要均匀、到位,以防局部锈蚀和钢圈槽粘在一起。

(4)上螺栓时要注意按对角多次逐渐上紧,不能一次到位。

(5)开阀门时要缓慢进行,人要站在安全的位置,注意观察新换钢圈,无渗漏发生时再逐渐开大到正常生产位置。

第十四节 加药装置的操作与维护

一、工作过程知识

1. 原油中水的存在形式

原油中的水分,有的呈游离状态,称游离水,在常温下用简单的沉降法短时间内就能从油中分离出来;有的则形成油水乳状液,很难用沉降法分离,这类水称乳化水,它与原油的混合物称油水乳化液。乳化水需采取专门的措施才能脱除。

2. 油田乳化液的形成

乳化液是两种(或两种以上)不相溶液体的混合物,其中一种液体以极小的液滴形式分散在另一种液体中。原油和水构成的乳化液主要有两种类型:一种为油包水型乳化液,用"W/O"表示,油包水型乳化液中,水是内相或称分散相,油是外相或称连续相;另一种为水包油型乳化液,用O/W表示,水包油型乳化液中,油是内相,水是外相,油以极微小颗粒分散于水中。此外,还有多重乳化液,即油包水包油型(O/W/O)、水包油包水型(W/O/W)等。乳化液都有一定的稳定性。

形成稳定乳化液必须同时具备三个条件:

(1)系统中必须存在两种以上互不相溶的液体。

(2)要有一定量的乳化剂存在。

(3)要有强烈的搅拌,使其中一相以微小的液滴分散到另一相中。

在油田开发过程中具备形成乳化液的三要素是:

(1)油田采出物是油和水,两者互不相溶。

(2)原油中有足够的胶质、沥青质、石蜡等,它们都是天然的高性能的乳化剂。

(3)在油田开发和油气输送过程中,油、水、乳化剂三者共聚一体,在筒、油嘴、管道、阀件、机泵中充分接触混合,使油水乳化液的乳化程度逐渐加深。

由于原油中的油和水常常会以乳化液的形式存在,很难用沉降的方法将其很好地分离,所以现场通常加入破乳剂。

3. 药剂名称及作用机理

1)破乳剂型号

破乳剂是一种表面活性物质,具有很强的活性,能够吸附在油、水界面上,降低界面薄膜的机械强度,破坏乳化液的稳定性;或破裂使水珠相撞,接触合并,从原油中沉降下来。目前,常用的破乳剂为高分子化合物,主要有阴离子型破乳剂和非离子型破乳剂两种类型。常见型号为 HD-9、DST-1、HR-9/1027、ZC-3085、HS-P01 和 DPS-1。

2)破乳剂的作用机理

破乳剂使油水界面弹性降低,导致油水界面强度减弱,界面膜寿命变短,界面膜厚度变薄。当膜厚度变薄到一临界值时,膜破裂,导致破乳脱水。同种破乳剂随着其浓度的增加,界面弹性降低。当浓度超过某一值时,界面弹性值基本不变;不同种破乳剂,界面弹性降低幅度越大,其破乳效果越好。界面弹性值可以很好地解释破乳剂的脱水率变化规律。

(1)破乳机理:早期使用的破乳剂一般是亲水性强的阴离子型表面活性剂,因此早期的破乳机理认为,破乳作用的第一步是破乳剂在热能和机械能的作用下与油水界面膜相接触,排替原油界面膜内的天然活性物质,形成新的油水界面膜。

这种新的油水界面膜亲水性强,牢固性差,因此油包水型乳状液便能反相变为水包油型乳状液。外相的水相互聚结,当达到一定体积后,因油水密度差异,从油相中沉降出来。

(2)絮凝—聚结破乳机理:在非离子型破乳剂问世后,由于其相对分子质量远大于阴离子破乳剂,因此出现了絮凝—聚结破乳理论。这种机理并没有完全否定反相排替破乳机理,而是认为:在热能和机械能的作用下,即在加热和搅拌下,相对分子质量较大的破乳剂分散在原油乳状液中,引起细小的液珠絮凝,使分散相中的液珠集合成松散的团粒。在团粒内各细小液珠依然存在,这种絮凝过程是可逆的。随后的聚结过程是将这些松散的团粒不可逆地集合成一个大液滴,导致乳状液珠数目减少。当液滴长大到一定直径后,因油水密度差异,沉降分离。

(3)碰撞击破界面膜破乳机理:这种理论是在高相对分子质量及超高相对分子质量破乳剂问世后出现的。高相对分子质量及超高相对分子质量破乳剂的加量仅几毫克每升,而界面膜的表面积却相当大,如将 10mL 水分散到原油中,所形成的油包水型乳状液的油水界面膜总面积可达 $6\sim600m^2$,如此微量的药剂是很难排替面积如此巨大的界面膜的。该机理认为:在加热和搅拌条件下，破乳剂有较多机会碰撞液珠界面膜或排替很少一部分活性物质，击破界面膜，或使界面膜的稳定性大大降低，因而发生絮凝、聚结。

高分子破乳剂破乳效率高的原因分析如下：

① 高分子原油破乳剂大部分是油溶性的，在W/O型乳状液中比较容易分散，能较快地接触到油水界面，发挥其破乳作用。

② 低分子的表面活性剂往往只有一个亲油基和一个亲水基，而高分子的原油破乳剂在一个大分子中含有多个亲油基团和亲水基团，由于分子内的结构与空间位阻，在油水界面构成不规则的分子膜，比较有利于油水界面膜破裂，而使水滴聚结。

③ 由于大分子中有多个亲水基团，具有束缚水的亲和能力，可将大分子附近分散的微小水滴聚结，而使乳化水分离。

但是，有些超高分子破乳剂并非是表面活性剂，其分子结构没有亲水基和疏水基之分。例如，超高分子质量的聚丙二醇（相对分子质量在百万以上）及高分子聚二丙醇的聚氨酯具有很强的破乳能力，这是由于絮凝作用而破坏乳状液的。

（4）中和界面膜电荷破乳机理：20世纪80年代后，国内外出现了一系列反相破乳剂，大多是阳离子型聚合物。针对O/W型乳状液的破乳，提出了中和电性破乳机理。

（5）增溶机理：使用的破乳剂一个分子或少数几个分子就可以形成胶束，这种高分子线团或胶束可增溶乳化剂分子，引起乳化原油破乳。

4. 加药工艺流程

加药工艺流程如图2-82所示。

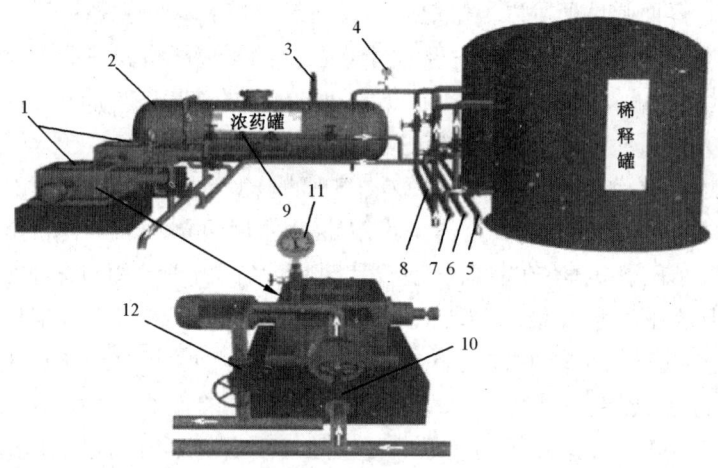

图2-82 加药工艺流程

1—加药计量泵；2—浓药罐；3—安全阀；4—压风管压力表；5—压风管；6—浓药汇管；7—稀释药液汇管；
8—清水汇管；9—流量计；10—加药计量泵进口阀；11—加药计量泵出口压力表；12—加药计量泵出口阀

加药设备由储药罐、过滤器、泵、混液装置、阻尼器、背压阀等组成。药液从储药罐中经过滤器过滤后进入隔膜泵，按照微机控制柜中人为设定的加药比和小时药量，控制主板中的计算机算出变频器输出的频率,控制加药泵电动机的转速,把定量的药液打入混液装置中。而另一台隔膜泵按照药、水比例,定量地把水注入混液装置中,混合液经背压阀输入到原油管线中。

油处理加药装置参数见表2-18。

表2-18 油处理加药装置参数

序号	装置型号	加药流量 L/h	压力 MPa	溶药罐容积 L	D mm	S mm	H mm
1	HXTS100-20/1.0×3	20	1.0	100	1800	1000	1550
2	HXTS400-40/1.0×3	40	1.0	400	1800	1000	1550
3	HXTS800-60/1.0×3	60	1.0	800	1800	1200	1450
4	HXTS1600-90/1.0×3	90	1.0	1600	1800	1500	1550
5	HXTS1600-150/1.0×3	150	1.0	1600	1800	1500	1550

注:D表示机座长,S表示机座宽,H表示储药罐罐高。

控制排量有两种方式,即自动方式和定量方式,在工作现场有流量计的情况下,可以使用自动方式控制排量。

自动方式是微机控制主板检测安装在管道中的流量计送出的液体的流量的大小,根据人为设定的加药系数,控制主板中的计算机算出变频器输出的频率,控制加药泵电动机的转速,进而控制药泵的排量,达到自动加药的目的。这种方式的特点是加药量随着输送管道中混合液体的流量的大小变化而变化,液体流量大则加药量也大,液体流量小加药量也小,因而加药量准确,同时也节省药量,避免不必要的损失。它适用于输液管道中装有流量计且液体的流量变化较大的加药现场。

定量方式是指操作者根据需要通过加药装置的面板上的键盘设定小时药量值,控制主板中的计算机根据这个小时药量值,计算出变频器输出的频率,控制加药泵电动机的转速,进而控制药量的排量,达到定量加药的目的。这种方式的特点是无需流量计,根据人工设定的小时药量值,平稳、均匀加药,药量准确、节省人工。它适用于没有流量计而产量平稳的加药现场。

两种方式的特点是由于采用了微型计算机参与管理,变频器可调范围大而调节精确,可调精密计量泵受控输出,因而计量准确,药量平稳,脱水效果好,节省药量,减轻工人劳动强度,自动化程度高。

二、技能训练

1. 加药装置的操作

1)启动装置前的准备

(1)检查供电线路接头紧固,电动机接地合格,电压在360~420V。
(2)检查泵润滑油油位达到规定范围内,油质合格。

油气集输

（3）把药剂缓慢注入配制罐内，如果是干粉药剂，应稀释后缓慢注入配制罐，配制罐液位在合理范围内。

（4）需要搅拌的药剂，按配制罐搅拌机启动按钮，使药剂溶液混合，3~5min 后按停止按钮停运搅拌机。

（5）根据加药量的要求，将计量调节旋钮调到相应的行程百分值的位置上。

（6）打开泵的进口阀和进出口连通阀，并倒通加药系统流程。

2）运行

（1）打开加药泵进口阀，按启泵按钮，泵运转后关闭连通阀。检查加药装置压力在规定范围内。如果没有进出口连通阀，应先打开出口阀门后启泵。

（2）运行中每 2h 对装置运行情况检查一次，及时录取加药泵泵压，保持配制罐内液体在合理范围内，并做好运行记录。

3）停运

（1）停运装置前应先按停泵按钮，然后关闭进出口阀。

（2）事故状态下停运装置，按停泵按钮，切断电源，关闭进出口阀，查明原因，进行处理。

4）装置内泵的切换

（1）切换前对备用泵润滑油位、油质及供电线路及接地进行检查。

（2）备用泵检查合格后，按停泵要求停止运行泵，关闭进出口阀门，按启泵操作步骤启动备用泵。

5）装置的切换

（1）切换装置前应对备用装置按启动前准备进行检查。

（2）配制好药剂溶液，按停运装置要求停止运行装置，关闭装置内进出口阀及连通阀。打开备用装置进出口阀门及连通阀，启动装置内加药泵。

三、典型工作案例

某转油站有加药装置三套，加药泵三台，加药剂有三种：阻垢剂、破乳剂和原油流动改进剂。阻垢剂常年连续加药，运行泵 1#，正常泵压为 0.17~0.2MPa，每天加药量 25kg。每年 10 月开始投加原油流动改进剂。2016 年 10 月 25 日开始加原油流动改进剂，8 时启动 2#加药泵，正常泵压为 0.17~0.2MPa。12 时，当班员工进行正常巡检时发现 2#加药罐溢罐，泵压升高，造成了加药罐冒罐事故，满地药液。

【原因分析】

违反了 Q/SY DQ0066—2013《计量加药泵操作规程》中"每 2h 对装置运行情况检查一次，及时录取加药泵泵压，保持配制罐内液体在合理范围内，并做好运行记录"的规定，使得 2#加药泵出口管线堵塞未能及时发现。

第三章　巡回检查及资料录取

本章主要介绍计量间、转油(放水)站、原油脱水站的巡回检查规定项目及各站的资料录取与整理。

第一节　计量间巡回检查及资料录取

油气集输生产流程中的生产管理及油水井资料的录取和整理是保证油田开发持续稳产、高效的基础,是采油工的基本工作内容,本节重点介绍计量间及油井的巡回检查及资料录取。

一、工作过程知识

1. 计量间运行参数的录取内容

1)计量间集油系统数据

(1)单井来油温度:通过来油管线上的温度测量孔直接由温度计测量。

(2)外输原油压力:由管汇上的压力表测量。

2)计量间掺输系统数据

(1)掺输来水温度:通过掺输管汇上的温度测量孔直接由温度计测量。

(2)单井掺输压力:由压力表直接测量。

(3)单井掺输量:由掺输计量系统通过流量计计量。

3)计量间油气计量系统数据

(1)产液量:由油气分离器用玻璃管或磁翻转计量的方法进行量油。

(2)产气量:由油气分离器进行测气操作计量。

2. 油井井口数据的录取内容

1)油压

油压表示油气从井底流到井口后的剩余能量,可以通过井口压力表测出,单位为兆帕(MPa)。

油压的大小与油井流压的高低有关,而流压又与油层压力大小有关,因此可以根据油压的变化来分析地下动态。

2)套压

套压表示油管、套管环形空间内,油和气在井口的剩余压力,又叫压缩气体压力,可以通过井口压力表测出,单位为兆帕(MPa)。

在油井脱气不严重的情况下,一般套压的高低也表示油井能量的大小。

3)回压

回压表位于靠近采油树油嘴的输油干线上,反映从油井到计量间之间地面管线中的流动阻力,若测得的回压高,说明油黏度高或因油中含蜡较多,蜡析出附着在管壁上,阻碍了油的流动,单位为兆帕(MPa)。

4)回油温度

回油温度即单井来油温度,通过来油管线上的温度计测量,单位为摄氏度(℃)。

5)电流

电动机电流的大小反映出油井工况的变化,因此可以从电流的变化判断油井工作是否正常,单位为安培(A)。

抽油机在运行中,光杆向上运行时电动机产生的电流称为"上行电流",光杆下行运行时电动机产生的电流称为"下行电流"。

6)冲程

冲程是抽油机驴头带动光杆运动的最高点至最低点之间的距离,也是活塞上下活动一次的距离,单位为米(m)。

7)冲次

冲次是抽油泵活塞在工作筒内每分钟上下运动的次数,单位为次每分钟(次/min)。高产油井若冲次低,会影响产量;低产井若冲次高,常常会出现空抽现象,抽油机的效率就会降低。

3. 采油井资料录取规定

1)采油井油压和套压录取标准

正常情况下,油压、套压每10d录取一次,每月录取三次。对环状、树状流程首端井、栈桥井等应加密录取,定压放气井控制在定压范围内。

2)采油井日产液量波动标准

(1)日产液量≤1t,波动不超过±50%。
(2)1t<日产液量≤5t,波动不超过±30%。
(3)5t<日产液量≤50t,波动不超过±20%。
(4)50t<日产液量≤100t,波动不超过±10%。
(5)日产液量>100t,波动不超过±5%。

3)水驱采出液含水的正常波动范围

(1)采出液含水≤40%,波动不超过±3%。
(2)40%<采出液含水≤80%,波动不超过±5%。
(3)80%<采出液含水≤90%,波动不超过±4%。
(4)采出液含水>90%,波动不超过±3%。

4) 采油井产液量录取标准

采用玻璃管、流量计量油方式,日产液量小于或等于20t的采油井,每月量油两次,两次量油间隔不少于10d;日产液量大于20t的采油井,每10d量油一次,每月量油三次。分离器(无人孔)直径为600mm,玻璃管量油高度为40cm;分离器直径为800mm,玻璃管量油高度为50cm;分离器直径为1000mm、1200mm,玻璃管量油高度为30cm。

采用流量计量油方式,每次量油时间为1~2h。

5) 采油井措施开井量油标准

采油井措施开井后,一周内量油至少三次。对采用玻璃管、流量计量油方式且日产液量大于20t的采油井应加密量油,一周内量油至少五次。

6) 抽油机井电流录取标准

正常生产井每天测一次上下冲程电流。电流波动大的井应核实产液量、泵况等情况,查明原因。

7) 抽油机井热洗扣产标准

(1) 对采用热水洗井的采油井扣产标准:

① 日产液量≤5t,热洗扣产4d。

② 5t＜日产液量≤10t,热洗扣产3d。

③ 10t＜日产液量≤15t,热洗扣产2d。

④ 15t＜日产液量≤30t,热洗扣产1d。

⑤ 日产液量＞30t,热洗扣产12h。

(2) 对采用原井筒液或热油洗井的采油井,热洗不扣产。

(3) 热洗井均不扣生产时间。

8) 采油井取样标准

(1) 对于正常井的取样:

① 日产液量＞10t,每天取样。

② 5t≤日产液量≤10t,每2d取样。

③ 日产液量＜5t,每3d取样。

④ 若液量波动＞5%,则连续取样且每天两个至稳定3d。

(2) 对于新井、措施、检泵井,开井当天取样,并连续一周至稳定。

(3) 对于试开井、间开井,起抽后1h取第一个样,间隔2h后取第二个样,再间隔4h取第三个样,以后每间隔8h取一个样,并标注取样时间。第二天含水稳定后每天取一个样,如含水仍不稳定,每天间隔6h各取一个油样。

(4) 对于间出井、含水波动大的井,摸规律每天五个,延用不超过两个量油周期(6d)。

(5) 对于举、替、放油帽井,分段取两个样。

取样的总体要求:

① 样桶要专用,油、水样桶不混用。

② 为使化验数据准确,取样量必须达到样桶的 2/3 以上。

③ 井口取样时,要求先将死油放净,分两段取样,雨雪天气要采取措施防止雨雪进入样桶,造成化验结果不准确。

④ 如当日取样时目测含水变化较大,可自行加密。

⑤ 在新井投产、作业接井、洗井、调参、碰泵等临时管理工作后未配备样桶时,要用备用样桶取样带回直到配发。

9)聚区采出液含水的正常波动范围

(1)聚合物驱采出井在空白水驱和后续水驱阶段的采出液含水资料录取要求按水驱的规定执行。

(2)聚合物驱采出井在见效后应加密取样,每 5d 取样化验采出液含水一次,每月录取六次含水资料,且月度取样与量油同步次数不少于量油次数。

(3)含水下降阶段,含水值下降不超过 5%,可直接采用;含水值下降超过 5%,当天含水借用上次采出液含水值,并于第二天复样,选用接近上次含水值。在含水下降过程中,含水上升值不超过 3%,可直接采用;含水值上升超过 3%,当天含水借用上次采出液含水值,并于第二天复样,选用接近上次含水值,并落实变化原因。

(4)含水处于稳定或上升阶段,含水值波动不超过水驱规定的采出液含水的正常波动范围,可直接采用;含水值超波动范围,当天含水借用上次采出液含水值,并于第二天复样,选用接近上次含水值,并落实变化原因。

二、技能训练

1. 计量间巡回检查

1)准备工作

(1)正确穿戴好劳保用品。

(2)材料准备:白纸、记录笔。

2)操作程序

(1)检查可燃气体报警器是否好用。

(2)检查通风孔是否灵活好用。

(3)检查室内照明是否正常,防爆灯有无损坏。

(4)检查计量分离器流程及阀组是否正常。

(5)检查并记录各井回油温度是否在要求范围内。

(6)检查并记录油、水系统压力是否正常。

(7)检查各部位阀门有无松动、渗漏,开关是否灵活。

(8)收拾工用具,清理操作现场,做好记录。

3)风险提示

(1)着火爆炸:

① 阀组间内各种原因造成油气泄漏,遇明火而发生火灾或爆炸。

② 防爆灯护罩破损引燃泄漏的油气。
③ 维修或施工中敲击产生火花,引燃泄漏的油气。
(2)中毒:通风系统故障,造成有害气体聚集,引起人员中毒。

4)应急处置

(1)发生着火爆炸后,首先紧急撤离,防止二次爆炸发生,在安全的条件下切断电源与切换相关流程,采取灭火措施,同时向上汇报,启动应急预案(风险提示1)。

(2)发现人员中毒,要立即将其转移到通风良好和有新鲜空气的地方,解开领扣和裤带,注意保暖及采取其他急救措施,同时向上汇报,请求急救(风险提示2)。

2. 填写采油井班报表

1)准备工作

(1)资料准备:油井基础数据、当日生产动态数据。
(2)材料准备:采油井班报表(空白)1张、白纸2张、蓝黑墨水钢笔、计算器。
(3)穿戴好劳保用品。

2)操作程序

(1)填写表头内容:队别、计量间(站)号、分离器型号、日期。
(2)填写井号、井别、当日油井生产时间。
(3)填写油压、套压,电泵井填写回压。
(4)填写工作电流:
① 电泵井和螺杆泵井要填写电流和工作电压。
② 抽油机井填写上电流和下电流。
(5)填写掺水压力、掺水温度。
(6)填写回油温度。
(7)填写日产液量。
① 如果当日不量油、测气,生产无其他调整,则按照前日生产数据填写日产液量。
② 如果当日量油,将量油井号、量油高度、量油时间,以及平均时间分别填在量油记录档中,计算并填写该井当日产液量。
③ 当日有停产情况,在日产液中扣除关井产液量。
(8)在备注中填写当日生产情况(如测压、施工、停电等)、油井维护内容(如抽油机井冲程、冲次调整,电泵井油嘴调整,螺杆泵井转数调整等)及维护时间,并从生产时间中扣除油井关井时间。
(9)填写本班热洗数据(时间、热洗压力、进口温度、出口温度),在备注栏中填写热洗扣产时间,并在日产液中扣除热洗影响产液量。
(10)核对检查并签名,提交班组长检查并签名。
(11)收拾工具、资料,按规定时间将报表送交采油队资料室。

常用采油井生产班报表如图3-1所示。

油气集输

编号：						采油井班报表												QR/C2/7-5-03
采油队：32队			计量间(站)：11					分离器型号：φ800mm									2017年3月17日	
井号	井别	生产时间(h:min)	油咀(mm)	油压(MPa)	套压(MPa)	回压(MPa)	油气计量		电泵井、螺杆泵井		抽油井工作电流(A)		热洗				掺水压力(MPa)	掺水温度(℃)	回油温度(℃)	备注
							日产液(t)	日产气(m³)	工作电流(A)	电压(V)	上行	下行	时间		压力(MPa)	温度(℃)				
									A	B				起	止		进口	出口				
A	电	24	24	0.30	0.20	0.22	122.0		39		380								1.4	46	36	
B	螺	18		0.31	0.58		71.2		30		380								1.4	46	37	10:00—16:00间抽关井
C	抽	24		0.52	0		23.5					13	13	10:00	17:00	2.4	79	67	1.4	46	38	热洗扣24h 扣产液23.5t
D	抽	24		0.43	0.55		61.69					83	79						1.4	46	37	量油 取油样

	玻璃管量油					掺水量			流量计量油					气体流量计测气						
井号	高度(cm)	量油时间(min:s)				掺水流量计读数		差值(m³)	时间		流量计读数		混合液(m³)	相对密度	测气时间(min)	气体温度(℃)	分压(MPa)	气表读数(m³)			平均压差
		1	2	3	平均(s)	起	止		起	止	起	止						起	止	起	止
D	50	364	358	338	352																

值班人：××		班(井、站)长：××		保存部门：采油队		保存期限：一年

图3-1 采油井生产班报表

3) 注意事项

(1) 不能缺项、漏项。

(2) 字迹工整,不能涂改。

(3) 计算准确,备注清楚。

(4) 如果有关井、停机、停电情况,生产时间中应减去关井时间,日产液量应扣除关井时间的产液量。

第二节 转油(放水)站巡回检查及资料录取

转油(放水)站是油气集输三级布站工艺的中间环节,在油田生产中担负着计量间含水油的处理、计量、转输,油井掺水与热洗、含油水计量、外输、天然气处理、计量、外输等任务,本节重点介绍转油(放水)站的巡回检查及资料录取。

一、工作过程知识

1. 转油(放水)站巡回检查

在转油(放水)站正常运转的情况下,值班人员每2h要手持工具,沿着转油(放水)站巡回检查路线,逐点逐项地检查一遍,并及时录取填写各种数据资料;特殊情况下,需要加密检查。检查时如发现问题应立即处理,处理不了及时汇报,现场必须有人监护。巡回检查点项如图3-2所示。

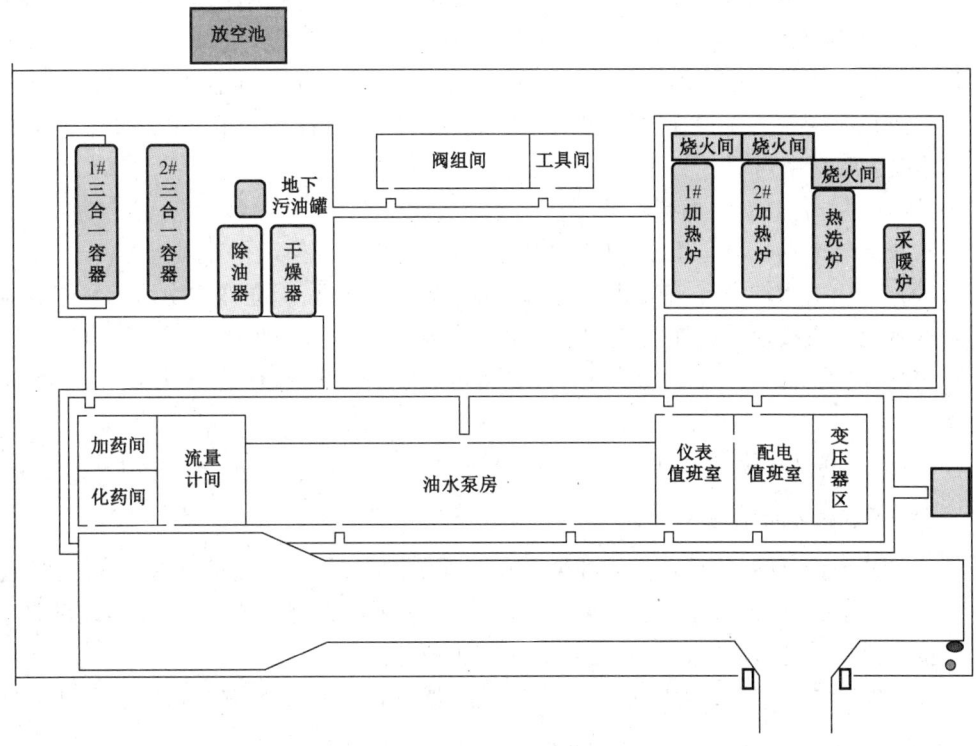

图 3-2 转油(放水)站巡回检查示意图

1) 配电设备检查

(1) 检查各指示挂牌,应按停运、运转、备用、检修进行挂牌,如与实际不符,应立即纠正。

(2) 检查配电盘上的各种刀闸,如未离合到位,应立即调整到适当位置。

(3) 检查各种自动化仪表,如指示不灵敏,应汇报队值班干部及时处理。

(4) 检查电压表的电压在 360~420V,检查三相电压平衡。如电压不符合要求,应立即向调度或电力部门汇报并做好记录。

(5) 检查运行设备电流表的电流在要求范围内,如波动超出范围,应立即查明原因并及时处理。

(6) 检查电度表运转,读数正确,有无卡阻现象,如有卡阻、反转或读数不正确,应及时汇报有关部门进行处理。

(7) 检查配电盘上的每一条线路,有无变色、打火和异常焦糊味,如有上述情况,应立即汇报,及时处理。

2) 油、水泵房检查

(1) 进入泵房后,首先应检查工艺设备是否存在油气泄漏,如有异常,应立即启动应急预案。

(2) 检查泵压、管压在正常要求范围内,压力稳定,如有变化,应判明情况并立即进行调整。

(3)检查运行设备电流表指示的电流在正常要求范围内,与控制室配电盘上的电流相同,如与配电盘的电流不相符或波动较大,应及时查明原因,及时汇报并处理。

(4)检查机泵轴承温度,如轴承温度超高,应立即切换运行并停泵检查。

(5)检查机泵密封有无冒烟、甩油现象。填料密封漏失量在规定范围内,如有冒烟或甩油现象,应用扳手调整密封圈。

(6)检查机泵污油漏斗,如有堵塞应立即处理疏通。

(7)检查运行电动机额定温度,如超过额定温度,应立即切换运行并停机检查。

(8)检查电动机运行声音,有无异常杂音,如有杂音或异常,应立即切换运行并停机检查。

(9)检查电动机接地线接地,连接牢固,如有连接松动,应及时处理。

(10)检查电动机的各部位固定螺栓,有无松动、脱落现象,如有松动、接触不良或脱落现象,应及时处理。

(11)检查污油罐液位,如到收油液位,应立即回收。

3)阀组间、集油间检查

(1)检查各个计量间、集油环的来油温度在要求范围内,如不在要求范围内,应及时汇报。

(2)检查掺水、热洗汇管压力和温度在规定范围内,如不在规定范围内,应及时调整正常。

(3)检查流量计运转、计量,如存在异常,应立即汇报。

(4)检查外输油、气管线回压、温度,如有异常,要立即查明原因,并汇报处理。

4)分离、缓冲、游离水脱除装置检查

(1)检查压力控制在规定范围,如不在要求的压力范围内,应及时调整。

(2)检查调节阀灵活好用,如不好用,要查明原因并及时处理。

(3)检查装置的液位宜控制在 $1/2 \sim 2/3$。

(4)冬季要每小时检查一次伴热管线是否畅通,阀门有无冻结。

5)除油器检查

(1)检查除油器的液位,如达到收油液位,应立即回收污油。

(2)检查压力在规定范围内,如不在规定的压力范围内,应及时调整。

(3)检查放空管线及阀门,如不畅通,应立即处理。

(4)冬季要检查伴热管线、阀门有无冻结。

6)加热炉检查

(1)检查进出口温度、压力在规定范围内,如不在规定范围内,应及时调整。

(2)检查燃气设施各连接部位有无漏气现象,如有漏气,应立即汇报处理。

(3)检查燃烧器情况,如燃烧不好,及时进行调节至达到正常燃烧要求。

(4)检查加热炉烟囱绷绳松紧程度是否一致,不一致应及时调整。

7)加药间检查

(1)检查加药间通风是否良好,如有气味应立即打开门窗或调大通风孔进行通风。

(2)检查加药装置是否不渗不漏,加药泵的流量是否符合加药量的要求。

(3)检查药量的配制是否合理并达到规定加药标准要求。

2. 转油站运行参数的录取内容

转油(放水)站主要生产运行参数包括温度、压力、电流、电压、油量、气量、水量、电量及化学药剂。

1)温度

(1)转油(放水)站资料中需要记录的温度有:计量间回油温度、掺水温度、热洗温度、外输温度、加热炉运行温度。

(2)计量间回油温度录取每座计量间回油管线温度,掺水温度录取掺水阀组汇管温度,热洗温度录取热洗阀组汇管温度,外输温度录取流量计后外输干线运行温度,加热炉运行温度录取单台加热炉出口温度。

(3)每2h记录一次温度值并填写在日报表中。

2)压力

(1)转油(放水)站资料中需要记录的压力有:计量间来油汇管压力、外输管线运行压力、掺水压力、热洗压力、分离器运行压力、天然气外输压力、自耗气压力。

(2)计量间来油汇管压力录取来油汇管运行压力,掺水压力录取掺水汇管运行压力,热洗压力录取热洗汇管运行压力,分离器运行压力录取分离器天然气出口管线运行压力,天然气外输压力录取天然气外输流量计后管线压力,自耗气压力录取自耗气流量计后天然气压力,外输管线运行压力录取流量计后外输干线运行压力。

(3)每2h记录一次压力值并填写在日报表中。

3)电流和电压

(1)转油(放水)站需要记录电流、电压的设备为运行的外输泵、掺水泵、热洗泵等机泵。电流、电压是机泵运行参数,电流随生产规模而变化,电压是供电系统所需额定数值,基本不变化。

(2)每2h记录一次电流、电压值并填写在日报表中。

4)油量、气量、水量、电量及化学药剂

油量、气量、水量、电量、化学药剂使用量是转油站生产参数,应计量准确并记录在日报表中。

(1)每2h录取一次外输流量计底数,填入班报表内。每日早8:00在日报表中记录前一工作日的流量计底数和当天的流量计底数,计算出24h液量;如装有计算机计量,应按计算机打印的报表为准。

(2)每2h检查一次外输气计量仪表的运行情况,发现问题,及时处理;每24h录取一次外输气流量计底数,将当天的外输气量、自耗气量记录在日报表中。

(3)每24h录取一次掺水、热洗流量计底数,将当天的掺水、热洗水量记录在日报表中。

(4)每24h记录一次电表底数,将耗电量填写在日报表中,每月汇总月总耗量并计算相应的单耗。

(5)记录当日各种化学药剂的消耗量,并对各种化学药剂的入库量、入库日期及药品名称进行登记。

二、技能训练

填写转油(放水)站综合日报表。

1. 准备工作

(1)穿戴好劳保用品。
(2)资料准备:转油(放水)站基础数据、当日生产动态数据。
(3)材料准备:转油(放水)站综合日报表(电子)、计算器。

2. 操作程序

(1)填写表头内容:厂别、转油(放水)站号、日期、安全生产天数。
(2)每2h填写运行三相分离器的压力值、液面值及界面值,计算并记录当天的平均值。
(3)每2h填写油气分离器、天然气除油器的压力值和液面值及干燥器的压力值,计算并记录当天的平均值。
(4)每2h填写运行掺水热洗炉、脱水炉、采暖炉的进口汇管温度值和压力值,出口温度值,计算并记录当天的平均值。
(5)每2h填写外输油、掺水汇管及阀组间的回油温度值,计算并记录当天的平均值。
(6)每2h填写运行外输泵的电流值、进口压力值、泵压值及油泵阀后压力值,计算并记录当天的平均值。
(7)每2h填写运行掺水泵、热洗泵的汇管压力值、泵压值、电流值,计算并记录当天的平均值。
(8)每2h填写运行污水泵、采暖泵的泵压值、电流值,计算并记录当天的平均值。
(9)每2h填写运行收油泵、加药泵、排泥泵的泵压值,计算并记录当天的平均值。
(10)每2h填写湿气外输、湿气自耗、干气自耗的压力值、流量计底数,并计算流量值及当天的流量累积值。
(11)每2h填写外输油流量计底数并计算填写2h流量值,每2h填写外输油的密度并计算填写液量值,每2h填写含水并计算填写油量值;计算记录全天流量值、平均密度值、全天液量值、含水平均值及全天油量值。
(12)每24h记录掺水、热洗流量计底数,计算并记录当天的掺水、热洗流量值。
(13)每24h记录污水去各站流量计底数,计算并记录当天的污水流量值。
(14)每2h填写污水沉降罐的液面值和界面值。
(15)每24h记录一次电表底数,计算并记录当天的综合耗电。
(16)每24h记录当日破乳剂、阻垢剂等化学药剂的消耗量。
(17)每24h填写综合数据、机泵运行记录。
(18)核对检查并填写值班人。

常用转油(放水站)综合日报表如图3-3所示。

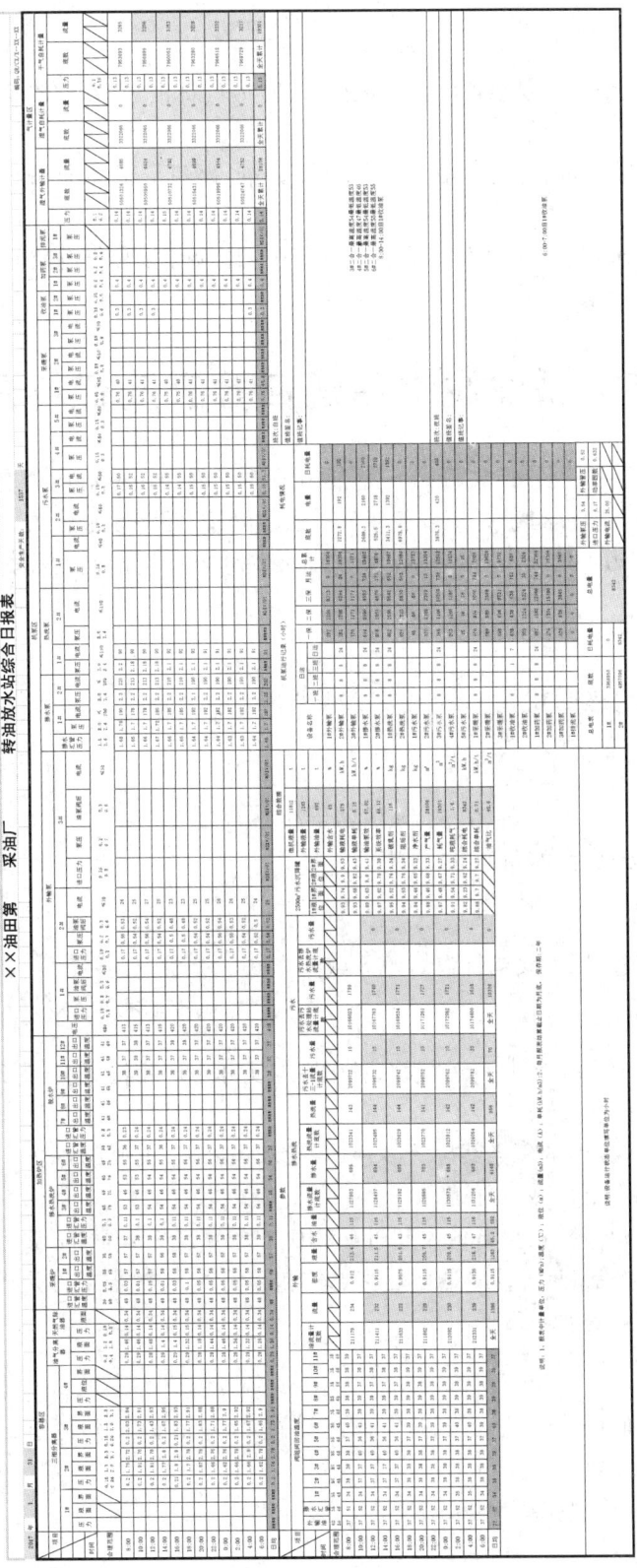

图3-3 转油(放水站)综合日报表

3. 注意事项

（1）应按时、按要求取全、取准各项生产数据，按时填写日报表，各项资料的全准率要求达到100%。

（2）外输液量、外输油量、自耗气量、耗电量、加药量、存药量统计准确，需要计算的，应有明确的计算方法。

（3）油田转油（放水）站的各项资料是生产过程中的原始记录，应设兼职或专职资料员统一负责保管，不得擅自销毁。

第三节　原油脱水站巡回检查及资料录取

原油脱水站即联合站脱水岗（集输岗），是油田地面工程中最核心的部分，其主要工作任务是将高含水原油通过热化学脱水、沉降脱水和电脱水处理，并将脱水后的净化油转输到输油岗，将含油污水转输到污水处理岗，本节重点介绍原油脱水站的巡回检查及资料录取。

一、工作过程知识

1. 原油脱水站的巡回检查

1）站内环境检查

（1）检查室内设备、地面，无油污、灰尘，清洁干净。

（2）检查站内草地，无杂草、无油污，平整。

2）消防器材检查

定期检验，铅封完好，压力表指针在绿色区域内。

3）值班配电仪表室检查

（1）检查配电盘，刀闸离合到位；运行牌、备用牌与实际生产相符，电压为360~420V；空开无过热，无触点黏合，开关到位。

（2）检查线路，配电盘上的每条线路无变色、打火和焦糊味，灭弧罩齐全。

（3）检查微机，流程无误，数据准确。

（4）检查：可燃气体报警器，报警值不超过0~10；自检系统无异常，正常运行；连接部位和可动部件，显示部位和控制旋钮；检测器防爆密封件和紧固件；检测器部件是否堵塞。

（5）检查闪光报警器是否灵敏。

4）污水泵检查

（1）检查泵进出口阀门、法兰、管线，进口阀门开关灵活，无损坏，过滤缸无堵塞，法兰管线无渗漏。

（2）检查出口压力，控制在0.6~0.9MPa。

（3）检查电流，控制在180~260A。

(4)检查泵体,轴承温度不超过70℃,无渗漏,无异常声音,平衡管畅通,密封填料漏失量小于15滴/min,过滤器无堵塞。

(5)检查电动机,温度小于或等于80℃,无异常响声,地脚螺栓无松动,振动小于或等于0.06mm。接地线良好,无焦味,风扇叶子与防护罩无撞击声音。

(6)检查对轮护罩,有警示语。

5)游离水脱除器检查

(1)检查液位,控制在1/3~2/3。

(2)检查压力,不超过0.3MPa。

(3)检查进出口阀门、法兰、管线,进口阀门开关灵活,无损坏,过滤缸无堵塞,法兰管线无渗漏。

(4)检查安全阀,无渗漏,闸板关闭严密。

(5)检查罐底排污阀,无渗漏。

6)电脱水器检查

(1)检查压力,控制在0.15~0.25MPa。

(2)检查进出口阀门及法兰,无渗漏。

(3)检查自动放水阀,灵活好用。

(4)检查变压器,无异常声音,油位在1/3~2/3,压力为"0"。

(5)检查看窗,畅通。

(6)检查安全阀,无渗漏,闸板关闭严密。

(7)检查底部排污阀,无渗漏。

7)污水罐检查

(1)检查液位,不能超过11m。

(2)检查伴热管线、阀门,无渗漏,畅通。

(3)检查罐体,保温层、扶梯完好无损坏。

(4)检查安全附件,呼吸阀、阻火器完好无损坏。

(5)检查进出口管线,畅通,无腐蚀穿孔。

(6)检查防火堤,完好无泄漏。

8)加热炉检查

加热炉巡回检查要求见表3-1。

表3-1 加热炉巡回检查要求表

检查部位	项目	点数	检查点名称	检查要求及方法
炉前	第一项	4	(1)进气阀门、管线	无渗漏,无异常响动
			(2)压力表	数值在规定范围内,无渗漏
			(3)调压装置	无漏气
			(4)电磁阀电路	线路无破损,安装牢固

续表

检查部位	项目	点数	检查点名称	检查要求及方法
炉前	第二项	5	(1)观察孔	燃烧器工作正常
			(2)燃烧器电机	无过热,无异常响动
			(3)配风、配气装置	运动正常,润滑良好,螺栓无松动
			(4)炉前护板	无过热,密封良好,无漏气
			(5)气防空阀门	开关灵活,无漏气
炉体、烟筒	第三项	3	(1)炉侧	无过热,无渗漏
			(2)锅炉基础	固定牢靠,无松动
			(3)液位计	液位正常,线路连接牢固,无破损
	第四项	3	(1)烟筒本体	无腐蚀,底座固定牢靠
			(2)烟帽	安全可靠,无腐蚀、松脱现象
			(3)烟筒绷绳	松紧合适,调节螺栓灵活好用
	第五项	2	(1)梯子	安装牢固,无腐蚀
			(2)平台、护栏	安装牢固,无腐蚀
	第六项	4	(1)烟道温度	仪表工作正常,数值在规定范围内
			(2)炉前压力表	数值在规定范围内,不渗不漏,两块表数值一致
			(3)三通旋塞	无渗漏
			(4)安全阀	开启关闭灵活,密封良好
炉后	第七项	3	(1)进出口阀门、管线	无腐蚀,无渗漏
			(2)出口温度	数值达到供热要求
			(3)防爆门	密封良好,无异常响动

9)外输泵检查

外输泵巡回检查要求见表3-2。

表3-2 外输泵巡回检查要求表

检查部位	项目	点数	检查点名称	检查要求及方法
泵体	第一项	2	(1)出入口管线法兰入口端	无渗漏
			(2)出口压力表	压力在0.6~0.9MPa
	第二项	1	泵体	无异常振动,无异响
轴承盒	第三项	3	(1)轴承盒	无异响,无过热
			(2)润滑油杯	润滑油在油杯1/2~2/3处,无渗漏
			(3)连接螺栓	齐全,无松动
联轴器	第四项	3	(1)护罩	护罩螺栓紧,无松动
			(2)联轴器	无异响
			(3)连接螺栓	齐全,无松动

续表

检查部位	项目	点数	检查点名称	检查要求及方法
电动机	第五项	2	(1)前端盖	温度正常,无异常振动,无异响
			(2)黄油嘴	齐全,无渗漏
	第六项	5	(1)机体	温度正常,无异常振动,无异响
			(2)接线盒	无异味
			(3)电缆	进线密封良好
			(4)接地	完整,良好
			(5)底座	螺栓齐全,无松动
	第七项	2	(1)风扇罩	螺栓齐全,无松动,无异响
			(2)黄油嘴	齐全,无渗漏

注:DLB2.5－15×22等型离心泵均可参照执行。

10)加药装置检查

(1)加药计量泵巡回检查要求见表3－3。

表3－3 加药计量泵巡回检查要求表

检查部位	项目	点数	检查点名称	检查要求及方法
液力端	第一项	2	(1)进出口	进出口手阀开度合适,吸入及排出阀球、阀座、限位架部件工作正常
			(2)压力表	压力表指示准确,参数正常
	第二项	1	液缸体	连接螺栓齐全,无松动,密封面无渗漏
	第三项	1	填料箱	填料泄漏量正常,柱塞行程与能量表示值一致,静密封点无渗漏,连接螺栓齐全无松动
动力端	第四项	2	(1)调量表	能量表指示准确,锁紧螺母紧固
			(2)油位看窗	油位正常
	第五项	1	传动箱部件	运行中无异响
	第六项	2	(1)连接螺栓	连接螺栓齐全,无松动
			(2)密封点	无渗漏
联轴器	第七项	1	联轴器	缓冲垫无损坏,运行无异响
电动机	第八项	2	(1)前端盖	温度正常,无异常振动,无异响
			(2)黄油嘴	齐全,无渗漏
	第九项	5	(1)机体	温度正常,无异常振动,无异响
			(2)接线盒	无异味
			(3)电缆	进线密封良好
			(4)接地	完整良好
			(5)底座	螺栓齐全,无松动
	第十项	2	(1)风扇罩	螺栓齐全,无松动,无异响
			(2)黄油嘴	齐全,无渗漏

注:J4、J5、JD、ZJ等型柱塞式计量泵均可参照执行。

油气集输

(2)加药罐检查:检查罐体无腐蚀、穿孔,液位控制在 1/3~2/3,玻璃罐液位计畅通,无损坏。

二、技能训练

填写原油脱水站报表。

1. 准备工作

(1)穿戴好劳保用品。

(2)资料准备:原油脱水站基础数据、当日生产动态数据。

(3)材料准备:原油脱水站综合日报表(电子)、计算器。

2. 操作程序

(1)填写表头内容:厂别、原油脱水站站号、日期、安全生产天数。

(2)每2h填写来油阀组数据,包括汇管压力、汇管温度及各分站来油温度。

(3)每2h填写运行脱水炉、外输炉、两用炉等加热炉的进口温度值和压力值及出口温度值和压力值。

(4)每2h填写运行游离水脱除器的进出口压力值、电脱水器的进出口压力值、电压值、电流值、缓冲罐的进出口压力值。

(5)每2h填写事故罐、净化油罐的液位值和油量,以及外输罐的油位值和油量。

(6)每2h填写运行输油泵、供料泵、脱后油泵的泵压值和电流值,以及事故泵、加药泵的泵压值。

(7)每2h填写运行流量计的底数和油量。

(8)每2h填写供油、脱后油及各干线来油的油量、温度。

(9)每2h填写外输油的回压和温度。

(10)每24h填写外输气量、返输气量、输油耗电量、输油单耗、总耗电量、总单耗。

(11)每24h记录当日的输油量、脱后油量、供油量、回油量及干线来油量。

(12)每24h记录当日破乳剂、阻垢剂等化学药剂的消耗量。

(13)核对检查并填写值班人。

常用原油脱水站综合日报表如图3-4所示。

3. 注意事项

(1)每天油量计算时,准确读取当日早8:00流量计底数,并与前日早8:00流量计底数相减得出体积量,时间为要求时间的±15min。

(2)班报表各项数据由岗位工人每2h巡回检查时分别记录一次,日报表由岗位资料员每天早8:00填写,班报、日报均由各班长审核,各站资料员负责把数据汇总上传到采油矿(大队、作业区)地面工程组。

(3)每月底由站资料员统一形成月报并装订成册,并将有关生产参数和累计参数写在封面上,经站工艺技术员审核后,由资料员统一妥善保管。

(4)保存期限:班报、日报分别保存一年,大事纪要、站史等一些综合资料长期保存。

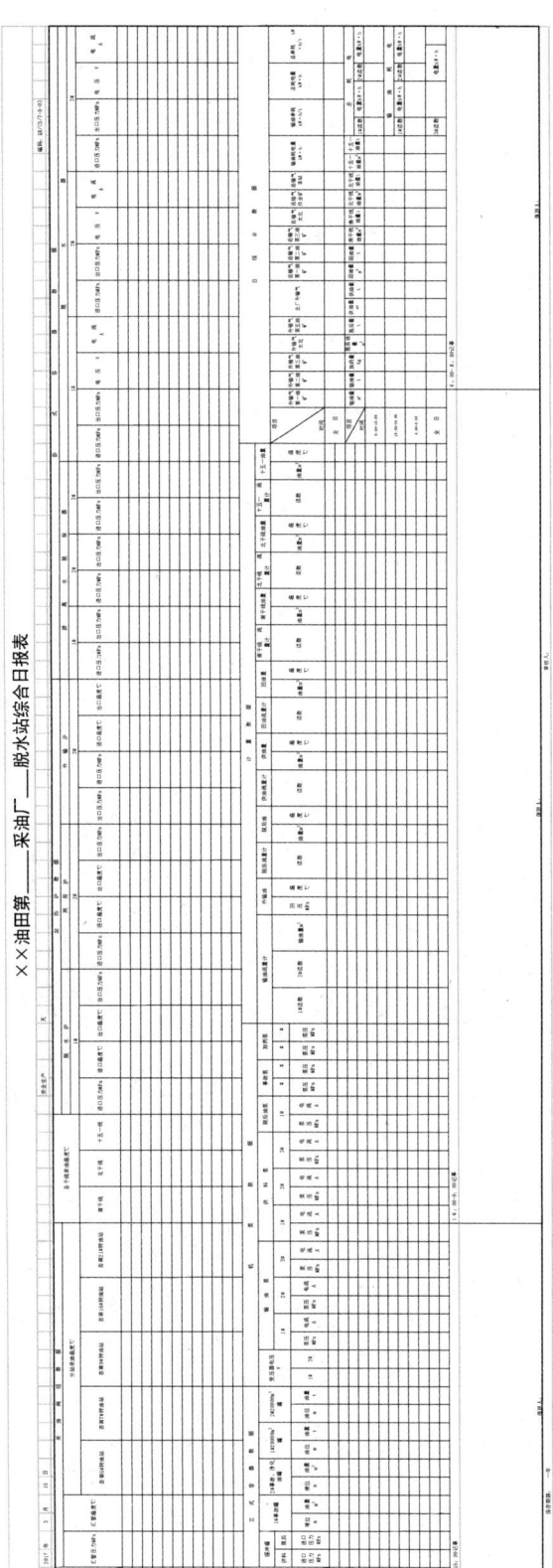

图3-4 原油脱水站综合日报表

参 考 文 献

[1] 李娟,张志宝. 井站运行与管理[S]. 北京:石油工业出版社,2012.
[2] 李振泰. 油气集输工艺技术[S]. 北京:石油工业出版社,2007.
[3] 李振泰. 油气集输技能操作读本[S]. 北京:石油工业出版社,2008.
[4] 中国石油天然气集团公司人事服务中心. 集输工(上下册)[S]. 北京:石油工业出版社,2006.
[5] 蒋洪,刘武. 原油集输工程[S]. 北京:石油工业出版社,2006.
[6] 冯叔初,郭揆常. 油气集输与矿场加工[S]. 北京:中国石油大学出版社,2006.
[7] 胜利石油管理局劳动工资处. 集输工标准化操作项目教程[S]. 北京:中国石油大学出版社,2006.
[8] 李瑞红,潘文龙,等. 集输工[S]. 北京:石油工业出版社,2008.
[9] 王光然. 油气集输[S]. 北京:石油工业出版社,2008.

附录 油气集输生产过程中执行标准清单

油气集输生产过程中执行标准清单见附表1至附表3。

附表1　第一章　油气集输工艺流程执行标准

标准号	标准名
GB 2893	《安全色》
GB 2894	《安全标志及其使用导则》
SY/T 0003	《石油天然气工程制图标准》

附表2　第二章　油气集输设备的操作与维护执行标准

标准号	标准名
SY/T 0031	《石油工业用加热炉安全规程》
SY/T 4102	《阀门检验与安装规范》
SY/T 5984	《油(气)田容器、管道和装卸设施接地装置安全规范》
Q/SY 1245	《启动前安全检查管理规范》
Q/SY DQ0061	《油气分离器操作规程》
Q/SY DQ0063	《原油电脱水器操作规程》
Q/SY DQ0064	《沉降、加热、脱水容器操作规程》
Q/SY DQ0065	《离心泵操作规程》
Q/SY DQ0066	《计量加药泵操作规程》
Q/SY DQ0067	《火筒式原油加热炉操作规程》
Q/SY DQ0070	《污油回收操作规程》
Q/SY DQ0080	《游离水脱除器、压力沉降罐操作规程》
Q/SY DQ0081	《净化油缓冲罐操作规程》
Q/SY DQ0120	《离心泵修理技术要求》
Q/SY DQ0329	《三相分离器操作规程》
Q/SY DQ0811	《油田中转站设备维护保养规程》
Q/SY DQ1104	《原油集输水套加热炉操作规程》
Q/SY DQ1105	《除油器操作规程》
Q/SY DQ1106	《原油缓冲罐操作规程》
Q/SY DQ1107	《分离、缓冲、游离水脱除器操作规程》
Q/SY DQ1108	《游离水脱除器操作规程》
Q/SY DQ1109	《压力沉降罐操作规程》
Q/SY DQ1110	《加热、缓冲合一装置操作规程》
Q/SY DQ1112	《加热、分离、沉降、电脱水、缓冲原油处理组合装置操作规程》
Q/SY DQ1145	《含油污水沉降罐操作规程》

附表3　第三章　巡回检查及资料录取执行标准

标准号	标准名
SY/T 6186	《石油天然气管道安全规程》
SY/T 6340	《防静电推荐作法》
Q/SY 1241	《动火作业安全管理规范》
Q/SY 1242	《进入受限空间安全管理规范》
Q/SY 1243	《管线打开安全管理规范》
Q/SY 1244	《临时用电安全管理规范》
Q/SY DQ0470	《转油站油、气、水计量数据使用管理规定》
Q/SY DQ0809	《油田中转站运行规程》
Q/SY DQ0810	《油田中转站资料录取规范》
Q/SY DQ1063	《原油脱水站资料录取管理规定》
Q/SY DQ1155	《设备巡回检查点项规范》